江苏省安全生产培训系列教材

危险化学品作业

（初 训）

钱剑安 赵声萍 主编
蒋军成 郭振龙 主审

东南大学出版社

图书在版编目(CIP)数据

危险化学品作业:初训/钱剑安,赵声萍主编.—南京:东南大学出版社,2006.8(2013.11 重印)

ISBN 978-7-5641-0445-0

Ⅰ.危…　Ⅱ.①钱…　②赵…　Ⅲ.化学品—危险物品管理:安全管理　Ⅳ.TQ086.5

中国版本图书馆 CIP 数据核字(2006)第 094884 号

书　　名	危险化学品作业
主　　编	钱剑安　赵声萍
责任编辑	张　慧
出版发行	东南大学出版社
	(江苏省南京市四牌楼 2 号东南大学校内　邮政编码 210096)
网　　址	http://press.seu.edu.cn　**E-mail**:editorzhang@126.com
印　　刷	溧阳市晨明印刷有限公司
开　　本	700mm×1000mm　1/16
印　　张	14
字　　数	282 千字
版次印次	2006 年 8 月第 1 版　2013 年 11 月第 12 次印刷
书　　号	ISBN 978—7—5641—0445—0
定　　价	17.00 元

(东大版图书若有印装质量问题,请直接与读者服务部联系,电话 025—83792328)

江苏省安全生产培训教材
编委会成员名单

序

安全生产是经济社会发展永恒的主题。党和政府历来高度重视安全生产工作，近年来，江苏省努力构建企业负责、行业管理、部门监管、社会参与的安全生产的工作格局，围绕“和谐社会”、“两个率先”、“两个降低”和“平安江苏”的工作目标，强化安全生产综合监管体制建设和生产经营单位安全监管执法工作，全省安全生产状况呈现总体相对平稳且趋于好转的态势。但我们也应该看到，目前全省安全生产形势平稳好转是相对的，这只是动态发展过程中的阶段性工作的反映，还远远没有达到理想目标中的可控安全，现实中的一些重、特大事故还时有发生，诸多不安全因素仍然存在。究其原因，除了生产力水平发展不平衡，产业结构不尽合理，作业环境差，生产方式、技术装备落后外，主要原因在于人的遵章作业意识淡薄、作业技能滞后。

当前，企业从业人员整体安全技术素质难以适应新型工业化安全生产发展要求的矛盾日显突出，解决这类矛盾的关键在于真正树立“以人为本”、“人才兴安”、“培训促安全”、“培训出效益”的人本观念和安全理念，充分认识安全培训是预防和减少各类安全生产事故的基础工程、战略工程，是治本之策、长效机制。必须花大力气抓好从业人员的安全技术培训，扩大安全培训规模，大面积提高培训质量，增强从业人员防范与处理安全生产事故的能力，有效地遏制重、特大事故的发生，促进江苏安全生产向本质、可控性目标迈进。

搞好安全技术培训的一项十分重要的工作是安全技术培训教材建设。教材是教学活动的载体，是学员获得系统专业知识，提高学员智能和技能的重要工具，是教师进行教学的具体依据。教材的好与差决定着培训质量的高低。为此，江苏省安全生产监督管理局组织全省具有丰富培训工作经验的专家、教授、工程技术人员共同组织编写了这套教材。

本套教材分为初训与复训两类。教材的编写以国家相关部门现行考核大纲、标准为依据，参考现有各地教材，结合安全生产工作的实际，突出以“安全”为主线，介绍了生产经营单位管理人员和特种作业人员必须掌握的安全技术知识与技能。教材坚持安全教育与生产技术教育的统一性，突出新的安全生产教育理念和创新精神，遵循认知规律，改进教材的呈现方式，为学员留有自主学习、自主探究空间，具有科学性、先进性、实用性的特点，是安全生产经营单位负责人上岗前取得安全资格证和特种作业人员上岗、复审前取得特种作业操作证进行安全技术培训的指定教材，同时也是安全生产管理人员、工程技术人员的工具书。

本书的编写时间紧、任务重、要求高，所有参加编写和参与组织工作的同志们都以高度负责的精神忘我工作，为此付出了辛勤的劳动。同时，在编写和出版过程中，各市县安监部门的同志和省内从事安全生产工作的专家们提出了不少宝贵意见和建议，给予了大力的支持，在这里一并表示谢意。

江苏省安全生产监督管理局局长

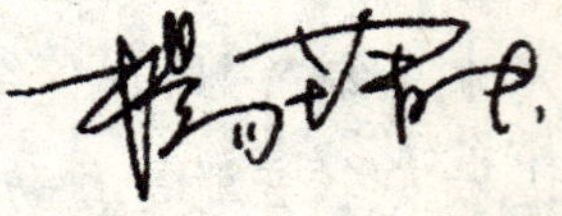

2005年11月20日

目　录

1 绪 论

1.1 加强危险化学品安全管理的重要意义

回顾世界生产发展史，二战之后，化学工业在西方国家得到迅速发展，化学合成新材料不断涌现，同时带动了冶金、机械、轻工、电气电子工业的发展。现在，发达国家的化学工业都已形成很大规模，大多成为本国的支柱产业之一。

我国也是化学品生产和使用大国，主要化学品产量和使用量都居世界前列。石油和化学工业门类齐全，企业总数达 14 000 多家，职工数达 540 多万，能生产各种化学品 40 000 多种（品种、规格）。2000 年全国化学品生产销售收入 13 000 多亿元，占全国工业的 13.6%；2000 年统计我国原油一次加工能力为 276 亿吨，居世界第三位。除了石油和化工企业之外，全国各类企业绝大多数都使用化学品。

化学工业是基础工业，既以其技术和产品服务于所有其他工业，也制约着其他工业的发展，化学工业和化学品的安全是国民经济健康持续发展的重要保障条件之一。目前全球能够生产十几万种化学品，我国也能生产 4 万多种。化学品极大地改善了人们的生活质量，是现代文明的基础，化学工业和化学品的安全是保障人民生活质量的基本条件。

但是，化学工业危险性很大，化工企业处理和生产的化学品绝大多数属于危险化学品，易燃易爆，有毒，有腐蚀性，容易发生群死群伤和重大财产损失的火灾爆炸或中毒事故，表 1－1 列举了世界知名的几起特大事故，表 1－2 列举了近期我国危险化学品生产、使用、运输、储存各环节中的典型群死群伤事故。

表 1－1 世界几起特大化工事故

事故类型	后 果	时间/年	地 点
美国联合碳化公司博帕尔农药厂甲基异氰酸酯泄漏	20 万人中毒，其中 2 000 人死亡，5 万人失明	1984	印度博帕尔
乙烯装置泄漏产生蒸气云，引燃爆炸	直接财产损失 8.12 亿美元	1989	美国得克萨斯州帕萨迪纳
环氧乙烷反应器损坏，泄漏，产生蒸气云，引燃爆炸	工厂被夷为平地，厂外破坏涉及 18 英里，包括 2 488 个家庭、商店和工厂	1974	英国费利克斯博洛

表 1-2 我国 20 世纪末危险化学品的典型群死群伤事故

环节	事故类型	死亡/人	伤/人	时间/年	地点
生产	爆炸(氯、油、硝铵)	22	50 多	1998	陕西兴平
使用	火灾(酒精)	40	89	1997	长沙
运输	泄漏中毒(一甲胺)	42	595	1991	江西上饶
储存	雷击火灾、爆炸(原油)	19	78	1989	青岛
	火灾爆炸(硫代硫酸铵、硝铵等)	15	100 多	1993	深圳
	爆炸(过氧化苯甲酰)	27	23	1993	郑州

危险化学品群死群伤事故,无一不在全社会或局部地区产生强烈影响,因此,加强危险化学品安全管理是社会稳定的需要。

1.2 国外危险化学品安全管理概况

(1) 政府高度重视危险化学品管理

经济发达国家政府对危险化学品安全管理的主要做法归纳起来就是加强危险化学品安全立法和严格执法。以美国为例,针对危险化学品安全管理的法律法规有 16 部之多,劳工部直辖的联邦安全监察官多达 2 000 多人。政府还积极支持和资助学术团体和行业协会制定了完备的安全卫生标准,使之既有执法的法律依据,又有执法的客观标准。

(2) 企业严格自我约束

发达国家的化工企业,尤其是大型石油和化工公司,把做好安全、健康、环保工作看成是公司形象的标志,实质上是把做好这项工作作为企业生存发展的基础。这里举几个比较突出的例子。

例如,企业积极制定本企业的安全、健康、环境保护标准。企业制定和执行的标准越高、越严、越全面,则企业的信誉和形象越高。

例如,企业积极进行安全卫生研究和开发。杜邦公司有自己的研究开发中心,其毒理研究和动物实验的规模相当宏大;美国石油公司研究和开发的安全控制系统、故障分析控制系统不仅使本公司安全水准达到很高水平,也使世界石油化工界受益。

例如,企业根据生产装置的具体需要,定期或不定期地对其进行安全评价。美国道化学公司研究开发的危险指数评价法、英国帝国化学公司研究开发的蒙德指数评价方法已在全球得到广泛应用。

(3) 国际组织积极参与

现在很多国际组织对化学品安全问题相当重视,目前参与此事的有国际劳工组织、国际卫生组织、联合国环境规划署、联合国危险货物运输专家委员会以及政府间化学品安全论坛等，我国政府的有关部门均参与了其中的活动。

1.3 我国危险化学品安全管理

自1987年国务院发布《化学危险物品安全管理条例》以来，该条例在危险化学品的安全生产、安全使用、安全流通过程中发挥了很大的作用。但随着我国改革开放的逐步深化、国内经济市场化和国际经济活动全球化的深刻变化，化学品生产、使用、流通的安全形势不断恶化。表1-3是1996年到2000年化工事故统计情况。

表1-3 1996～2000年化学工业事故统计

伤亡事故1 060起，死亡678人，重伤646人		
造成死亡人数最多的		
化学爆炸事故	死亡168人	占死亡总数的24.78%
中毒窒息事故	死亡99人	占死亡总数的14.60%
造成重伤人数最多的		
机械伤害事故	重伤202人	占重伤总数的31.27%
高处坠落事故	重伤101人	占重伤总数的15.63%
发生事故起数最多的		
机械伤害事故	252起	占伤亡事故总数的23.77%
高处坠落事故	171起	占伤亡事故总数的16.13%

我国经济成分的多样化所形成的不同运作机制和不同竞争方式使化学品安全监督管理形成了非常复杂的局面。我国国有企业长期以来习惯于上级行业部门的行政管理，政府的行业主管部门也习惯于直接管理企业内部事物、做“保姆”。国家机关改革，行业行政职能削弱甚或撤销（如化工部、石油和化学工业局以及地方化工厅、局相继撤销），要求企业依法自主经营、自我约束、自己承担法律责任。但安全工作不直接与收益相关联，某些企业往往把“安全第一”仅仅放在口头上。私企、合资或外商小型独资化工企业的安全工作比国有企业还要差。这种形势迫切要求国家建立更完备的化学品安全管理机制，制定更加完备的危险化学品安全管理法规，加大依法严管的力度。

1998年国务院机构和职能重组，其后地方政府进行相应的机构改革，部门职责不清的问题日益突出。这些也要求对危险化学品安全的行政监督管理渠道和层次进行相应调整，用法规加以明确。

鉴于化学品生产和流通使用的安全形势必须得到控制和改善，国务院更新修订公布了《危险化学品安全管理条例》等一系列法律法规，使危险化学品的安全管理走上了有法可依的法制之路。

2 危险化学品特种作业人员的范围

2.1 易燃易爆危险化学品作业

在本作业范围中，易燃易爆危险化学品指：

(1) 甲类可燃性危险物品

① 闪点<27℃的可燃性液体；

② 爆炸下限<10%的可燃性气体及受到水或空气中水蒸气的作用时能产生爆炸下限<10%的气体的固体物质；

③ 常温下能自行分解或在空气中氧化即能导致迅速自燃或爆炸的物质；

④ 常温下受到水或空气中水蒸气的作用能产生可燃气体并引起燃烧或爆炸的物质；

⑤ 遇酸、受热、撞击、摩擦及遇有机物或硫磺等易燃的无机物，极易引起燃烧或爆炸的强氧化剂；

⑥ 受撞击、摩擦或与氧化剂及有机物接触时能引起燃烧或爆炸的物质。

(2) 在燃点或以上温度作业的闪点≥27℃至<60℃的乙类可燃性液体。

(3) 在爆炸极限附近作业的爆炸下限≥10%的乙类可燃性气体。

(4) 在二类或以上压力容器中的乙类可燃性危险物品。

(5) 直接用纯氧及其他强氧化剂进行的氧化反应、升温速度>400℃/min 的剧烈放热反应或系统进入空气可引起爆炸的反应及设备采用明火进行作业的乙类可燃性危险物品。

2.1.1 易燃易爆危险化学品生产操作作业

指易燃易爆危险化学品工艺过程中，各种塔、罐、釜、炉、槽、窑、器等静止设备的司塔、司罐、司釜、司炉和司窑的作业，气体压缩机、泵、输送机、粉碎机、筛分机、过滤机等运转设备的司车(司机)和司泵的作业。

适用于以上各类操作的主要操作作业。不包括以上各类操作的辅助操作作业。

2.1.2 易燃易爆危险化学品废弃处理作业

指对易燃易爆危险化学品的半成品、成品、副产品及废弃品销毁处理的作业。

适用于对含有易燃易爆危险化学品的成品、半成品、副产品的危险性废品、不合格品及企业安全管理规程要求统一收集销毁的危险废品、废物处理的主要处理作业。不包括辅助处理作业。

2.1.3 易燃易爆危险化学品设备检修作业

指对易燃易爆危险化学品生产、储存、运输和废弃处理设备进行检修和抢修的作业。

适用于利用焊具、喷灯、电钻、砂轮等工具对易燃易爆危险化学品生产、储存、运输和废弃处理设备进行焊接、切割过程中,会产生火焰、火花或在高温物体表面进行的主要作业。不包括辅助处理作业。

2.1.4 易燃易爆危险化学品储存作业

指负责验收、保管、发放和装卸易燃易爆危险化学品的作业。

适用于易燃易爆危险化学品的主要储存作业。不包括辅助储存作业。

2.2 毒性危险化学品作业

在本范围中,毒性危险化学品指:(1) 极度毒性危险化学品:① 吸入 $LC_{50}<200\ mg/m^3$ 的毒性危险化学品、经皮 $LD_{50}<100\ mg/m^3$ 的毒性危险化学品、经口 $LD_{50}<25\ mg/m^3$ 的毒性危险化学品;② 生产中易发生急性中毒,后果严重的毒性危险化学品;③ 生产中慢性中毒的患病率较高或症状发生率≥5%的毒性危险化学品;④ 脱离接触后,继续进展、不能治愈的毒性危险化学品。(2) 在二类或以上压力容器中的高度毒性物品。

2.2.1 毒性危险化学品生产操作作业

指毒性危险化学品生产过程中,各种塔、罐、釜、炉、槽、窑、器等静止设备的司塔、司罐、司釜、司炉和司窑的作业,气体压缩机、泵、输送机、粉碎机、筛分机、过滤机等运转设备的司车(司机)和司泵的作业。

适用于以上各类操作的主要操作作业。不包括以上各类操作的辅助操作作业。

2.2.2 毒性危险化学品废弃处理作业

指对毒性危险化学品的半成品、成品、副产品及废弃品销毁处理的作业。

适用于对含有毒性危险化学品的成品、半成品、副产品的危险性废品、不合格品及企业安全管理规程要求统一收集销毁的毒性危险废品和废物的主要处理作业。不包括辅助处理作业。

2.2.3 毒性危险化学品设备检修作业

指对毒性危险化学品生产、储存、运输和废弃处理设备进行检修和抢修的作业。

适用于进入罐、塔、釜、槽、炉、管道等设备及地下室、阴井、地坑、下水道及其他封闭场所或有限空间内进行检修和抢修的作业。不包括辅助作业。

2.2.4 毒性危险化学品储存作业

指负责验收、保管、发放和装卸毒性危险化学品的作业。

适用于毒性危险化学品的主要储存作业。不包括辅助作业。

2.3 燃毒危险化学品作业

在本范围中，燃毒危险化学品指具有下列(1) 中所指的易燃易爆危险化学品特性，同时又具有(2)中所指的高毒危险化学品特性的危险化学品。

(1) 易燃易爆危险化学品指：① 闪点≥27℃至<60℃的可燃性液体；② 爆炸下限≥10%的可燃性气体；③ 不属于甲类的氧化剂；④ 不属于甲类的化学易燃危险固体；⑤ 助燃气体；⑥ 常温下与空气接触能缓慢氧化，积热不散引起自燃的物品。

(2) 高毒危险化学品指：① 吸入 LC_{50}≤200～2 000 mg/m^3 的毒性危险化学品；② 经皮 LD_{50}≤100～500 mg/m^3 的毒性危险化学品；③ 经口 LD_{50}≤25～500 mg/m^3 的毒性危险化学品；④ 生产中可发生急性中毒愈后良好的毒性危险化学品；⑤ 生产中慢性中毒的患病率较高或症状发生率≥20%的毒性危险化学品；⑥ 脱离接触后，可基本治愈的毒性危险化学品；⑦ 具有可疑人体致癌性的毒性危险化学品。

2.3.1 燃毒危险化学品生产操作作业

指燃毒危险化学品生产过程中，各种塔、罐、釜、炉、槽、窑、器等静止设备的司塔作业、司罐作业、司釜作业、司炉作业、司窑作业，气体压缩机、泵、输送机、粉碎机、筛分机、过滤机等运转设备的司车(司机)作业、司泵作业。

适用于以上各类操作的主要操作作业。不包括以上各类操作的辅助操作作业。

2.3.2 燃毒危险化学品废弃处理作业

指对燃毒危险化学品的半成品、成品、副产品及废弃品销毁处理的作业。

适用于对含有燃毒危险化学品的成品、半成品、副产品的危险性废品和不合格品及企业安全管理规程要求统一收集销毁的危险废品和废物的主要处理作业。不包括辅助作业。

2.3.3 燃毒危险化学品设备检修作业

指对燃毒危险化学品生产、储存、运输和废弃处理设备进行检修、抢修的作业。

适用于利用焊具、喷灯、电钻、砂轮等工具对燃毒危险化学品生产、储存、运输和废弃处理设备进行焊接、切割过程中，产生火焰、火花或在高温物体表面的主要检修作业，不包括辅助作业。及进入罐、塔、釜、槽、炉、管道等设备及地下室、阴井、地坑、下水道及其他封闭场所或有限空间内进行检修、抢修的作业。

2.3.4　燃毒危险化学品储存作业

指负责验收、保管、发放和装卸燃毒危险化学品的作业。

适用于燃毒危险化学品的主要储存作业。不包括辅助作业。

3 危险化学品的危险特性

3.1 概述

随着我国石油和化学工业的迅速发展,化学品产量和品种大量增加,其使用范围遍及工农业生产和人民生活的各个领域。据估计,目前我国市场上流通的化学品种类在4万种以上,其中有相当一部分是危险化学品。近几年,危险化学品泄漏、丢失和运输危险化学品车辆翻车等事故时有发生,并呈逐年上升势头,对人民生命财产构成严重威胁,造成了极坏的社会影响。党中央、国务院领导同志对此高度重视,明确指示要对危险化学品从各个环节上加强管理,确保广大人民群众的生命财产安全。

为贯彻落实中央领导同志的重要指示精神,国务院修订并颁布实施了《危险化学品安全管理条例》,国家经贸委也相继颁布了《危险化学品登记管理办法》、《危险化学品经营许可证管理办法》和《危险化学品包装物、容器定点生产管理办法》等一系列法规和标准。

为配合这些法律、法规的贯彻实施,明确各级安全生产监督管理人员的职责,切实做好危险化学品的监督监察工作,同时帮助企业建立危险化学品管理体系,充分发挥科学技术与严格管理在安全生产上的巨大作用,预防重、特大危险化学品事故的发生,本章将从化学品危险特性的鉴别入手,分门别类地介绍各种危险化学品的主要危害及其预防控制的基本原则。

3.2 化学品危险性分类

危险性分类依据《常用危险化学品的分类及标志》(GB13690—92)和《危险货物分类和品名编号》(GB6944—86)两个国家标准,将危险化学品按其危险性划分为8类、21项。

第1类　爆炸品

第2类　压缩气体和液化气体

　第1项　易燃气体

　第2项　不燃气体

第3项　有毒气体

第3类　易燃液体

第1项　低闪点液体

第2项　中闪点液体

第3项　高闪点液体

第4类　易燃固体、自燃物品和遇湿易燃物品

第1项　易燃固体

第2项　自燃物品

第3项　遇湿易燃物品

第5类　氧化剂和有机过氧化物

第1项　氧化剂

第2项　有机过氧化物

第6类　毒害品和感染性物品

第1项　毒害品

第2项　感染性物品

第7类　放射性物品

第8类　腐蚀品

第1项　酸性腐蚀品

第2项　碱性腐蚀品

第3项　其他腐蚀品

3.2.1　爆炸品

本类化学品指在外界作用下(如受热、受摩擦、撞击等)能发生剧烈的化学反应,瞬时产生大量的气体和热量,使周围压力急剧上升,发生爆炸,对周围环境造成破坏的物品,不包括无整体爆炸危险,但具有燃烧、抛射及较小爆炸危险的物品。

图3-1　爆炸品标志

3.2.2　压缩气体和液化气体

本类化学品系指压缩、液化或加压溶解的气体,并符合下述两种情况之一者:

(1) 临界温度低于50℃,或在50℃时,其蒸气压力大于294 kPa的压缩或液化气体;

(2) 温度在21.1℃时,气体的绝对压力大于275 kPa,或在54.4℃时,气体的绝对压力大于715 kPa的压缩气体;或在37.8℃时,雷德蒸气压大于275 kPa的液化气体或溶解气体。

本类物品当受热、撞击或强烈震动时,容器内压力会急剧增大,致使容器破裂

爆炸，或导致气瓶阀门松动漏气，酿成火灾或中毒事故。

按其性质，本类物品可分为以下三项：

① 易燃气体。如氢气、甲烷、乙炔、环氧乙烷等。

② 不燃气体(包括助燃气体)。如氧气、压缩空气、氮气、二氯二氟甲烷等。

③ 有毒气体(毒性指标同第 6 类危险化学品)。如氯气、氨气、溴甲烷等。

图 3-2　易燃气体、不燃气体、有毒气体标志

3.2.3　易燃液体

指闭杯闪点等于或低于 61℃的液体、液体混合物或含有固体物质的液体，但不包括由于其危险性已列入其他类别的液体。

本类物质在常温下易挥发，其蒸气与空气混合能形成爆炸性混合物。

图 3-3　易燃液体标志

按闪点分为以下三项：

(1) 低闪点液体：闪点 <-18℃。如汽油、丙酮、乙醚、二硫化碳等。

(2) 中闪点液体：-18℃ $\leqslant$ 闪点 <23℃。如石油醚、苯、甲苯、甲醇、丙烯腈等。

(3) 高闪点液体：23℃ $\leqslant$ 闪点 $\leqslant$ 61℃。如煤油、二甲苯、松节油、异丁醇等。

3.2.4　易燃固体、自燃物品和遇湿易燃物品

本类物品易于引起和促成火灾，按其燃烧特性分为以下三项：

(1) 易燃固体：指燃点低，对热、撞击、摩擦敏感，易被外部火源点燃，燃烧迅速，并可能散发出有毒烟雾或有毒气体的固体。如红磷、硝化纤维素、硫磺、有涂层的铝粉、干喷漆、生松香等。

(2) 自燃物品：指自燃点低，在空气中易于发生氧化反应，放出热量而自行燃烧的物品。如黄磷、三乙基铝等。

(3) 遇湿易燃物品：指遇水或受潮时，发生剧烈化学反应，放出大量的易燃气体和热量的物品，有些不需明火，即能燃烧或爆炸。如锂、钠、钾、镁粉、锌粉、镁铝粉、碳化钙等。

图 3-4 易燃固体、自燃物品、遇湿易燃物品标志

3.2.5 氧化剂和有机过氧化物

本类物品具有强氧化性，易引起燃烧、爆炸，按其组成分为以下两项：

(1) 氧化剂：指处于高氧化态，具有强氧化性，易分解并放出氧和热量的物质。包括含有过氧基的无机物，其本身不一定可燃，但能导致可燃物的燃烧；与粉末状可燃物能组成爆炸性混合物，对热、震动或摩擦较为敏感。按其危险性大小分为一级氧化剂和二级氧化剂。如过氧化氢(含量 20%～60%)、过氧化钠、过氧化钾、高氯酸钾、氯酸钾、高锰酸钾、硝酸铵、碘酸、无水三氧化铬、重铬酸钾、氧化银等。

(2) 有机过氧化物：指分子组成中含有过氧键的有机物，其本身易燃易爆、极易分解，对热、震动和摩擦极为敏感。如过氧化甲乙酮、过氧化环己酮、过氧化苯甲酰、过甲酸等。

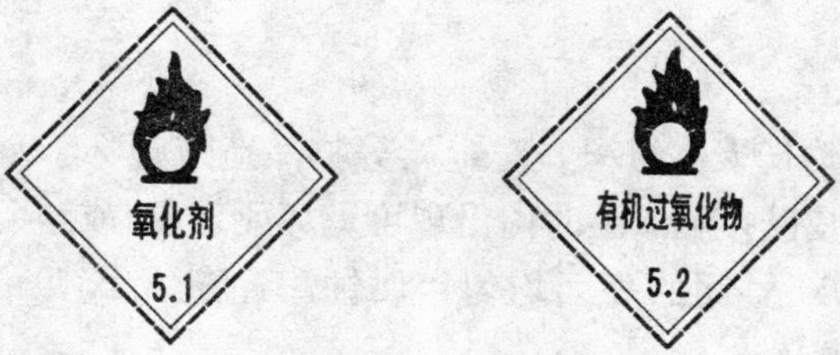

图 3-5 氧化剂、有机过氧化物标志

3.2.6 毒害品和感染性物品

这类物品系指进入肌体后，累积达到一定的量，能与体液和组织发生生物化学作用或生物物理学作用，扰乱或破坏肌体的正常生理功能，引起暂时性或持久性的病理改变，甚至危及生命的物品。具体指标为：

(1) 经口：$LD_{50} \leqslant 500$ mg/kg(固体)；$LD_{50} \leqslant 2\ 000$ mg/kg(液体)；

(2) 经皮(24 h 接触)：$LD_{50} \leqslant 1\ 000$ mg/kg；

(3) 吸入：$LC_{50} \leqslant 10$ mg/L(粉尘、烟雾)。

该类物品分为毒害品、感染性物品两项，其中毒害品按其毒性大小分为一级毒害品和二级毒害品。如氰化钾、氰化钠、砷、五氧化二砷、氯化汞、硝基苯、四乙基铅、硫酸二甲酯、硒粉、二氯甲烷、四氯化碳、三氯乙烯、苯胺等。

图 3-6　有害品、剧毒品、感染性物品标志

3.2.7　放射性物品

放射性物品是指放射性比活度大于 7.4×10^{4} Bq/kg 的物品。按其放射性大小细分为一级放射性物品、二级放射性物品和三级放射性物品。如固态硝酸钍、硝酸铀酰等。

图 3-7　放射性物品标志

3.2.8　腐蚀品

腐蚀品是指能灼伤人体组织并对金属等物品造成损坏的固体或液体。与皮肤接触 4 小时内出现可见坏死现象，或温度在 55℃时，对 20 号钢的表面均匀年腐蚀率超过 6.25 mm/a 的固体或液体。

图 3-8　腐蚀品标志

该类物品按化学性质分为三项：酸性腐蚀品、碱性腐蚀品和其他腐蚀品。如硝酸、盐酸、硫酸、氢氟酸、溴、三氯化磷、四氯化硅、甲酸、乙酸、氢氧化钠、氢氧化钾、氧化钠、氧化钾、乙醇钠、水合肼(肼的含量≤64%)、环己胺、甲醛溶液、次氯酸钠溶液、氯化铜、汞等。

按其腐蚀性的强弱又细分为一级腐蚀品和二级腐蚀品。

3.3　有毒化学品对人体的危害

随着社会的发展，化学品的应用越来越广泛，生产及使用量也随之增加，因而生活于现代社会的人类都有可能通过不同途径，不同程度地接触到各种化学物质，尤其是化学品作业场所的工人接触化学品的机会将更多。化学品对健康的影响从轻微的皮疹到一些急、慢性伤害甚至癌症，危害更严重的是一些令人惊心的化学灾害性事故。

因此了解化学物质对人体危害的基本知识，对于加强化学品管理，防止中毒事故的发生是十分必要的。

3.3.1 毒物进入人体的途径

毒物可经呼吸道、消化道和皮肤进入人体内，在工业生产中，毒物主要经呼吸道和皮肤进入人体内，亦可经消化道进入，但比较次要。

(1) 呼吸道：呼吸道是工业生产中毒物进入体内的最重要的途径。凡是以气体、蒸气、雾、烟、粉尘形式存在的毒物，均可经呼吸道侵入人体内。人的肺脏由亿万个肺泡组成，肺泡壁很薄，壁上有丰富的毛细血管，毒物一旦进入肺脏，很快就会通过肺泡壁进入血液循环而被运送到全身。通过呼吸道吸收最重要的影响因素是其在空气中的浓度，浓度越高，吸收越快。

(2) 皮肤：在工业生产中，毒物经皮肤吸收引起中毒亦比较常见。脂溶性毒物经表皮吸收后，还需有水溶性，才能进一步扩散和吸收，所以水、脂都溶的物质(如苯胺)易被皮肤吸收。

(3) 消化道：在工业生产中，毒物经消化道吸收多半是由于个人卫生习惯不良，手沾染的毒物随进食、饮水或吸烟等进入消化道。进入呼吸道的难溶性毒物被清除后，可经由咽部被咽下而进入消化道。

3.3.2 对人体的危害

有毒物质对人体的危害主要为引起中毒。化学品的毒副作用可分为如下几种临床类型：① 引起刺激；② 过敏；③ 缺氧；④ 昏迷和麻醉；⑤ 全身中毒；⑥ 致癌；⑦ 致畸；⑧ 致突变；⑨ 尘肺。

3.3.2.1 刺激

刺激意味着身体同化学品接触已相当严重，一般受刺激的部位为皮肤、眼睛和呼吸系统。

(1) 皮肤：当某些化学品和皮肤接触时，化学品可使皮肤保护层脱落，从而引起皮肤干燥、粗糙、疼痛，这种情况称作皮炎，许多化学品能引起皮炎。

(2) 眼睛：化学品和眼部接触导致的伤害，轻者会有轻微的、暂时性的不适，重者则会造成永久性的伤残，伤害严重程度取决于中毒的剂量及采取急救措施的快慢。

(3) 呼吸系统：雾状、气态、蒸气化学刺激物和上呼吸系统(鼻和咽喉)接触时，会导致火辣辣的感觉，这一般是由可溶物引起的，如氨水、甲醛、二氧化硫、酸、碱，它们易被鼻咽部湿润的表面所吸收。处理这些化学品必须小心对待，如在喷洒药物时，就要防止吸入这些蒸气。

一些刺激物对气管的刺激可引起气管炎，甚至严重损害气管和肺组织，如二氧化硫、氯气、煤尘。一些化学物质将会渗透到肺泡区，引起强烈的刺激。在工作场所一般不易检测这些化学物质，但它们能严重危害工人健康。化学物质和肺组织反应马上或几个小时后便引起肺水肿。这种症状由强烈的刺激开始，随后会出现咳嗽、呼吸困难（气短）、缺氧以及痰多。例如二氧化氮、臭氧以及光气等物质就会引起上述反应。

3.3.2.2　过敏

接触某些化学品可引起过敏，开始接触时可能不会出现过敏症状，然而时间长了会引起身体的反应。即便是接触低浓度化学物质也会产生过敏反应，皮肤和呼吸系统可能会受到过敏反应的影响。

(1) 皮肤：皮肤过敏是一种看似皮炎（皮疹或水疱）的症状，这种症状不一定在接触的部位出现，而可能在身体的其他部位出现，引起这种症状的化学品如环氧树脂、胺类硬化剂、偶氮染料、煤焦油衍生物和铬酸。

(2) 呼吸系统：呼吸系统对化学物质的过敏引起职业性哮喘，这种症状的反应常包括咳嗽，特别是夜间，以及呼吸困难，如气喘和呼吸短促，引起这种反应的化学品有甲苯、聚氨脂、福尔马林。

3.3.2.3　缺氧（窒息）

窒息涉及到对身体组织氧化作用的干扰。这种症状分为三种：单纯窒息、血液窒息和细胞内窒息。

(1) 单纯窒息：这种情况是由于周围氧气被惰性气体，如氮气、二氧化碳、乙烷、氢气或氦气所代替，而使氧气量不足以维持生命的继续。一般情况下，空气中含氧21%。如果空气中氧浓度降到17%以下，机体组织的供氧不足，就会引起头晕、恶心，调节功能紊乱等症状。这种情况一般发生在空间有限的工作场所，缺氧严重时导致昏迷，甚至死亡。

(2) 血液窒息：这种情况是由于化学物质直接影响机体传送氧的能力，典型的血液窒息性物质就是一氧化碳。空气中一氧化碳含量达到0.05%时就会导致血液携氧能力严重下降。

(3) 细胞内窒息：这种情况是由于化学物质直接影响机体和氧结合的能力，如氰化氢、硫化氢这些物质影响细胞和氧的结合能力，尽管血液中含氧充足，但仍会导致窒息中毒。

3.3.2.4　昏迷和麻醉

接触高浓度的某些化学品，如乙醇、丙醇、丙酮、丁酮、乙炔、烃类、乙醚、异丙醚会导致中枢神经抑制。这些化学品有类似酒精的作用，一次大量接触可导致昏迷甚至死亡，但也会导致一些人沉迷于这种麻醉品。

3.3.2.5 全身中毒

人体是由许多系统组成的，全身中毒是指化学物质引起的对一个或多个系统产生有害影响并扩展到全身的现象，这种作用不局限于身体的某一点或某一区域。

肝脏的作用就是净化血液中的有毒物质并在排泄前将它们转化成无害的和水溶性的物质。然而有一些物质是对肝脏有害的，根据接触的剂量和频率，反复损害肝脏组织，可能造成伤害，引起病变(肝硬化)和降低肝脏的功能，例如溶剂酒精、四氯化碳、三氯乙烯、氯仿，也可能被误认为病毒性肝炎，因为这些化学物质引起肝损伤的症状(黄皮肤、黄眼睛)类似于病毒性肝炎。

肾是泌尿系统的一部分，它的作用是排除由身体产生的废物，维持水、盐平衡，并控制和维持血液中的酸度。泌尿系统各部位都可能受到有毒物质损害，如慢性铍中毒常伴有尿路结石，杀虫脒中毒可出现出血性膀胱炎等，但常见的还是肾损害。不少生产性毒物对肾有毒性，尤以重金属和卤代烃最为突出。如汞、铅、铊、镉、四氯化碳、氯仿、六氟丙烯、二氯乙烷、溴甲烷、溴乙烷、碘乙烷等。甚至高浓度的氧也会引起氧中毒。

神经系统控制机体的活动功能，它也能被一定的化学物质所损害。长期接触一些有机溶剂会引起疲劳、失眠、头痛、恶心，更严重的将导致运动神经障碍、瘫痪、感觉神经障碍；神经末梢不起作用与接触己烷、锰和铅有关，导致腕垂病；接触有机磷酸盐化合物如对硫磷可能导致神经系统失去功能；另外接触二硫化碳可引起精神紊乱(精神病)。接触一定的化学物质可能对生殖系统产生影响，导致男性不育，怀孕妇女流产，如二溴乙烯、苯、氯丁二烯、铅、有机溶剂和二硫化碳等化学物质与男性工人不育有关，接触麻醉性气体、戊二醛、氯丁二烯、铅、有机溶剂、二硫化碳和氯乙烯等化学物质与女性工人流产有关。

3.3.2.6 致癌

长期接触一定的化学物质可能引起细胞的无节制生长，形成癌性肿瘤。这些肿瘤可能在第一次接触这些物质以后许多年才表现出来，这一时期被称为潜伏期，一般为4～40年。造成职业肿瘤的部位是多样的，未必局限于接触区域，如砷、石棉、铬、镍等物质可能导致肺癌；鼻腔癌和鼻窦癌是由铬、镍、木材、皮革粉尘等引起的；膀胱癌与接触联苯胺、萘胺、皮革粉尘等有关；皮肤癌与接触砷、煤焦油和石油产品等有关；接触氯乙烯单体可引起肝癌；接触苯可引起再生障碍性贫血。

3.3.2.7 致畸

接触化学物质可能对未出生胎儿造成危害，干扰胎儿的正常发育。在怀孕的前三个月，脑、心脏、胳膊和腿等重要器官正在发育，一些研究表明化学物质可能干扰正常的细胞分裂过程，如麻醉性气体、水银和有机溶剂，从而导致胎儿畸形。

3.3.2.8　致突变

某些化学品对工人遗传基因的影响可能导致后代发生异常，实验结果表明，80%～85%的致癌化学物质对后代有影响。

3.3.2.9　尘肺

尘肺是由于在肺的换气区域发生了小尘粒的沉积以及肺组织对这些沉积物的反应。很难在早期发现肺的变化，当X射线检查发现这些变化的时候病情已经较重了。尘肺病患者肺的换气功能下降，在紧张活动时将发生呼吸短促症状，这种作用是不可逆的，能引起尘肺病的物质有石英晶体、石棉、滑石粉、煤粉和铍。

化学毒物引起的中毒往往是多器官、多系统的损害。如常见毒物铅可引起神经系统、消化系统、造血系统及肾脏损害；三硝基甲苯中毒可出现白内障、中毒性肝病、贫血、高铁血红蛋白血症等。同一种毒物引起的急性和慢性中毒其损害的器官及表现亦可有很大差别。例如，苯急性中毒主要表现为对中枢神经系统的麻醉作用，而慢性中毒主要为造血系统的损害。这在有毒化学品对机体的危害作用中是一种很常见的现象。此外，有毒化学品对机体的危害尚取决于一系列因素和条件，如毒物本身的特性（化学结构、理化特性），毒物的剂量、浓度和作用时间，毒物的联合作用，个体的敏感性等。总之，机体与有毒化学品之间的相互作用是一个复杂的过程，中毒后的表现多种多样。

3.4　化学品的火灾与爆炸危害

近几年来，我国化工系统所发生的各类事故中，由于火灾爆炸导致的人员伤亡为各类事故之首，由此导致的直接经济损失也相当可观。

因此了解化学品的火灾与爆炸危害，正确进行危险性评价，及时采取防范措施，对搞好安全生产，防止事故发生具有重要意义。

3.4.1　化学品的燃烧与爆炸危险性

化学品的燃烧与爆炸需要三要素：可燃物、助燃物和点火源。

燃烧三要素示意图如图3－9所示。它们必须有正确的比例和在合适的状态下才能燃烧或爆炸，过量的燃料与不充足的氧、高浓度的氧与不足量的燃料都不能燃烧，如图3－10所示。只有具备了一定数量和浓度的燃料和氧，以及具备一定能量的点火能源，三者同时存在并且发生相互作用，才能引起燃烧或爆炸。

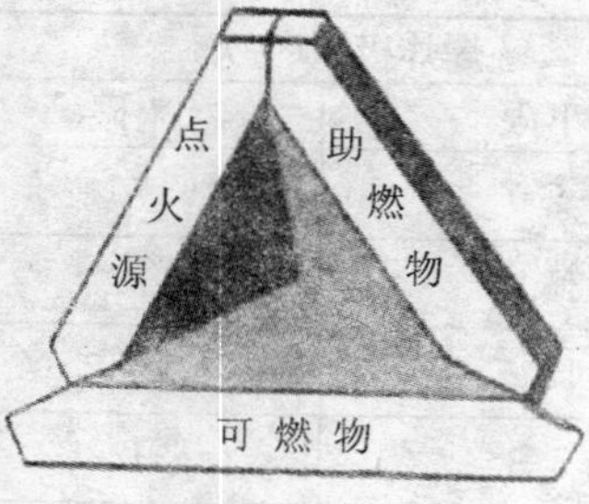

图 3-9 燃烧三要素

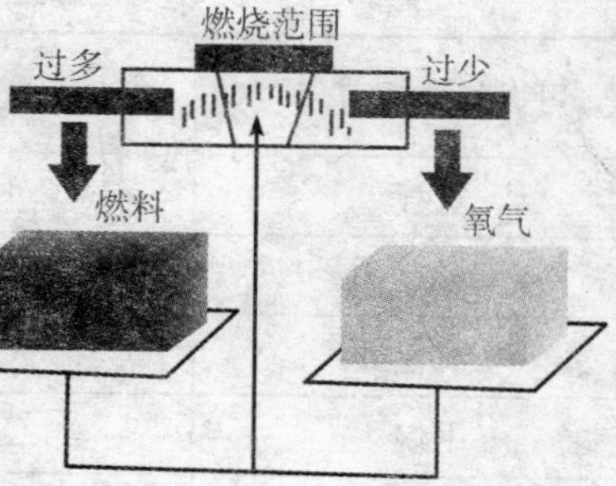

图 3-10 燃烧范围示意图

例如，甲烷在空气中的浓度小于5.3%或大于14%时，由于甲烷浓度过低或氧气浓度过低，甲烷便不能燃烧。同时，要使燃烧发生必须具备一定能量的点火源。若用热能引燃甲烷和空气的混合物，当点燃温度低于595℃时燃烧便不能发生。若用电火花点燃，则最小点火能量为0.28 mJ，若点火源的能量小于该数值，该混合气体便不着火。

3.4.1.1 可燃气体、可燃蒸气、可燃粉尘的燃爆危险性

可燃气体、可燃蒸气或可燃粉尘与空气组成的混合物，当遇点火源时极易发生燃烧爆炸，但并非在任何混合比例下都能发生，而是有固定的浓度范围，在此浓度范围内，浓度不同，放热量不同，火焰蔓延速度（即燃烧速度）也不相同。

在混合气体中，所含可燃气体为化学计量浓度时，发热量最大，稍高于化学计量浓度时，火焰蔓延速度最大，燃烧最剧烈；可燃物浓度增加或减少，发热量都要减少，蔓延速度降低，当浓度低于某一最低浓度或高于某一最高浓度时，火焰便不能蔓延，燃烧也就不能进行，在火源作用下，可燃气体、可燃蒸气或粉尘在空气中恰足以使火焰蔓延的最低浓度称为该气体、蒸气或粉尘的爆炸下限，也称燃烧下限。同理，恰足以使火焰蔓延的最高浓度称为爆炸上限，也称燃烧上限。上限和下限称为爆炸极限或燃烧极限，上限和下限之间的浓度称为爆炸范围。

浓度在爆炸范围以外，可燃物不着火，更不会爆炸。但是，在容器或管道中的可燃气体浓度在爆炸上限以上，若空气能补充或渗漏进去，则随时有燃烧、爆炸的危险。因此，对浓度在上限以上的混合气，通常仍认为它们是危险的。

通常用可燃气体、可燃蒸气在空气中的体积百分数表示，可燃粉尘用 mg/m^3 表示。例如，乙醇爆炸范围为4.3%～19.0%，4.3%称为爆炸下限，19.0%称为爆炸上限。爆炸极限的范围越宽，爆炸下限越低，爆炸危险性越大。通常的爆炸极限是在常温、常压的标准条件下测定出来的，它随温度、压力的变化而变化。

部分可燃气体、可燃蒸气的爆炸极限见表3-1。

表 3-1　部分可燃气体、可燃蒸气的爆炸极限

可燃气体或蒸气	分子式	爆炸极限(%)	
		下限	上限
氢气	H_2	4.0	75
氨	NH_3	15.5	27
一氧化碳	CO	12.5	74.2
甲烷	CH_4	5.3	14
乙烷	C_2H_6	3.0	12.5
乙烯	C_2H_4	3.1	32
苯	C_6H_6	1.4	7.1
甲苯	C_7H_8	1.4	6.7
环氧乙烷	C_2H_4O	3.0	80.0
乙醚	$(C_2H_5)O$	1.9	48.0
乙醛	CH_3CHO	4.1	55.0
丙酮	$(CH_3)_2CO$	3.0	11.0
乙醇	C_2H_5OH	4.3	19.0
甲醇	CH_3OH	5.5	36
醋酸乙酯	$C_4H_8O_2$	2.5	9

另外，某些气体即使没有空气或氧存在时，同样可以发生爆炸。如乙炔即使在没有氧的情况下，若被压缩到 2 个大气压以上，遇到火星也能引起爆炸。这种爆炸是由物质的分解引起的，称为分解爆炸。乙炔发生分解爆炸时所需的外界能量随压力的升高而降低。实验证明，若压力在 1.5 MPa 以上，需要很少能量甚至无需能量即会发生爆炸，表明高压下的乙炔是非常危险的。针对乙炔分解爆炸的特性，目前采用多孔物质，即把乙炔压缩溶解在多孔物质上。除乙炔外，其他一些分解反应为放热反应的气体，也有同样性质，如乙烯、环氧乙烷、丙烯、联氨、一氧化氮、二氧化氮、二氧化氯等。

3.4.1.2　液体的燃爆危险性

易(可)燃液体在火源或热源的作用下，先蒸发成蒸气，然后蒸气氧化分解进行燃烧。开始时燃烧速度较慢，火焰也不高，因为这时的液面温度低，蒸发速度慢，蒸气量较少。随着燃烧时间延长，火焰向液体表面传热，使表面温度上升，蒸发速度和火焰温度则同时增加，这时液体就会达到沸腾的程度，使火焰显著增高。如果不能隔断空气，易(可)燃液体就可能完全烧尽。

液体的表面都有一定数量的蒸气存在，蒸气的浓度取决于该液体所处的温度，温度越高则蒸气浓度越大。在一定的温度下，易(可)燃液体表面上的蒸气和空气的混合物与火焰接触时，能闪出火花，但随即熄灭，这种瞬间燃烧的过程叫闪燃。液体能发生闪燃的最低温度叫闪点。液体在闪点温度时，蒸发速度较慢，表面上积累的蒸气遇火瞬间即已烧尽，而新蒸发的蒸气还来不及补充，所以不能持续燃烧。当温度稍高于闪点时，易(可)燃液体随时都有遇火源而被点燃的可能。因此，闪点是液体可以引起火灾危险的最低温度。液体的闪点越低，它的火灾危险性越大。常见易(可)燃液体的闪点见表3-2。

表3-2 常见易燃、可燃液体的闪点

液体名称	闪点/℃	液体名称	闪点/℃
汽油	−58～10	甲苯	4
石油醚	−50	甲醇	9
二硫化碳	−45	乙醇	13
乙醚	−45	醋酸丁酯	13
乙醛	−38	石脑油	25
原油	−35	丁醇	29
丙酮	−17	氯苯	29
辛烷	−16	煤油	30～70
苯	−11	重油	80～130
醋酸乙酯	1	乙二醇	100

3.4.1.3 固体的燃爆危险性

固体燃烧分两种情况，对于硫、磷等低熔点简单物质，受热时首先熔化，继之蒸发变为蒸气进行燃烧，无分解过程，容易着火；对于复杂物质，受热时首先分解为物质的组成部分，生成气态和液态产物，然后气态和液态产物的蒸气再发生氧化而燃烧。

某些固态化学物质一旦点燃将迅速燃烧，例如镁，一旦燃烧将很难熄灭；某些固体对摩擦、撞击特别敏感，如爆炸品、有机过氧化物，当受外来撞击或摩擦时，很容易引起燃烧爆炸，故对该类物品进行操作时，要轻拿轻放，切忌摔、碰、拖、拉、抛、掷等；某些固态物质在常温或稍高温度下即能发生自燃，如白磷，若露置空气中可很快燃烧，因此在生产、运输、储存等环节中要加强对该类物品的管理，这对减少火灾事故的发生具有重要意义。

工业事故中，引发固体火灾事故较多的是化学品自热燃烧和受热自燃。

可燃固体因内部所发生的化学、物理或生物化学过程而放出热量，这些热量在适当条件下会逐渐积累，使可燃物温度上升，达到自燃点而燃烧，这种现象称自热燃烧。

在常温的空气中能发生化学、物理、生物化学作用放出氧化热、吸附热、聚合热、发酵热等热量的物质均可能发生自热燃烧。例如，硝化棉及其制品(如火药、硝酸纤维素、电影胶片等)在常温下会自发分解放出分解热，而且它们的分解反应具有自催化作用，容易导致燃烧或爆炸；植物和农副产品(如稻草、木屑、粮食等)含有水分，会因发酵而放出发酵热，若积热不散，温度逐渐升高至自燃点，则会引起自燃。

可燃物质在外部热源作用下，温度逐渐升高，当达到自燃点时，即可着火燃烧，这种现象称为受热自燃。如合成橡胶干燥工段，若橡胶长期积聚在蒸气加热管附近，则极易引起橡胶的自燃；合成橡胶干燥尾气用活性炭纤维吸附时，尾气中往往含有少量的防老剂，由于某些防老剂不易解吸，长期吸附后，活性炭纤维中防老剂含量逐渐增多，当达到一定量时，若用水蒸气高温解吸后不能立即降温，某些防老剂则极易发生自燃事故，导致吸附装置烧毁。

3.4.2　火灾与爆炸的破坏作用

火灾与爆炸都会带来生产设施的重大破坏和人员伤亡，但两者的发展过程显著不同。火灾是在起火后火场逐渐蔓延扩大，随着时间的延续，损失数量迅速增长，损失大约与时间的平方成比例，如火灾时间延长一倍，损失可能增加四倍。爆炸则是猝不及防，可能仅在一秒钟内爆炸过程已经结束，设备损坏、厂房倒塌、人员伤亡等巨大损失也将在瞬间发生。

爆炸通常伴随发热、发光、压力上升、真空和电离等现象，具有很强的破坏作用。它与爆炸物的数量和性质、爆炸时的条件以及爆炸位置等因素有关。主要破坏形式有以下几种。

3.4.2.1　直接的破坏作用

机械设备、装置、容器等爆炸后产生许多碎片，飞出后会在相当大的范围内造成危害。一般碎片在100～500 m内飞散。如1979年浙江温州电化厂液氯钢瓶爆炸，钢瓶的碎片最远飞离爆炸中心830 m，其中碎片击穿了附近的液氯钢瓶、液氯计量槽、贮槽等，导致大量氯气泄漏，发展成为重大恶性事故，死亡59人，伤779人。

3.4.2.2　冲击波的破坏作用

物质爆炸时，产生的高温高压气体以极高的速度膨胀，像活塞一样挤压周围空气，把爆炸反应释放出的部分能量传递给压缩的空气层，空气受冲击而发生扰动，使其压力、密度等产生突变，这种扰动在空气中传播就称为冲击波。

冲击波的传播速度极快，在传播过程中，可以对周围环境中的机械设备和建筑物产生破坏作用和使人员伤亡。冲击波还可以在它的作用区域内产生震荡作用，使物体因震荡而松散，甚至破坏。

冲击波的破坏作用主要是由其波阵面上的超压引起的。在爆炸中心附近，空气冲击波波阵面上的超压可达几个甚至十几个大气压，在这样高的超压作用下，建筑物被摧毁,机械设备、管道等也会受到严重破坏。当冲击波大面积作用于建筑物时,波阵面超压在 20～30 kPa 内,就足以使大部分砖木结构建筑物受到强烈破坏。超压在 100 kPa 以上时,除坚固的钢筋混凝土建筑外,其余部分将全都被破坏。

3.4.2.3 造成火灾

爆炸发生后,爆炸气体产物的扩散只发生在极其短促的瞬间内,对一般可燃物来说,不足以造成起火燃烧,而且冲击波造成的爆炸风还有灭火作用。但是爆炸时产生的高温高压和建筑物内遗留大量的热或残余火苗,会把从破坏的设备内部不断流出的可燃气体、易燃或可燃液体的蒸气点燃,也可能把其他易燃物点燃引起火灾。当盛装易燃物的容器、管道发生爆炸时,爆炸抛出的易燃物有可能引起大面积火灾,这种情况在油罐、液化气瓶爆破后最易发生。正在运行的燃烧设备或高温的化工设备被破坏,其灼热的碎片可能飞出,点燃附近储存的燃料或其他可燃物,引起火灾。如 1979 年 12 月,吉林液化石油气厂 2 号球罐破裂时,涌出的石油气遇明火而燃烧爆炸,大火持续了整整 23 个小时,造成了巨大的损失。

3.4.2.4 造成中毒和环境污染

在实际生产中,许多物质不仅是可燃的,而且是有毒的,发生爆炸事故时,会使大量有害物质外泄,造成人员中毒和环境污染。

3.5 有害化学品的污染危害与环境保护

随着化学工业的发展,各种化学品的产量大幅度增加,新化学品也不断涌现。人们在充分利用化学品的同时,也产生了大量的化学废物,其中不乏有毒有害物质。由于毫无控制的随意排放及化学品其他途径的泄放,严重污染了环境,使环境状况日益恶化。如何认识化学品的污染危害,最大限度地降低化学品的污染,加强环境保护力度,已是人们亟待解决的重大问题。

3.5.1 有害化学品的污染危害

有害化学品是指任何已经被确认为对人类健康和环境有危害性的化学品。

随着工农业的迅猛发展,有毒有害污染源随处可见,而给人类造成的灾害要属有毒有害化学品最为严重。化学品侵入环境的途径几乎是全方位的,其中最主要的侵入途径可大致分为四种:

(1) 人为使用直接进入环境。

(2) 在生产、加工、储存过程中,作为化学污染物,以废水、废气和废渣等形式排放进入环境。

(3) 在生产、储存和运输过程中由于着火、爆炸、泄漏等突发性化学事故,致使大量有害化学品外泄进入环境。

(4) 在石油、煤炭等燃料燃烧过程中以及家庭装饰等日常生活使用中直接排入或者使用后作为废弃物进入环境。

近年来，我国有害化学品重大污染事故时有发生。此外，我国有害化学品的公路、水路运输事故发生率居高不下，由于翻车、翻船，致使化学物质外泄而污染环境和造成人身伤亡的占事故总数的 1/3 左右。

有害化学物质的排放给我国生态环境造成极为严重的危害。据统计，1994 年全国化工系统排放的废水、废气和固体废物分别在全国排第二位、第三位和第四位。全国每年随化工“三废”排放到环境中的有毒有害化学物质，仅化工废水中氰化物、砷、汞、铅和挥发酚在 1994 年就达 24 274 吨，对我国江、河、湖泊等水体造成极大危害。

有害化学品对人体健康和环境的危害是我国环境保护中亟待解决的重要问题，必须引起全社会高度重视。

3.5.2 化学品的环境污染控制

我国是化工生产量较大的国家，化工产业已形成一个比较完善的体系。目前化学工业的特点是，产品品种繁多，工艺复杂，技术落后，操作水平低，加上生产管理不完善，致使产品产量低，副产物多，“三废”排放量大。

这些废气、废水和废渣的成分复杂，毒性大，由此引发的环境污染事件时有发生，要想控制或减少对环境的污染，应从化学品的生产过程中的污染控制方面加以考虑，首先应了解化工厂的污染情况，包括污染源种类、主要污染物、排放情况、环保措施以及周围环境敏感性等。

特别应对污染源分布进行调查和污染物排放量进行统计，同时应了解污染影响类型，如是属于一次污染还是二次污染、长期污染还是短期污染、可逆污染还是不可逆污染、局部污染还是大面积污染、单因素污染还是多因素复合污染等等。

化学品的污染危害控制，应采取以下主要措施：

(1) 制定和健全环境立法，加强环境执法力度。有害化学品的安全与控制是当前世界各国普遍关注的国际性环境问题之一。从 20 世纪 70 年代中期起，美国、日本和欧洲工业化国家相继制定并不断完善化学物质环境管理法规。到 80 年代初，各国已经普遍建立一整套化学物质环境管理法规体系。

我国已于 1979 年颁布了《中华人民共和国环境保护法》，1989 年对《中华人民共和国环境保护法》进行了修改；国务院制定了《水污染防治法实施细则》、《大气污染防治法实施细则》和《固体废物污染环境防治法》等环境保护法律；国务院还颁布了《化学危险物品安全管理条例》和《农药管理条例》等化学品管理行政法规。国务院有关部委还颁布了《工作场所安全使用化学品规定》、《化学品首次进口和有毒化学品进出口环境管理规定》以及关于铁路、汽车、船舶危险货物运输规则等多项部门规章；国家还专门制定了环境保护标准、污染物排放标准、环保基础标准和环保方法标准。如已颁布的环境质量标准有《环境空气质量标准》、《地面水环境质量》

等,污染物排放标准有《工业“三废”排放标准》、《污水综合排放标准》、《锅炉烟尘排放标准》等等,同时地方性环境保护法规、环境保护部门规范性文件都作了明确规定等。这些法律法规的颁布实施对加强有害化学品的安全管理,防止化学物质污染环境和保障人民群众身体健康发挥了重要作用。但是,我国尚未建立起完整的化学物质环境管理法规体系,对化学物质的生产、储存、运输、销售、使用和进出口全过程实行有效管理。

我国现行化学品环境立法需要针对当前化学品管理法律法规中的薄弱环节加以补充完善,并与国际化学品管理体制接轨。此外,当前迫切需要加强的是对化学品管理法律法规的执法力度。对环境保护造成严重污染的企业,应依法给予追究,对由环境污染造成人身危害的应依据法律给予处罚和赔偿,这在日本等工业发达国家是早已实行了的法律管理制度。我们还应通过宣传教育提高从事化学危险品生产、贮存、经营、运输和使用的单位和个人的遵法守法意识,加强对有害化学品的安全和环境管理。特别是应按照我国环境保护法来严格管理有害化学品。

(2) 加强对重点有害化学品的环境管理。近几年,一部分国外禁止或严格限制使用的有害化学品,如 DDT、氰化钠、三氧化二砷(砒霜)等在我国仍有大量生产和进出口。有些发达国家正在伺机将自己国内禁止或严格限制的化学品转移到发展中国家生产,然后再从中购回自己需要的产品。我国正面临着国外将污染严重的化学品向境内转移的威胁。

建立相应登记管理制度,对那些已知或怀疑对人类有致癌、致畸、致突变物质或者对环境有严重危害的化学品采取禁止或严格限制使用和淘汰、替代措施,以有效减少这些化学物质的污染危害。

(3) 推行清洁生产,严格控制有害化学物质向环境中排放。化工污染之所以严重,一个重要原因是一大批老企业长期以来没有进行技术改造,资源、能源消耗太高,排污量太大。全面推行清洁技术改造,通过改革工艺设备,尽可能把“三废”消除在生产过程之中,减轻末端治理的负担,是改变化工生产消耗高、污染大的落后局面的根本途径。积极推行清洁生产,就要选用清洁原料,采用无毒无害物质替代有害原材料,设计清洁工艺,生产清洁产品。同时改善和加强企业内部安全管理等措施,在污染的源头削减污染物和废物产生量并回收利用废物。最大限度消除或削减有害物质的排放。对通过预防不能解决的污染物,应采取源控制措施进行安全处理处置,使污染物达到国家或地方规定的排放标准。

(4) 强化危险废物管理。危险废物是指具有易燃性、腐蚀性、反应性、爆炸性、急性毒性、传染性等危险特性之一的废弃物。根据《固体废物污染环境防治法》的规定,从事危险废物的收集、贮存、处置经营活动的单位,必须经环境保护行政主管部门批准并领取经营许可证。国家对危险废物的产生实行申报登记制度和对危险废物处置实行行政代执行制度,即对产生危险废物而不按规定处置(处理)的,依法指定其他单位代为处置,所需费用由被代理方支付。

国家环保局和国务院经贸委等颁布了《国家危险废物名录》,名录中列出了47种类废物名称,并从1991年1月1日起施行。产生危险废物的单位必须按照国家有关规定进行申报登记。

(5) 普及安全和环境保护知识,鼓励公众监督。通过建立和实行危险化学品的安全标签和安全技术说明书制度,在企业员工和化学品使用者中普及化学品安全和环境保护知识。并在全社会积极宣传有关化学品安全与环境保护知识,提高社会公众对有害化学品的危害、安全防护措施和环境保护的认识,大力鼓励公众参与监督有害化学物质的污染防治。

3.6 化学品危害预防与控制的基本原则

众所周知,化学品是有害的,可人类的生活已离不开化学品,有时不得不生产和使用有害化学品,因此如何预防与控制作业场所中化学品的危害,防止火灾、爆炸、中毒与职业病的发生,就成为必须解决的问题。

作业场所化学品危害预防与控制的基本原则一般包括两个方面:操作控制和管理控制。

3.6.1 操作控制

操作控制的目的是通过采取适当的措施,消除或降低工作场所的危害,防止工人在正常作业时受到有害物质的侵害。采取的主要措施是替代、变更工艺、隔离、通风、个体防护和卫生。

工作场所的危害主要取决于化学品的危害及导致危害的制造过程,有的工作场所可能不止一种危害,所以好的控制方法必须是针对具体的加工过程而设计的。

3.6.1.1 替代

控制、预防化学品危害最理想的方法是不使用有毒有害和易燃易爆的化学品,但这一点并不是总能做到,通常的做法是选用无毒或低毒的化学品替代已有的有毒有害化学品,选用可燃化学品替代易燃化学品。例如,大家都知道苯是致癌物,为了找到它的替代物,人们付出了艰苦的努力。今天人们已用非致癌性的甲苯替代喷漆和除漆中用的苯,用脂肪族烃替代胶水或黏合剂中的苯。

替代有害化学品的例子还有很多,例如,使用水基涂料或水基黏合剂替代有机溶剂基的涂料或黏合剂;使用水基洗涤剂替代溶剂基洗涤剂;使用三氯甲烷替代三氯乙烯作脱脂剂;制油漆的颜料铅氧化物用锌氧化物或钛氧化物替代;用高闪点化学品替代低闪点化学品等。

替代物较被替代物安全,但其本身并不一定是绝对安全的,使用过程中仍需加倍小心。例如用甲苯替代苯,并不是因为甲苯无害,而是因为甲苯不是致癌物。浓度高的甲苯会伤害肝脏，致人昏眩或昏迷，要求在通风橱中使用。再如用纤维物质替代致癌的石棉。最近国际癌症研究机构已将人造矿物纤维列入可能致癌物，因此某些纤维物质不一定是石棉的优良替代品。

3.6.1.2 变更工艺

虽然替代是控制化学品危害的首选方案，但是目前可供选择的替代品往往是很有限的，特别是因技术和经济方面的原因，不可避免地要生产、使用有害化学品。这时可通过变更工艺消除或降低化学品危害。

很典型的例子是在化工行业中，以往从乙炔制乙醛，采用汞做催化剂，现在发展为用乙烯为原料，通过氧化或氧氯化制乙醛，不需用汞做催化剂。通过变更工艺，彻底消除了汞害。

通过变更工艺预防与控制化学品危害的例子还有很多，如改喷涂为电涂或浸涂；改人工装料为机械自动装料；改干法粉碎为湿法粉碎等。

3.6.1.3 隔离

隔离就是通过封闭、设置屏障等措施，拉开作业人员与危险源之间的距离，避免作业人员直接暴露于有害环境中。

最常用的隔离方法是将生产或使用的设备完全封闭起来，使工人在操作中不接触化学品。这可通过隔离整台机器、整个生产过程来实现。封闭系统一定要认真检查，因为即使很小的泄漏，也可能使工作场所的有害物浓度超标，危及作业人员。

通过设置屏障物，使工人免受热、噪声、阳光和离子辐射的危害。如反射屏可减低靠近熔炉或锅炉操作的工人的受热程度，铅屏可保护工人免受 X 射线的伤害。

隔离操作是另一种常用的隔离方法，简单地说，就是把生产设备与操作室隔离开。最简单的形式就是把生产设备的管线阀门、电控开关放在与生产地点完全隔开的操作室内。不少企业都采用此法，如某化工厂的四乙基铅生产、汞温度计厂的水银提纯等采用的就是隔离操作。

3.6.1.4 通风

通风是控制作业场所中有害气体、蒸气或粉尘最有效的措施。借助于有效的通风，使作业场所空气中有害气体、蒸气或粉尘的浓度低于安全浓度，保证工人的身体健康，防止火灾、爆炸事故的发生。

通风分局部排风和全面通风两种。局部排风是把污染源罩起来，抽出污染空气，所需风量小，经济有效，并便于净化回收。全面通风则是用新鲜空气将作业场所中的污染物稀释到安全浓度以下，所需风量大，不能净化回收。

对于点式扩散源，可使用局部排风。使用局部排风时，应使污染源处于通风罩控制范围内。为了确保通风系统的高效率，通风系统设计的合理性十分重要。对于已安装的通风系统，要经常加以维护和保养，使其有效地发挥作用。

对于面式扩散源，要使用全面通风。全面通风亦称稀释通风，其原理是向作业场所提供新鲜空气，抽出污染空气，进而稀释有害气体、蒸气或粉尘，从而降低其浓度。采用全面通风时，在厂房设计阶段就要考虑空气流向等因素。因为全面通风的目的不是消除污染物，而是将污染物分散稀释，所以全面通风仅适合于低毒性作业场所，不适合于腐蚀性、污染物量大的作业场所。

像实验室中的通风橱、焊接室或喷漆室可移动的通风管和导管都是局部排风设备。在冶金厂，熔化的物质从一端流向另一端时散发出有毒的烟和气，两种通风系统都要使用。

3.6.1.5 个体防护

当作业场所中有害化学品的浓度超标时，工人就必须使用合适的个体防护用品。个体防护用品既不能降低作业场所中有害化学品的浓度，也不能消除作业场所的有害化学品，而只是一道阻止有害物进入人体的屏障。防护用品本身的失效就意味着保护屏障的消失，因此个体防护不能被视为控制危害的主要手段，而只能作为一种辅助性措施。

据统计，职业中毒的工人中15%左右是吸入毒物所致，因此要消除尘肺、职业中毒、缺氧窒息等职业病，防止毒物从呼吸器官侵入，工人必须佩戴适当的呼吸防护用品。

常用的呼吸防护用品分为过滤式（净化式）和隔绝式（供气式）两种类型。

过滤式呼吸器只能在不缺氧的劳动环境（即环境空气中氧的含量不低于18%）和低浓度毒污染环境中使用，一般不能用于罐、槽等密闭狭小容器中作业人员的防护。过滤式呼吸器分为过滤式防尘呼吸器和过滤式防毒呼吸器。前者主要用于防止粒径小于5 μm的呼吸性粉尘经呼吸道吸入产生危害，通常称为防尘口罩和防尘面具；后者用以防止有毒气体、蒸气、烟雾等经呼吸道吸入产生危害，通常称为防毒面具和防毒口罩，分为自吸式和送风式两类，目前使用的主要是自吸式防毒呼吸器。

隔离式呼吸器能使戴用者的呼吸器官与污染环境隔离，由呼吸器自身供气（空气或氧气），或从清洁环境中引入空气维持人体的正常呼吸。可在缺氧、尘毒严重污染、情况不明的有生命危险的作业场所使用，一般不受环境条件限制。按供气形式分为自给式和长管式两种类型。自给式呼吸器自备气源，属携带型，根据气源的不同又分为氧气呼吸器、空气呼吸器和化学氧呼吸器；长管式呼吸器又称长管面具，得借助肺力或机械动力经气管引入空气，属固定型，又分为送风式和自吸式两类，只适用于定岗作业和流动范围小的作业。

在选择呼吸防护用品时应考虑有害化学品的性质、作业场所污染物可能达到的最高浓度、作业场所的氧含量、使用者的面型和环境条件等因素。我国目前选择呼吸器的原则比较粗，一般是根据作业场所的氧含量是否高于18%确定选用过滤式还是隔离式，根据作业场所有害物的性质和最高浓度确定选用全面罩还是半面罩。

3.6.1.6 保持卫生

（1）保持作业场所清洁：经常清洗作业场所，对废物和溢出物加以适当处置，保持作业场所清洁，也能有效地预防和控制化学品危害。如定期用吸尘机将地面、工作台上的粉尘清扫干净，泄漏的液体及时用密闭容器装好，并于当天从车间取走，若装化学品的容器损坏或泄漏，应及时将化学品转移到好的容器内，损坏的容器做适当处置。尽量不使用扫帚和拖把清扫粉尘，因为扫帚和拖把在扫起有害物时容易散布到空气中，而被工人吸入体内。湿润法也可控制危害物流通，但最好与其他方法如局部排风系统一起使用。

（2）作业人员的个人卫生：作业人员养成良好的卫生习惯也是消除和降低化学品危害的一种有效方法。保持好个人卫生，就可以防止有害物附着在皮肤上，防止有害物通过皮肤渗入体内。

3.6.2 管理控制

管理控制是指按照国家法律和标准建立起来的管理程序和措施，是预防作业场所中化学品危害的一个重要方面。管理控制主要包括危害识别、安全标签、安全技术说明书、安全贮存、安全传送、安全处理与使用、废物处理、接触监测、医学监督和培训教育。

3.6.2.1 危害识别

识别化学品危害性的原则是，首先要弄清你所使用或正在生产的是什么化学品，它是怎样引起伤害事故和职业病的，它是怎样引起火灾和爆炸的，溢出和泄漏后是如何危害环境的。

《工作场所安全使用化学品规定》明确规定对化学品进行危险性鉴别是生产单位的责任。生产单位必须对自己生产的化学品进行危险性鉴别，并进行标志，对生产的危险化学品加贴安全标签，并向用户提供安全技术说明书，确保有可能接触化学品的人员都能得到化学品危害性的信息，一旦发生事故能随时得到技术支持。

3.6.2.2 安全标签

所有盛装化学品的容器都要加贴安全标签，而且要经常检查，确保在容器上贴着合格的标签。贴标签的目的是为了警示使用者此种化学品的危害性以及一旦发生事故应采取的救护措施。

《化学品安全标签编写规定》(GB15258—1999)对标签的内容、制作和使用作了详细规定。

生产单位出厂的危险化学品，其包装上必须加贴标准的安全标签，出厂的非危险化学品应有标志。使用单位使用的非危险化学品应有标志，危险化学品应有安全标签。当一种危险化学品需要从一个容器分装到其他容器时,必须在所有的分装容器上贴上安全标签。

3.6.2.3 安全技术说明书

安全技术说明书详细描述了化学品的燃爆、毒性和环境危害,给出了安全防护、急救措施、安全储运、泄漏应急处理、法规等方面的信息,是了解化学品安全卫生信息的综合性资料。

《化学品安全技术说明书编写规定》(GB13690—2000)对安全技术说明书的内容及编写要求作了详细规定。

生产单位必须随产品向用户提供标准的安全技术说明书,销售、使用单位应主动向供应商索取安全技术说明书。

3.6.2.4 安全贮存

安全贮存是化学品流通过程中非常重要的一个环节,处理不当就会造成事故。如深圳清水河危险品仓库爆炸事故,给国家财产和人民生命造成了巨大损失。为了加强对危险化学品贮存的管理,国家制定了《常用化学危险品贮存通则》(GB15603—1995),对危险化学品的贮存场所、贮存安排及贮存限量、贮存管理和具体做法都提出了要求。

贮存化学品时应遵守下列规则:

(1) 禁忌物不能放在一起。如把酸和氰化物放在一起,不小心撒出时能产生致人死亡的氰化氢气体;

(2) 不能将化学品放在可以发生化学反应的环境中;

(3) 贮存容器必须完好,并按规定排列,不能泄漏、生锈或损坏;

(4) 要有适当的通风。

对于易燃或有爆炸危险的化学品还有另外一些规定:

(1) 易燃化学品应存放于冷的、通风好的地方,并远离火源;

(2) 仓库应与工厂及生活区分开并远离饮用水水源;

(3) 应配备一套自动火灾防护系统。例如喷洒灭火系统,但与水能反应的化学品不能用喷水的方法灭火,而且这些化学品也不能放在这里;

(4) 应配备防火门、报警系统,使用防爆电器;

(5) 避免静电起火,所有用于传输用的大桶都应接地;

(6) 仓库的贮存量不应过多,限制在仅够使工厂正常运行所必需的量。

3.6.2.5 安全传送

作业场所间的化学品一般是通过管道、传送带或铲车、有轨道的小轮车、手推车传送的。用管道输送化学品时,必须保证阀门与法兰完好,整个管道系统无跑、冒、滴、漏现象。使用密封式传送带,可避免粉尘的扩散。如果化学品以高速高压通过各种系统,必须避免产生热,否则将引起火灾或爆炸。用铲车运送化学品时,道路要足够宽，并有清楚的标志，以减少冲撞及溢出的可能性。

3.6.2.6 安全处理与使用

本章第三节已经介绍，化学品主要通过三种途径即吸入、食入、皮肤吸收进入人体。在工作场所中，化学品主要通过吸入进入人体，其次才是皮肤吸收。

吸入的化学品在空气中以粉尘、蒸气、烟、雾的形式存在。粉尘产生于研磨、压碎、切削、钻孔或破碎过程，蒸气产生于加热的液体和固体，雾产生于溅落、电镀或沸腾过程，烟产生于焊接或铸造时金属的熔化。当处理气态化学品时通常发生皮肤的吸收，液体飞溅到裸露的皮肤上是最常见的接触方式。所以使用或处理化学品时必须视作业场所具体情况穿戴适当的个体防护用品。对一些易燃化学品，关键是控制热源，防止产生火灾或爆炸。

处理或使用化学品时一定要注意：

(1) 作业场所要有防护措施，如通风、屏蔽等；

(2) 使用者具有化学品安全方面的专业知识，接受过专业培训；

(3) 看懂安全标签和安全技术说明书的内容，了解接触的化学品的特性，选择适当的个体防护用品，掌握事故应急方法和操作注意事项；

(4) 使用易燃化学品时控制好火源；

(5) 检查防护用品和其他安全装置的完好性；

(6) 确保应急装备处于完好、可使用状态。

3.6.2.7 废物处理方法

所有生产过程都产生一定数量的废弃物，有害的废弃物处理不当不仅对工人健康有害，还有可能发生火灾和爆炸，而且有害环境，危害工厂周围的居民。

所有的废弃物应装在特制的有标签的容器内，并运送到指定地点进行废弃处理。

有害废弃物的处理要有操作规程，有关人员应接受适当的培训。

3.6.2.8 接触监测

车间有害物质(包括蒸气、粉尘和烟雾)浓度的监测是评价作业环境质量的重要手段，是企业职业安全卫生管理的一个重要内容。

接触监测要有明确的监测目标和对象，在实施过程中要拟订监测方案，结合现场实际和生产的特点，合理运用采样方法、方式，正确选择采样地点，掌握好采样的时机和周期，并采用最可靠的分析方法。

对所得的监测结果要进行认真的分析研究，与国家颁布的接触限值进行比较，若发现问题，应及时采取措施，控制污染和危害源，减少作业人员的接触。

3.6.2.9 医学监督

医学监督包括健康监护、疾病登记和健康评定。定期的健康检查有助于发现工人在接触有害因素早期的健康改变和职业危害，通过对既往的疾病登记和定期的健康评定,可对接触者的健康状况作出评估。

化工行业已开展健康监护工作多年,制订了较为完整的系统管理规定和技术操作方案,取得了很好的社会效益。

3.6.2.10　培训教育

培训教育在控制化学品危害中起着重要的作用。通过培训使工人能正确使用安全标签和安全技术说明书,了解所使用的化学品的燃爆危害、健康危害和环境危害,掌握必要的应急处理方法和自救、互救措施,掌握个体防护用品的选择、使用、维护和保养等,掌握特定设备和材料如急救、消防、溅出和泄漏控制设备的使用,从而达到安全使用化学品的目的。

企业有责任对工人进行上岗前培训,考核合格方可上岗。并能根据岗位的变动或生产工艺的变化,及时对工人进行重新培训。

复习思考题

1. 危险化学品可分为哪些大类?
2. 导致化工事故发生的主要原因有哪些?
3. 对危化品进行分类的原则是什么?
4. 压缩气体和液化气体有哪些危险特性?
5. 常用危险化学品标志的使用原则是什么?
6. 有毒化学品对人体有哪些危害?
7. 有害化学品对环境会带来哪些污染?

4 危险化学品生产操作作业安全

4.1 危险化学品生产工艺及操作安全的基本要求

4.1.1 要求和功能

系统安全要求是指对整个系统(包括系统硬件、软件、使用、保障及有关人员)和系统安全寿命期的各阶段(包括论证、设计、研制、使用、维护及报废)的所有活动都要贯彻安全方面的要求,逐项、全面地识别系统中存在的危害,采取保证安全的工程措施和管理措施,达到消除风险或者将风险控制在可以接受的水平,以防止事故的发生。系统安全的主要功能是采取科学和工程的方法进行符合任务要求的系统安全性分析与设计,使系统安全性的要求,从设计的源头就作为重要指标,按预先计划和措施,逐项落实到系统总体工程中去,一方面保证系统安全性,另一方面,为系统在寿命期的各个阶段的安全评估工作提供良好的基础和前提条件。

为了做好系统安全性设计与分析工作,应考虑:

(1) 吸收已有的或类似的系统及分系统的安全性运行经验、教训、数据和信息,特别是相关的行业规范、技术标准,作为安全性设计和分析的根据。

(2) 识别系统在寿命期内的各种状态下,尤其是运行过程中存在的危害,并消除和控制与之相关的风险。此项工作要有专门的文字记录,并且要让有关人员知道,这种文件可以是规范或手册、说明书。

(3) 当采用新的设计方法、新工艺、新材料和新技术,或者进行技术改造时,应使其在安全性方面具有最小的风险。

(4) 在论证、研制及定购系统及其分系统时,要充分考虑其安全性指标,避免在使用或运行时为改善安全性而进行改装、改造。同时,还必须考虑到系统报废时的回收及处理方法,做到简便、无害、经济。

(5) 在设计时,要尽最大努力将安全方面的需要与其他方面的需要作整体考虑,从而达到设计上的优化。

4.1.2 操作安全对策

(1) 使用辅助机械:使用辅助机械的例子很多,其中之一就是使用杠杆。它可以减少移动载荷的力量。

绞车可以用于提升载荷,轨道车可以减少使载荷水平运动所费的力量,滑道是利用重力来运送载荷的一种方便方法。

(2) 调整、改进任务：改进任务的布局和方法可以减少伤害的风险。例如，改进材料或产品的流量；采用能使人机配合更协调、更合理的操作方式，如使需要处理的载荷更加靠近身体；改进工作流程，减少完成任务所需要的频率和时间；使用小组工作方式及个体防护设备；所有操作过程中使用的器具都经过保养；制订与损坏和修复有关的制度。

(3) 载荷方面减少伤害风险：例如，采用小包装、减少打包重量来减少载荷重量；可以把载荷做得小一些，使其容易搬运，容易提或抓，较为稳定。

(4) 改善工作环境：使工作间开阔，地面条件良好，尽量使工作在同一水平面上，避免高、低温及高湿环境，保证合适的照明。

(5) 对工作人员的选择：工人的健康、体型、力量对安全操作是很重要的，因此对工作人员的选择是保证操作安全的一个重要方面，同时还应该加强知识及技术方面的培训。

4.1.3 生产岗位安全操作基本要求

化工生产岗位安全操作对于保证生产安全是至关重要的。其基本要点如下：

(1)“安全生产，人人有责”。所有作业人员必须认真贯彻执行“安全第一，预防为主”的方针，严格遵守安全技术操作规程和各项安全生产规章制度。

(2) 危化品生产、储存、检修、废气作业人员均属于特种作业人员，应经安全技术培训和考试合格，持特种作业许可证操作。同时未经三级安全教育或考试不合格者，不准参加生产或独立操作。外来参观学习人员亦应接受安全教育并由有关人员带领。

(3) 进入作业场所必须按规定穿戴好防护用品。要把过长(拖过颈部)的发辫放入帽内，操作旋转机床时，严禁戴手套或敞开衣袖(襟)，不准穿脚指及脚跟外露的凉鞋、拖鞋，不准赤脚赤膊，不准系领带或围巾。尘毒作业人员在现场工作时，必须戴好防护口罩或面具，在能引起爆炸的场所，不准穿能集聚静电的服装。

(4) 操作前应检查设备或工作场地，排除故障和隐患。确保安全防护、信号连锁装置齐全、灵敏，可靠；设备应定人定岗操作，对本工种以外的设备，须经有关部门批准，并经培训后方可操作。

(5) 工作中应集中精力，坚守岗位，不准擅自把自己的工作交给他人，二人以上共同工作时，必须有主有从，统一指挥，工作场所不准打闹、睡觉和做与本职工作无关的事，严禁酗酒者进入工作岗位。

(6) 凡运转的设备，不准跨越、横跨运转部位传递物件，不准触及运转部位，不得用手拉、嘴吹切屑，不准站在旋转工件或可能爆裂飞出物件、碎屑部位的正前方进行操作、调整、检查、清扫设备，装卸、测量工件或需要拆卸防护装置时，要先停电关车，不准无罩或敞开防护罩开车，不准超限使用设备机具，工作完毕或中途停电，应切断电源才准离开。

(7) 修理机械、电气设备或进入其工作前,必须在动力开关处挂上“有人工作,严禁合闸”的警示牌。必要时设人监护或采取防止意外接通的技术措施。警示牌必须谁挂谁摘,非工作人员禁止摘牌合闸。一切动力开关在合闸前应细心检查,确认无人检修时方准合闸。

(8) 一切电气、机械设备及装置的外露可导电部分,除另有规定外,必须有可靠的接零(地)装置并保持其连续性。非电气工作人员不准装修电气设备和线路。使用Ⅰ类手持电动工具必须绝缘可靠,配用漏电保护器、隔离变压器,并戴好绝缘手套后操作。行灯和机床、钳台局部照明应采用安全电压,容器内和危险潮湿地点电压不得超过12伏。

(9) 高处作业、带电作业、禁火区动火、易燃或承载压力的容器、管道动火施焊、现场射线探伤作业、有中毒或窒息危险的作业,必须向安全技术部门和有关部门申报和办理危险作业审批手续,并采取可靠的安全防护措施。

(10) 对易燃,易爆、有毒,放射和腐蚀等物品,必须分类妥善存放,并设专人管理。易燃易爆、射线探伤等危险场所严禁吸烟和明火作业。不得在有毒、粉尘作业场所进餐、饮水。

(11) 变电室、配电室、煤气站、探伤室、空压站、油库、危险化学品(剧毒品)库等要害部位,非岗位人员未经批准严禁入内。在封闭厂房(密闭容器内等有限空间)作业和深夜班、加班作业时,必须安排两人以上一起工作。

(12) 生产过程产生有害气体、液体、粉尘、放射线、噪声的场所或设备设施,必须使用防尘、防毒装置和采取安全技术措施,并保证可靠有效。操作前应先检查和开动防护装置、设施,运转有效方能进行作业。

(13) 新安装的设备、新作业场所及经过大修或改造后的设施,需经安全验收后方准进行生产作业。

(14) 严格交接班制度,重大隐患必须记入值班记录,末班下班前必须断开电源、气(汽)源,熄灭火种,检查、清理场地。

(15) 发生重大事故或恶性未遂事故,要及时抢救,保护现场,并立即报告领导和上级主管部门。

4.2 危险化学品生产操作作业安全

4.2.1 设备内作业安全

在设备(如槽罐、塔、釜、槽罐车辆、地下贮池、炉膛、沟道、排风道等)内作业,必须办理“设备内作业许可证”。

作业前30分钟,要取样分析有毒有害物允许浓度、氧含量,合格后方能进入设备内作业。在作业过程中，至少每隔 2 小时分析一次，如发现有毒有害物超标，应立即停止作业，撤出作业人员，并检查原因。再次进入设备内作业时，必须重新办理“设备内作业许可证”。

在设备内作业时，还必须设作业监护人。作业人员则根据作业情况穿戴适用的个人防护用品，备有相应的救护器具。监护人员应懂急救知识和急救方法，要对进入设备人的人身安全负责，长管式面具的进气口应置于工作地点的上风方向，离地面 2 米以上，并注意防止人踩、物压而造成佩戴人员窒息。根据设备内情况，搭设安全梯及台架，并配备救护绳索。带动火作业时，除执行有关动火规定外，要特别注意在动焊人员离开时，不得将焊枪留在设备内。

在设备容器内施工作业时，如需要使用各种油类，应以专用钢桶盛装贮放，禁止喷洒倾倒，禁止接触明火。工作完毕时，应将余油、棉纱或油污等清理干净。

设备容器内的施工照明，应使用 12 伏的手提安全行灯，所有工具应为防爆型的。

进入设备容器内作业，如发现身体不适等症状，应立即停止工作，到空气新鲜的地方休息或就医治疗。如发生作业人员因中毒、窒息、触电而昏倒等意外情况，监护人员应立即佩戴氧气呼吸或长管面具将受伤者抢救到空气新鲜的地方进行人工呼吸，并立即通知急救站和医院。

作业完工后，检修人、监护人与使用部门负责人要共同检查作业情况，确认无误后，由检修项目负责人与使用部门负责人在“设备内作业许可证”上签字，检修人员据此封闭设备人孔。

4.2.2 空气压缩机作业安全

空气压缩机作业人员上班时应穿戴好防护用品。

开机前检查油位指示是否符合规定高度，水路是否畅通。起动冷却水泵时注意进水压力，打开排气总阀，关闭放空阀。检查电压是否符合启动要求，各电器、开关、按钮是否完好，是否在“0”位，检查一切正常后方可开机。

主机正常运转后，打开进气阀，待排气温度达到 70℃时，关闭油路旁通阀，使润滑油进行大循环以冷却冷却器。压缩机正常运转后，查看有无漏油、漏气、漏水等异常现象，如情况较严重应立即停机排除。通过调压阀控制排气压力不超过 0.7 MPa，压缩机排气温度不得超过 110℃。超过 110℃时，应立即停机检查，排除故障。

正常停机时，首先关闭进气阀，然后关闭排气阀，最后打开放空阀，放空主机储气罐内压缩空气，待各压力表读数值降低到“0”位时，再空转 1～2 min 后停机。遇有特殊情况或因停电造成紧急停机时，一定要打开放油阀，放空气缸内积油，方可再起动。

下班前应擦拭干净机器，清扫地面，做好记录，关闭电源，办好交接手续后方可离岗。

移动空压机还应参照说明书进行操作。

4.2.3 抽加盲板作业安全

在盲板管理方面，要选用国家标准要求制造的盲板；建立盲板档案卡片，并进行编号；由各化工生产车间及设备动力车间分级保管、使用。

在具体操作时，要指定专人抽加盲板，穿戴防护用品和器具，使用防爆工具，并由专人负责监护。抽加盲板必须确认部位，准确挂牌，做好记号。对较大系统抽加盲板时，应绘制盲板分布图，以防止发生误漏造成事故。抽加盲板一定要在泄压后进行。在易燃易爆系统抽加盲板时，还要保持系统微正压，防止空气吸人。

4.2.4 机泵作业安全

司泵工必须熟悉并掌握工艺流程和机泵开停的操作规程及所输送物料的理化性质。

机泵开车前应检查所有附件，包括压力表、电流表的完好情况，并检查润滑油油面和冷却水的情况。开车前应盘车两周以上，若有问题，待处理后才能启动，严禁用启动设备的方法代替盘车。一般情况下机泵只允许连续启动两次，大电机只允许启动一次。如启动不正常，应查找原因，不得连续启动。严禁带负荷启动机泵。除事故状态下紧急情况所需，否则机泵一律要在降低负荷以后才允许停运。容积式机泵开车前应先开出口阀；真空泵开车前应检查入口有无液体，若有，则应排尽后再启动。

在运行中要定时检查电机、油箱的温度和液面，同时应检查冷却水及压力、泄露和振动情况，发现问题应立即处理或切换。操作、检查机泵时要戴好工作帽，机泵连接部位所设安全罩不得拆除。严禁用棉纱及工具去擦或触及正在运转中的机泵的传动部位。司泵工严禁擅自调整电、仪设备。

正在运行的机泵不得拆卸、维修各种零部件。在运行过程中，岗位人员不得离岗，要做到勤摸（摸泵体、电机，看轴承箱温度、温升是否正常）、勤看（看电机电流表、出口压力是否正常）、勤听（听运行声音是否正常），严禁机泵超压、超负荷运转。

露天安装的机泵在冬季如不运转，必须将系统内或泵体内的物料放净。对于输送凝固点较低的物料机泵，可根据具体情况酌情处理。

备用机泵应定时盘车，室外的机泵在冬季应采取防冻措施。

对于长时间不用的机泵，开泵前必须通知电工检查电机绝缘情况。

机泵在检查时应切断电源，并挂上警示牌。泵体安全阀在每次进行机泵检维修时应进行校验。输送有毒、易燃和易腐蚀物料的机泵，在解体检修之前，必须先将泵体内残液放净。

4.2.5 输送机作业安全

在化工生产过程中，经常需要将各种原料、中间体、产品以及副产品和废弃物从一个地方输送到另一个地方。由于所输送物料的形态不同(块状、粉状、液体、气体),所采用的输送方式和机械也各异,但不论采取何种形式的输送,保证它们的安全运行都是十分重要的。构成输送工艺过程的主要设备是输送动力、传运机械和管路。其作用是把生产中的物质流与能量流运导至预定部位。此过程的基本特点是物料要运动,因此不可避免的会有物料之间、物料与设备间的摩擦、撞击,还可能产生静电与热,而这些正是可以导致燃烧爆炸的初始能量。这就要求对需输送的物料选用其性质所能承受的输送方式与输送机械,尽量减小输送产生的撞击、摩擦并限速。例如,为防静电,用管路输送石油产品等高电阻率的物质,流速应在1 m/s以下,有静电产生的设备、管道应有良好的接地(接地电阻为1～3 Ω)。管道输送中管道内外总是存在着压差,故泄漏(流出、喷出)是最多的一种事故类型,进而可能导致后果更为严重的燃烧、爆炸。造成泄漏主要是管路或设备自身的缺陷,或是材质不当、强度不够、受到太大的腐蚀,或是焊接不好、密封不严。

4.2.5.1　气体输送

所有气体都具有可压缩性。在输送过程中,当气体压强发生变化时,其体积和温度都随之发生变化。气体输送和压缩机械广泛应用在化工生产中,其主要目的是:① 输送气体。为了克服输送过程中的流动阻力,需提高气体的压强。② 产生高压气体。有些单元操作或化学反应需要在高压下进行,如用水吸收二氧化碳、冷冻、氨的合成等。③ 产生真空。有些化工单元操作,如过滤、蒸发、蒸馏等往往要在低于大气压的条件下进行,这就需要从设备中抽出气体,以产生真空。

(1) 气体输送机械的种类:在危险化学品生产中,用于气体输送的机械设备种类较多,按气体运动方式主要分为往复压缩机和旋转压缩机两类。往复压缩机的工作原理是利用气缸内活塞的往复运动使气体压缩;旋转压缩机的工作原理是利用机壳中一个或两个转子的不断旋转与机壳间间歇地形成一种密闭的空间,将气体吸入,再连续旋转时,空间缩小,将气体压缩,最后排入或压出导管。

(2) 危险性分析:气体输送介质大多数是易燃、易爆、有毒的气体,在高压条件下极易泄漏。如可燃性气体通道阀门、设备和管道的法兰、焊口和密封等部位泄漏;压缩机零部件及管道疲劳断裂,气体冲出至厂房空间;空气进入到压缩机系统,则易形成爆炸性混合物,很可能引起爆炸事故。

对于氧气压缩机而言,当润滑液突然中断或供给不足时,将造成气缸"干磨",导致高温。气缸内的密封件等因高温发生分解,产生的可燃气体或氧气中的可燃物杂质在高压、高温情况下,很快与氧反应而引起自燃。由于热的集聚和高压氧的助燃,可使燃烧加剧,造成极为严重的气缸燃烧爆炸事故。气缸内进入铁屑时,也会因摩擦或撞击产生火花,促使爆炸事故的发生。

物料压缩机和空气压缩机的气缸润滑大都采用矿物润滑油,它是一种可燃物。当气体的温度急剧升高,超过润滑油的闪点后就会产生强烈的氧化,会有燃烧爆炸的危险。另外,呈悬浮状存在的润滑油分子,在高温高压条件下,很容易与空气中的氧发生反应,特别是附着在排气阀、排气管道灼热金属壁面上的油膜,会氧化生成酸、沥青及其他化合物。它们与气体中的粉尘、机械摩擦产生的金属微粒结合在一起,在气缸盖、活塞环槽、气阀、排气管道、缓冲罐、油水分离器和贮气罐中沉积下来,形成积炭。

积炭是一种易燃物,在高温过热、意外机械撞击、气流冲击、电器短路、外部火灾及静电火花等条件下都有可能引起积炭自燃,甚至爆炸。积炭燃烧后产生大量的CO,当压缩机系统中CO的含量达到15%～75%时,就会发生爆炸,所产生的冲击波可能引起多处发生连续性爆炸。

在压缩机启动过程中,没有用惰性气体置换压缩机系统中的空气或置换不彻底(氧的含量超过4%或残存有可燃物等杂质)就启动或缺乏操作知识误操作或因压缩机气体调节系统的仪表失灵,引起气体压力过高等,都会引起燃烧爆炸事故。

(3) 危险控制

① 输送可燃气体宜采用液环泵。液环泵密封性能好,输送可燃气体时可起到水封的作用,因此运行较安全。通常在抽送或压送可燃气体时,进气入口应保持一定余压,以免造成负压吸入空气而形成爆炸性混合物。

② 确保各类密封可靠,防止泄漏。

③ 为避免压缩机气缸、储气罐以及输送管路因压力增高而引起爆炸,要求这些部分要有足够的强度。此外要安装经过检验、准确可靠的压力表和安全阀(或爆破片)。安全阀泄压时应将其危险气体导至安全的地点。还可安装压力超高报警器、自动调节装置或压力超高自动停车装置。

④ 压缩机在运行中不能中断润滑油和冷却水,以免温升过高。并注意冷却水不能进入气缸,以防发生水锤。氧气压缩机严禁与油类接触,其润滑剂一般采用含10%以下甘油的蒸馏水。其中水含量应以气缸壁充分润滑而不产生水锤为准(约80～100滴/分)。气体抽送、压缩设备上的垫圈易损坏漏气,应注意经常检查,及时修换。

⑤ 压送特殊气体的压缩机应根据所压送气体物料的化学性质采取相应的防火措施。如乙炔压缩机同乙炔接触的部件不允许用铜制的,以防止产生具有爆炸危险的乙炔铜等。

⑥ 可燃气体的输送管道应经常保持正压,并根据实际需要安装单向阀、水封和阻火器等安全装置,管内流速不应过高。管道应有良好接地,以防静电聚积放电而引起火灾。

当用真空泵抽送可燃气体物料时,真空泵的排气管应由弯形改为平坡形。排气烟道勿用砖石垒砌,应用光滑、内阻力较小的钢铁类材料,且增加通风烟道的通风面积,以预防可燃尾气在烟道集存,造成尾气起火或爆炸。对处于高温、高压条件下的气态物料，要加强净化除尘和滤油措施，严格遵守操作制度，严禁超温、超压作业。

⑦ 可燃气体和易燃蒸气的抽送、压缩设备的电机部分应为符合防爆等级要求的电气设备。否则，应隔离设置。

⑧ 当输送可燃气体的管道着火时，应当及时采取灭火措施。管径在 150 mm 以下的管道，一般可直接关闭阀门熄火；管径在 150 mm 以上的管道着火时，不可直接关闭阀门熄火，应当采取逐渐降低气体压力，并通入大量水蒸气或氮气灭火的措施。但气体压力不得低于 50～100 Pa。严禁突然关闭阀门或水封，以防回火爆炸。当着火管道被烧红时，不得用水骤然冷却。

4.2.5.2 液态物料的输送

在危险化学品生产中，液体输送是最常见的单元操作之一。

危险化学品生产中输送的液体种类繁多，性质（如黏度、腐蚀性等）各异，而且温度、压强和流量等输送条件也有较大的差别，因此所用泵的种类较多，通常主要有离心泵、往复泵、旋转泵、流体运动作用泵等 4 类。不同种类的泵，其危险性也有差异。

(1) 液体输送机械的种类及安全运行

① 离心泵：离心泵的工作原理是将机械能通过泵体内高速旋转的叶片转化为液体的动能，再由动能转化成静压能，然后排至泵外。由于离心力的作用，叶轮通道内的液体被排出，此时叶轮进口处呈负压，液体被吸入。这样可源源不断地被吸入和送出，而不需要安设吸入和压出活门。

离心泵安装和操作一般应注意的问题是：

a. 离心泵的安装高度必须低于允许吸上高度，以免出现气蚀和吸不上液体的现象。因此在管路布置时应尽可能减小吸入管路的流动阻力。

b. 离心泵在启动前必须向泵内充满待输送的液体，保证泵内和吸入管路内无空气积存。

c. 离心泵应在出口阀关闭的条件下启动，这样启动功率最小。停泵前也应先关闭出口阀，以免排出管路内液体倒流，使叶轮受冲击而被损坏。

d. 离心泵运转中应定时检查和维修，注意泵轴液体泄漏、发热等情况，保持泵的正常操作。

为了适应各种液体输送需求，离心泵的类型较多。按泵所输送液体种类不同分为水泵、耐腐蚀泵、油泵和杂质泵等；按叶轮吸入方式分为单吸泵和双吸泵；按叶轮数目又可分为单级泵和多级泵等等。

② 往复泵：往复泵是一种容积式泵，应用较广。它依靠活塞的往复运动并依次开启吸入阀和排出阀，从而吸入和排出液体。

蒸汽往复泵是以蒸气为动力的，可避免产生电火花，特别适用于输送易燃液体。而隔膜往复泵输送酸性和悬浮液体较为安全。往复泵是正位移泵，操作时应特别注意，严禁用出口阀门调节流量，否则将造成事故。

③ 旋转泵：旋转泵是靠泵内一个或一个以上的转子旋转来吸入与排出液体的。化工厂里较常用的有齿轮泵、螺杆泵、偏心旋转泵等。

旋转泵也属正位移泵，故流量不能用出口阀调节，而用改变转子的转速或装回流支路进行调节。旋转泵的流量仅与转子的转速有关，几乎不随压强而变化，较往复泵更均匀。旋转泵压力大，流量小，因为它无活门，故适用于输送黏度较大的液体，例如油类物料。

④ 流体运动作用泵：这类泵的特点是无活动部分。液体物料的输送主要靠空气的压力或运动的流体本身，因此结构简单，可衬以耐酸或耐腐蚀材料，适用于化工生产的特殊部位。例如蛋形引酸器（又名酸蛋），是用压缩空气（蒸汽或惰性气体）压力进行输送液体的装置。再如空气升液器是以空气为动力的设备。它们都具有足够的耐压强度，当输送易燃易爆物料时，其动力气体要采用氮、二氧化碳及惰性气体代替压缩空气，以防空气与易燃气体（蒸气）混合后着火或爆炸。

（2）安全对策

为了防止液体泄漏等原因而引发的着火、爆炸及中毒事故，通常要做到：

① 根据液体的性质选择合适的泵

a. 输送易燃液体宜采用蒸汽往复泵。如选用离心泵，泵的叶轮应采用有色金属或塑料制造，以免撞击产生火花。设备和管道均应有良好的接地装置，以防静电引起火灾。若输送条件允许，最好采用虹吸和自流的输送方式。

b. 输送易爆有毒的液化气体时应在压出管线上装有压力调节和超压切断泵的连锁装置、温控和超温信号等安全装置。

c. 输送液氨、液氯应使用专用泵，泵端密封要好，以防泄露。

② 易燃液体不应采用压缩空气压送，因为空气与易燃液体蒸气混合可形成爆炸性混合物。对闪点较高且沸点在 130℃以上的可燃液体，若装有良好的接地装置，可采用空气压送，但要注意监测。

③ 多数易燃液体容易带静电，因此，输送管道和设备以及泵必须要有良好的接地装置，以免产生静电，发生事故。

④ 避免泵内输送的物料过热，使不稳定液体蒸发或分解，在泵和管道内形成气塞，在流动液体的冲击下使压力上升而发生破裂导致爆炸。

⑤ 用于临时输送可燃液体的泵和管道连接处要紧密、牢固，以免脱落造成危险。不得使用塑料管输送易燃液体，以防产生静电引发着火和爆炸。

⑥ 输送可燃液体时，要求管内液体流速小于安全流速，管道应安装可靠的接地装置，以防静电荷聚集。同时要避免吸入口产生负压而使空气进入系统发生爆炸或抽瘪设备。

4.2.5.3 固体块状物料与粉料的输送

固体块状物料与粉料的输送,生产中多采用皮带输送、螺旋输送、刮板输送、链斗输送、斗式提升机输送以及气力输送等多种形式。固体块状物料与粉料输送的危险主要来自设备和所输送物料的特性。由于输送的方式、设备及物料不同,所产生的危险也有差别。

(1) 常见输送形式及危险分析

① 气力输送:气力输送又称风力输送,它主要是利用真空泵或风机产生的气流动力来实现物料输送。按气力输送的特点,可分为吸送式系统、压送式系统、封闭循环系统和特殊式系统。

气力输送的最大危险是由粉尘和静电火花所引起的着火和粉尘爆炸。特别是一些易燃的粉尘,其颗粒度越小越易漂浮在空气中被氧化分解,经碰撞摩擦产生静电而导致爆炸。其次是造成输送系统堵塞。其主要原因是,气流速度小,物料具有黏性、颗粒度不均匀或湿度过高,易粘附于管壁。另外,管道连接不同心,有偏错或焊渣突起障碍;大管径长距离输送的阻力增大;管径突然变化、管路弯曲等也会造成堵塞。

② 皮带输送:传送带式输送机传动部位多,极易产生碰撞打火和摩擦生热而引燃物料。例如,传送带安装过松,皮带滚筒之间打滑;过紧会增加摩擦阻力,皮带与轮之间会造成摩擦高热;缺乏润滑油也会增高摩擦热。除此以外,电机及线路还容易损坏绝缘而发生漏电、短路,造成触电或火灾事故。运转部位会致人伤害。

③ 提升机输送:斗式提升机用于可燃粉状或颗粒状物料输送时,若密封不严,则极易形成粉尘飞扬,进而有被引燃爆炸的危险。此外,牵引的链条长期使用能拉长,从而引起料斗与机壳碰撞产生火花,成为点火源。电气部分也容易发生漏电、短路等导致火灾事故。

桥式提升机可能发生断绳、脱钩、吊物坠落以及啃道事故,电气设备故障还会引发电气火灾。

(2) 安全对策

① 输送固态物料的管道,特别是气流输送粉料、颗粒状物料的管道,应选用导电性能好的管材制作,并要设置良好的静电导地装置。操作中要严格控制流速,防止因流速过小造成的沉积和堵塞。管道应密封严密,防止因泄漏造成的粉尘飞扬。

② 合理选择传输带。应依据输送物料的性质、负荷、运转速度及传动功率大小选择传输带材质、类型和规格。要保证足够的强度;胶接部位也要平滑;张紧装置应便于调节,并应根据负荷变化及时调整松紧度,避免运行中摩擦生热引起自燃或撞击打火引燃可燃物品。皮带与皮带轮等部位应安装防护罩。

③ 具有火灾危险的输送设备应设置安全控制装置。输送设备的开停车均设置手动和自动双重操作装置,并宜安装超负荷(或超行程)及应急事故自动停车的

安全连锁控制装置。特别是对于输送距离较长的传输设备,应设置开、停车联系信号以及给料、输送、中转系统的自动等距离控制装置。轴、联轴节、联轴器等部位应安装防护罩。斗式提升机应设有防止链条拉断而坠落的防护装置。

4.2.6 粉碎机、筛分机作业安全

此过程中物料受到强烈的机械、气流或液流的撞击而被粉碎、筛分,危险性较大。对自反应性物质,可能因机械撞击、摩擦而发火,所以这类物质能否适应必须十分慎重地考虑。可燃物质可能因粉碎、筛分形成粉尘-空气可燃式可爆混合物;禁水性物质(如金属粉、碳化钙等)可能在粉碎、筛分中与空气中的水蒸气、冷凝水或泄漏水反应生成可燃气体;氧化剂可能在粉碎、筛分中与机械润滑油等可燃或可物接触而发火。安全措施中不仅考虑可能产生的点火源,必要时还要用惰性气体或干燥气加以保护。

4.2.6.1 粉碎

粉碎是将大块物料加工成小块物料的操作过程。按照粉碎后物料的大小,粉碎分为破碎和磨碎,破碎又分为粗碎和中碎。在化工生产中,为满足某些工艺上的要求,常需要将固体物料粉碎。一是增加其接触面积,进而缩短化学反应时间,使反应更完全;二是使某些物料混合更均匀,使其分散度更好;三是将成品粉碎,以满足用户的需要。如涂料生产中树脂和颜料的研磨分散、各种颜料的成品粉碎等。

由于被粉碎物料的性质和对碎块大小要求不同,粉碎的方法主要有挤压、撞击、研磨和劈裂等。但是,在实际运用中,往往是几种方法联合使用效果更佳。常用的典型设备有:粗碎设备中的腭式、圆锥式破碎机,中碎或细碎设备中的滚碎机、锤式粉碎机等;磨碎或研磨设备中的球磨、环滚研磨机及气流粉碎机等。

(1) 粉碎过程中的危险

① 易形成粉尘爆炸性环境:在物料粉碎过程中,如果物料易燃,最大的危险是在系统内易形成粉尘爆炸性环境,粉体物料泄漏至作业场所,亦会形成粉尘爆炸性环境,因此,容易引起粉尘爆炸。另外,粉碎设备的噪声一般都较大,会损害工人健康。

② 易产生几种点火源

a. 撞击火花:在进行物料粉碎时,最易产生的点火源是物料中掺杂有坚硬的铁石杂物,如铁钉、石块及设备本身脱落的零件等。如果这些杂物混入粉碎的物料中,在撞击或研磨过程中能产生火花。

b. 摩擦生热:粉碎时物料之间或物料与研磨体之间都存在激烈的摩擦,摩擦热量积聚可引起危险。另外,粉碎设备的转动部位如润滑不良,也会升温过高。

c. 静电和电气火花:一般粉末状的物料在粉碎和输送过程中由于摩擦易产生静电。各类电气设备如果选择或维护不当,也易产生电气火花。

(2) 危险控制

① 合理选择工艺与设备:在粉碎过程中,对一些遇空气发生氧化反应的物料,必须使之与空气隔绝,否则易发生危险。因此,应采用惰性气体保护装置及相关的泄压安全装置。对热敏性物料,可采用在粉碎区停留时间短的气流粉碎机。对与水有反应的物料,禁止采用以水为介质的湿法粉碎,而在其他场合,可优先考虑湿法粉碎以避免扬尘。在爆炸性环境中的电气设备应选取相应的防爆电气设备。

② 隔离与密闭:应对设备采取隔离和密闭措施。一般将粉碎设备放置在防爆的单独隔间内,减少噪声危害并能防止爆炸灾害扩大;对重要部位进行密闭,以防粉尘飞扬;必要时可装喷淋或吸尘装置。另外,在生产场所应设置良好的通风和除尘装置,以减少空气中粉尘含量,防止粉尘性爆炸。

③ 消除点火源:为避免产生撞击火花,在粉碎前最好设置磁性等检测仪器将物料中的铁制或坚硬杂物除掉;对易燃性物料研磨时,应选用橡胶内衬或其他柔软衬料的球磨机和不产生火花材料的球体。设置静电消除装置,做好设备维护。

4.2.6.2　筛分

筛分是将固体颗粒按照粒度大小进行分级的操作过程。如在化工生产中将不同颗粒度的合成树脂分开等。

筛分操作所用的设备是筛子。筛子主要分固定筛和运动筛两大类。按筛网形状又可分为转动式和平板式两类。固体物料的粒度是通过筛网尺寸控制的。在筛分过程中,有时是为了得到筛余物,有时是为了得到筛下物。

(1) 筛分过程的主要危险

① 粉尘爆炸危险:由于筛分是把不同级别的固体颗粒进行分离的过程,因此必定会造成粉尘飞扬。如果固体具有可燃性,粉尘漂浮于空气中,极易形成爆炸性混合物,引起粉尘爆炸。

② 产生静电及电气火花:在筛分过程中,由于筛子不断运动,固体物料间及筛子与物料间都会产生摩擦或碰撞,因此易产生静电电荷,若大量聚集,得不到消除,就存在产生静电火花的危险。另外,机械筛分中所用的电气设备,如电动机、电磁阀及开关等,也可能产生电火花,如果遇到空气与粉尘混合物,都有引起火灾和爆炸的危险。

(2) 危险控制

① 采用密闭和通风设施:为了防止大量的粉尘飞扬至空间,应采用密闭的方式,即对设备及产生粉尘大的部位进行封闭式操作。其次,在工作场所设置通风除尘系统,及时消除粉尘。

② 防止设备故障及避免静电火花:筛分设备主要是机械性运动,为了防止筛孔被黏物堵塞或破损,应经常进行检查;对运动部件定期润滑,防止磨损发热。选用防爆型电器,经常对电气设备进行检查维护,筛分设备要接静电保护装置,避免静电和电气设备产生火花。

4.2.7 过滤机作业安全

过滤是借助于重力、真空、加压或离心力的作用，使悬浮液通过多孔物质而将固体微粒截留，从而达到液固分离的过程。

过滤过程一般包括悬浮液的过滤、滤饼洗涤、滤饼干燥和卸料等四道工序。按操作方式分为间歇过滤和连续过滤两种，若按推动力又可分为重力过滤、加压过滤、真空过滤、离心过滤。

生产中应用较广泛的过滤机有：间歇式的板框压滤机、加压过滤机；连续式的转筒真空过滤机；还有用于对一般方法难分离的悬浮液进行分离的过滤式离心机等。

此作业过程较平稳、缓和，一般也不加热，危险性不是很大。但①当过滤母液是或者含有易燃液体时，则有潜在的燃爆危险；②毒性母液及其蒸气在敞开条件下可能引起中毒；③离心式分离有较大的振动、撞击、摩擦危险，特别是分离因数大于3 000时。一般有燃爆危险的物料不宜用离心分离或应限制分离因数。而静置（缓慢流动）分离则物料存量大、效率低（时间长），对于有残存反应或副反应的含自反应性物质的物料则发生失控反应的潜在危险性较大（因无搅拌和冷却装置），应特别加以注意。

（1）过滤过程的主要危险

① 火灾及爆炸危险：许多需要过滤的悬浮液都含有有机溶剂，如汽油、煤油、酒精等，这些有机溶剂大多数具有易燃易爆和易挥发特性，其蒸气与空气易形成爆炸性混合物。另外，有些滤饼也具有易燃易爆的特性。如：有机过氧化物的过滤过程就很危险，因为有机过氧化物（滤饼）极不稳定，受撞击、挤压、摩擦易发生燃烧或爆炸。

② 静电及火花：过滤设备特别是离心式过滤设备具有摩擦生热和产生静电的危险，如滤料中混入坚硬物品，高速运转经撞击会产生火花；若离心机装料不均匀，转鼓负荷过重，偏心运转，致使转鼓与机壳摩擦起火；离心机下料管紧固螺丝松动，与推料器相碰撞产生火花等等。另外电气设备如维护不当产生漏电、短路，也易造成危险。

（2）危险控制

① 选择合适的过滤设备：选择过滤设备的基本原则是根据滤浆的过滤特性及理化性质以及生产规模等因素来选型。一般对黏度大的滤浆，其过滤阻力大，宜采用加压过滤式；滤浆温度高、蒸气压高也宜采用加压过滤。而对具有易燃易爆、挥发性强和有毒的物料，应采用密闭型加压过滤式。火灾爆炸危险性大的物料过滤时，宜采用转鼓式、带式等真空过滤设备。

② 防静电措施：对具有易燃易爆危险的过滤场所应选用防爆型电气设备，并经常维护检查。过滤设备应有可靠的接地，以免产生静电。

③ 规范操作:操作中要严格防止超温、超压、超负荷运转,并不许高速启动,离心机应设限速装置,避免超速,以防因摩擦撞击发热而产生火花。

④ 仪表及通风:设置可燃气体检测和报警装置,设置有效的通风设施。

4.2.8 混合器作业安全

混合是指两种或两种以上物料相互分散,而达到温度、浓度组成均匀一致的操作。

混合过程按物料的状态分为液态与液态物料的混合、固态与液态物料的混合、固态与固态物料的混合,而固体混合又分为粉末、散粒的混合。

混合主要根据物料状态的不同分为两大类:液态混合和固态糊状物混合。

(1) 混合设备

混合设备根据物料状态的不同主要分为两大类:液态混合设备和固态糊状物混合设备。

① 液态混合设备:根据液态物料的性质不同,又分为机械式搅拌和气流式搅拌两种。

机械式搅拌按其桨叶类型分为:浆式搅拌器、螺旋桨式搅拌器、涡轮式搅拌器、特种搅拌器。

气流式搅拌是用压缩空气、蒸汽以及氮气通入液体介质中进行鼓泡以达到混合目的的一种装置。按单位时间搅拌气体的耗量分为:微弱搅拌(0.4 m^3/min)、中强搅拌(0.8 m^3/min)、剧烈搅拌(1.0 m^3/min)。

② 固态糊状混合设备:工业生产中常用的有三类,捏和机、螺旋混合器、干粉混合器。

(2) 混合过程中的危险

在易燃液态物料的混合过程中,易产生挥发性可燃蒸气,若泄漏能与空气形成爆炸性气体混合物;粉体物料的混合易造成粉尘飘浮而导致粉尘爆炸。

某些物料在混合过程中,物料反应放出大量热量时,若搅拌停止或不均匀,会造成局部过热或温度过高引起混合器(常常是反应器)中的反应失控,最终发生超压爆炸或使物料发生自燃。

混合易燃液体,若搅拌速度过快,易产生静电;混合固态物料,如有坚硬杂质,混合时撞击会产生火花,引燃物料。

在混合操作中,如果加料过多、过快且不均匀,易因负荷过大而烧坏电机,损坏搅拌器及传动装置。

(3) 危险控制

首先要根据物料的性质和工艺要求正确选择混合设备。

对易燃易爆物料的混合,应采取密闭防漏措施,操作时采用充氮或情性气体保护,并设置安全泄压及防爆灭火等系统。对具有易燃蒸气和粉尘扩散的场所应设置完善的通风和除尘装置，及时排出可燃蒸气和粉尘。

在混合操作中，应控制加料速度，特别是在混合时放热的场合，除要保障搅拌运转正常、混合均匀外，必要时应附设冷却装置或采用气流搅拌，以免局部过热或温度过高而发生危险。另外，对存在静电火花引燃危险的混合设备，应安装消除静电装置；对混合时产生静电的物料，应加入抗静电剂等。

4.2.9 罐区作业安全

贮罐的工艺操作必须安全稳妥，严格执行有关管理制度，具体要求如下：

(1) 罐区的各类操作均应制定相应的工艺操作规程，操作人员必须认真学习操作规程并严格执行。

(2) 贮罐的运行操作必须严格执行工艺指标，不能有超温、超压、超液位等情况发生。连锁报警系统必须完好，各工艺指标的更改须书面报生产科审核，经厂总工或厂长批准后方可执行。

(3) 贮罐收料作业前后必须认真核定工艺流程是否正确，检查收料温度、压力是否正常，尤其是一些含水的贮罐收料油温更应严格控制，并不得直接用蒸汽扫线，以防冒顶跑油。阀门的切换应严格遵守“先开后关”的原则，以避免憋压。

(4) 甲、乙类物料进入贮罐时，初流速度不得大于 1 m/s。当入口管浸没 200 mm后，可适当提高流速，但最高不得超过 4.6 m/s。

(5) 贮罐收料时严禁从贮罐上部注入。

(6) 禁止对装过高挥发性产品的油罐切换注入低挥发性油品。在贮罐变更注入油品时，必须进行惰性气体置换，使空气中的油气浓度符合安全规定的范围。禁止用压缩空气进行甲、乙类物料的吹扫置换。

(7) 物料管道要及时排空，如不能排空时，气温上升要打开膨胀管线上阀门泄压，下班前和输送物料前必须关闭。排空时打开进气阀，作业完成后随时关闭。这些阀门的开、关应作为重要操作设专人管理，并作为交接班的重要内容。

(8) 雷雨天常压贮罐应停止收料作业。物料罐区必须强化贮罐的切水作业，将其作为一项重要操作进行管理。贮罐必须坚持收料前切水、收料后沉降切水、物料移动前切水的“三切水”制。尤其在寒冷季节更要及时检查并及时切水，以防冻坏罐根。切水作业必须严格执行操作法，利用切水设施进行作业，收料后的切水作业必须在规定的静置时间后进行，严禁边收料边切水作业。切水作业必须坚持由值班长指挥，两人操作的“双人制”。操作人员要认真观察切水情况，不得离开切水现场，切水作业应尽量安排在天气晴好的白天。

罐区的施工检修作业严格执行“装置停工安全检修制度”，检修必须进行动火、登高、进塔入罐、动土、电气施工等作业，必须认真采取安全措施，办理完善的手续，并严格执行相关的管理制度。

贮罐的检测、测温、采样等作业危险性较大，必须采取相应的措施，并严格执行

《计量、分析岗位安全技术规程》。同时必须做到：

(1) 检尺、测温盒、取样器应采用导电性能良好且与罐体金属相碰不产生火花的材料制作。同一器具如用两种以上材料制作时，其材料的电阻率应相近。

(2) 在收料后进行上述作业时必须在静电安全规定规定的静置时间后方可进行。

(3) 计量、测温和取样口要设置铜质或铝质导槽，并紧贴导槽落下和提起，不得猛拉快落，要求下落速度不大于 1 m/s，上提速度不大于 0.5 m/s。

(4) 上述作业应尽量安排在早晨上班后进行，最好有两人同行，应站在上风向，并应配戴手套和防毒面具。大风雷雨天气应停止上述作业。如晚上必须进行上述作业，要格外小心，并使用防爆电筒，注意不要失落。

(5) 作业人员应穿戴防静电服装和鞋帽，上罐时在盘梯栏杆始端用手握一下未刷漆部分，以消除人体静电。作业人员禁止穿钉子鞋及携带打火机、钢笔、钥匙及其他金属物件上罐。不得在罐顶穿脱衣服、挥舞工具。

(6) 作业完要盖好作业孔，用棉纱(布)擦净器具，禁止使用化纤物擦拭。

贮罐的清洗作业除严格执行设备内作业安全要求外，还必须采取下列措施：

(1) 尽量将物料抽净。所使用的吸油泵必须是防爆型，软管是带静电接地的。

(2) 罐内达到动火条件后方准许作业人员配戴隔离式呼吸面具进罐作业。如油气浓度高于动火浓度，则严禁使用压缩空气和高压水通风冲洗，防止产生静电爆炸事故。

(3) 作业人员不得穿戴化纤物服装，不得穿带钉子的鞋和不导电的胶鞋，不准使用硬质金属和塑料制品。应用铝、铜等软质金属及木质工具。

(4) 进入含铅汽油罐等进行清洗时，必须穿戴胶布的工作服、靴、手套和戴防毒面具。

(5) 清洗贮罐期间要制订严格的明火、火花、用电管理措施，要设立警戒区。

(6) 清罐的废气要集中引入放空火炬系统。油污杂物集中回收处理，污水经处理合格后方可按规定排放，不得随意排放至雨排明沟。

(7) 身体不健康者不得从事清罐作业。

4.2.10 计量岗位作业安全

4.2.10.1 器具防范技术

(1) 对于油品(特别是甲、乙类液体)，不准使用两种不同导电性材质的检尺、测温和采样工具进行操作。例如尼龙类高绝缘性提拉绳不可和金属采样器、测温盒一起使用，否则会使器具成为孤立金属带电体，一旦碰到接地物体会产生火花放电，造成危害。

(2) 在可燃性环境中使用金属检尺、测温和采样设备时，应该用不产生火花的材料制成，通常都采用铜质工具。

(3) 提拉绳应采用防静电绳，且应设有接地夹子，以便在操作时能方便地接地。

(4) 经常检查，保证提拉绳无断裂现象。

(5) 上罐作业只能使用防爆灯具，并注意不可失落。

4.2.10.2 人体防范技术

(1) 在打开非压力油罐罐顶罐口盖前，身体要接触梯子、梯台或罐壁，使身体接地。通常应在贮罐梯子进口处，在已接地的金属扶栏上留出 1 m 长的裸金属面，作为手握接地体。

(2) 上罐操作不得穿易产生静电的服装。

(3) 上罐操作应穿防静电(导电)鞋，以防人体带电。

(4) 在操作罐口，禁止穿、脱衣服，摘、戴帽子或其他类似物，且不得梳头。

(5) 除雨天外，禁止穿橡胶雨衣和鞋靴上罐作业。

4.2.10.3 操作防范技术

(1) 甲、乙类油品进入贮罐，需经一定的静置时间后方可进入检测、测温和采样作业。

(2) 尽可能采用自动检尺、测温和采样设备，以杜绝静电产生。

(3) 铁路和汽车槽车的检尺、测温和采样作业必须在装完且静置 2 分钟后进行。

(4) 为了防止油品毒气的伤害，操作人员应站在罐口的上风处操作，以防毒气进入口鼻。如周围都有毒气，则务必戴上防毒面具才能上罐操作。

(5) 在罐上操作时，应该将器具与贮罐的接地端用带有线夹的接地导线可靠地连接好，并在全部操作完成后且关上罐口盖才能拆除。

(6) 对于丙类液体，也可采取在降落和提升的整个操作过程中使绳保持与罐口接触，从而防止静电的产生。

(7) 对盛装甲、乙类油品的固定顶油罐或浮顶油罐在未浮起之前，进行测温和采样时，不得猛拉快提，上提速度不大于 0.5 m/s，下落速度不大于 1 m/s。

(8) 采样器内剩余的油样及洗刷采样器的油品均不得倒回罐内，应另作妥善处理。

(9) 雷雨天气不应上罐操作。

(10) 做好罐顶作业时的防冻防滑措施。

(11) 上罐进行检测、测温和采样等工作时，应严格执行国家、公司及企业的有关规定。

4.2.11 槽车作业安全

槽车是压力容器的一种，分为液化石油气汽车槽车和液化气体铁路槽车两大类。

液化石油气汽车槽车，是指缸体容积大于 1 m^3，运输液态丙烯、丙烷、丁烯、丁烷、丁二烯等，以及它们的混合物的汽车槽车。其中，包括缸体固定在汽车底盘上的单车式汽车槽车和半拖挂式汽车槽车，还包括缸体靠附加紧固装置安放在卡车货箱内的活动式汽车槽车。

液化气体铁路槽车，是指缸体设计压力为 784～2 156 kPa(8～22 kgf/cm^2)，容积大于 30 m^3，介质温度为－40～50℃的运输氨、液氯、液态二氧化硫及液化石油气(丙烯、丙烷、丁烯、丁烷、丁二烯及其混合物)等的铁路槽车。

槽车容积大，流动性强，世界各国对槽车的安全管理均很严格，我国也不例外。劳动人事部、公安部、铁道部等均有明文规定，对槽车的设计、制造、检验、使用和管理的各环节提出了明确而又严格的要求，以保证人员、设备和财产的安全。

槽车已实施进口商品安全质量许可制度，未取得进口安全质量许可证书的商品不准进口。

4.2.11.1 液化气体铁路槽车作业安全

(1) 装卸阀门安全

① 槽车上至少装设两个液相和一个气相装卸阀门；

② 阀门结构可为球阀，也可为直角截止阀；

③ 阀门的水压强度试验压力为槽车设计压力的 1.5 倍。阀门的气密性试验压力为槽车设计压力的 1.05 倍。阀门应在全开和全闭两种状态下进行气密试验均合格；

④ 阀门应具有产品合格证。

(2) 紧急切断装置安全

① 槽车在液相管和气相管接管口处必须设置紧急切断装置，以便在管口破裂、阀口损坏或环境发生火灾时可进行紧急切断；

② 紧急切断装置应包括紧急切断阀、远控系统、易熔塞及液压管路等元件。要求动作灵活，性能稳定可靠，便于检修；

③ 易熔塞的易熔合金熔融温度为 70±5℃；

④ 紧急切断阀，应保证槽车正常工作时全开，并持续放置 48 小时不致引起自然闭止；

⑤ 紧急切断阀自始闭起，应在 10 秒钟内完全闭止；

⑥ 紧急切断阀应经 1.5 倍阀门公称压力的强度试验以及 98 kPa(1.0 kgf/cm^2)和 1.05 倍公称压力气密性试验合格。液压传动系统件应按系统最高工作压力的 1.5 倍进行强度试验。保压时间均不少于 10 分钟。

(3) 槽车的使用与管理

槽车投入使用前，应由槽车所属单位组织专人进行验收，并向地、市以上劳动部门登记备案后方可投入使用。

槽车投入运行后，槽车所属单位对其进行严格管理，按规定要求进行定期检验和修理，并建立完整的技术档案(制造、使用、检验、事故等记录)。

槽车的充装单位应建立、健全充装制度，对槽车的每次充装都需作详细的充装记录，充装记录必须包括如下内容：

① 槽车编号；

② 进厂时间及残留液化气量；

③ 进厂检验情况。罐体部分检查内容包括外观、密封性能及各部件；

④ 气密性试验时间、试验压力、试验结果及检查人；

⑤ 充装时间、充装前复验情况；

⑥ 封车时间、封车压力、封车后净重、封车人；

⑦ 充装单位名称；

⑧ 上次检修(大、中修)日期。

槽车充装前，充装单位必须有专人对槽车进行检查，凡有下列情况之一者应事先进行妥善处理，否则严禁充装：

① 槽车定期检验的期限已经超过者；

② 槽车的颜色、字样、标记和所装的物料不符者，或者颜色、字样、标记脱落而不易识别其种类者；

③ 外表腐蚀严重或有明显损坏、变形者；

④ 附件不全、损坏、失灵或不符合安全规定者；

⑤ 槽内没有余压，且未判明槽车内残留物料品种者；

⑥ 液化石油气槽车内气体含氧量超过 3%者；

⑦ 槽车内残留物料重量不明者；

⑧ 罐体密封性能不良或各密封面及附件有泄漏者；

⑨ 槽车的走行或制动部分超期未检修者；

⑩ 自备槽车，不具备产品合格证、质量证明书、检修记录技术文件者。

液氯、液态二氧化硫槽车充装前应进行气密试验检查合格。

槽车充装量必须严格控制，严禁超装。各液化气体充装系数按规定选取，但不应超过槽车最大载重量。

槽车充装完毕后，应进行下列检查：

① 复检充装量；

② 气液阀门加盲板；

③ 关闭压力表座阀门和紧急切断阀；

④ 各密封面进行泄漏检查；

⑤ 检查封车压力。

槽车卸料时注意事项：

① 槽车运行到用户后应及时卸料，并将空车及时返回，用户不可将槽车当贮槽和气化罐使用；

② 卸料时不得用水蒸气升温。液氨、液化石油气槽车不得用空气压料。液氯、液态二氧化硫槽车可用不高于45℃的温水加热升温或用不大于设计压力的干燥压缩空气压送；

③ 返回的槽车其罐体内应留有不低于49 kPa(0.5 kgf/cm^2)的余压；

④ 槽车卸料完毕后，关闭紧急切断阀并将气、液阀门加上盲板，将所有配件随车返回。

槽车在充装或卸料时，应在铁路线上设置标记或信号。出现下列情况时，严禁充装或卸料：

① 盛装易燃、易爆液化气体的槽车遇到雷雨天气或附近有明火时；

② 周围有易燃、有毒气体介质泄漏时；

③ 液压异常或出现其他不安全因素时。

(4) 槽车的检修安全

槽车的检修包括对罐体和底架的检查和修理。槽车的检修分为大修、中修和小修，其间限期为：

① 大修每4年一次；

② 中修每1年一次；

③ 小修每次充装前进行。

槽车罐体的无损检验应由省、市、自治区劳动部门授权的单位进行，从事检验工作的人员应经省、市、自治区劳动部门考核批准。

槽车检修内容和要求如下：

① 小修

a. 检查罐体外表面及各附件的腐蚀情况；

b. 检查罐体及各附件(安全阀、液面计、紧急切断装置、压力表、阀门、管件、连接件等)是否完好、无损、可靠、无泄漏；

c. 检查中发现的问题应及时作妥善处理；

d. 压力表每半年校正一次。

② 中修

a. 进行小修所规定的全部检修项目；

b. 车底架走行部位的检查或修理按铁道部规定进行；

c. 检查罐体外表面腐蚀情况及罐体与车架、遮阳罩螺栓紧固情况；

d. 对安全阀进行清洗、检查、修理、刷漆和定压校验，必要时更换弹簧，合格后会同安全部门铅封；

e. 检查清洗气、液阀门、紧急切断阀和液面计；

f. 校对压力表；

g. 检查各螺栓的腐蚀情况，必要时更换；

h. 每两次中修进行一次罐体内表面检查，对有怀疑的部位应进行磁粉探伤或着色检验；

i. 对检查发现的问题应进行妥善处理，中修后进行置换处理和气密试验。

③ 大修

a. 进行中修所规定的全部检修项目；

b. 检查罐体内外表面的腐蚀情况，并测定壁厚。

c. 宏观检查罐体的内外表面。丁字焊缝、伤痕(尖底、圆底等)、制造中定位板点焊处、补焊区和外观检查不良并有怀疑的部位应作磁探或着色检查，角焊缝应进行磁探或着色抽查，上述部位发现裂纹时应扩大检查；

d. 射线探伤或超声波探伤可检查在制造时有缺陷的返修焊缝或外观检查不良并有怀疑的焊缝；

e. 对检查发现的问题进行妥善处理，对返修的焊缝及补焊区应进行无损探伤检验，并进行热处理；

f. 进行罐体的水压试验。试验压力定为设计压力的1.5倍。试验方法按国家劳动总局颁布的《压力容器安全监察规程》要求进行。试验完毕后，进行干燥和置换处理，并按本规定进行气密试验。槽车的气密试验应在罐体水压强度试验合格、全部组装完成并经检查合格后进行。气密试验压力为槽车设计压力。气密试验所用的气体应为氮气或空气等干燥洁净气体。

g. 检修或更换各附件。

检修或更换所有阀门(安全阀、紧急切断阀、气及液相阀)、压力表、液面计、液下管等；

更换人孔部分垫片及螺栓；

检查、修理遮阳罩和操作台；

h. 罐体按规定进行除锈刷漆，并在罐体性能标志下面涂写大修日期。

对各次检修应有详细记录，大、中修记录要存档。槽车检修前应制定相应的安全措施。检修人员进入罐内前，应进行置换，并作含氧量和残余有害气体分析，合格后方可进入。罐体动火时要办理动火手续，经分析合格后方可作业。人员进入罐内和动火部位必须有指定人员进行监护。对使用期限超过12年的液氯、液态二氧化硫槽车和使用期限超过20年的其他介质的槽车，应进行下述内容的全面技术鉴定：

a. 槽车大修规定的全部检查项目；

b. 焊缝进行无损探伤，抽查百分数，纵缝≥30%，环缝≥20%，如抽查不合格，应进行100%检查。对接焊缝内表面及全部角焊缝表面进行磁探或着色检查；

c. 根据全面技术鉴定检查结果进行综合分析，决定罐体报废、返修或继续使用，并确定继续使用年限，报主管部门批准及地、市以上劳动部门备案。

槽车停用时间超过两年者，使用前应按大修内容进行检查，必要时应做全面技术鉴定。

槽车发生重大事故（着火、脱轨、撞车等）应及时上报并进行事故分析及全面检查。修复方案应报主管部门批准。

(5) 槽车的运输安全

经确认充装记录完整的槽车，方可办理承运手续。液氯、液态二氧化硫槽车应有押运人员。押运人员应具备下列条件：

① 必须熟知所装液化气体物理化学性质；

② 必须熟知铁路安全运输知识及有关规定；

③ 必须熟知槽车的结构、性能及发生故障的处理方法。

押运人员需经企业技术考核。符合上述条件者报请当地铁路部门发给押运证。押运人员的职责包括以下内容：

① 押运人员必须随车押运到目的地。如中途停车时间较长，应进行监护；

② 押运人员应携带防护用具及必要的检修工具，中途发生泄露时应积极主动予以处理，以免事态扩大。如处理不了，应立即同铁路部门及有关企业联系，加以解决；

③ 押运人员到编组站时，向站里人员叙述所装液化气体性能，以便缩短站停时间，及时挂运；

④ 槽车未按规定进行充装前检查及封车情况不明时，押运人员可拒绝押运。

运行中发生严重故障的处理要求如下：

① 发生严重泄漏时，铁路部门与押运人员应及时向当地政府、公安部门报告，组织抢救措施；

② 设立警戒区，组织人员向逆风方向疏散，最大限度减少伤亡和国家财产的损失。

4.2.11.2　液化石油气汽车槽车作业安全

槽车的充装、使用、运输和检验单位应根据本规定及当地劳动、公安或交通部门的有关规定，结合本单位的具体情况，制定相应的安全操作规程和管理制度，并经常对操作、运输和管理人员进行专业安全技术教育。

(1) 槽车的登记和发证

① 新出厂的槽车，使用单位应持槽车的出厂文件到当地劳动部门接受检验，并办理槽车使用登记手续和领取汽车槽车使用证书。

汽车槽车使用证书应妥善保管。槽车出让时，应到发证机关办理转让手续；槽车报废后，应及时到发证机关办理注销手续。

② 对活动式槽车的使用应予严格控制，一般只限液化石油气每月用量在 8 吨以下的单位使用。

③ 槽车还须在经当地公安局车辆管理部门或交通监理部门检验合格、发给槽车号牌和行驶证后，方许使用。

（2）充装前的检查

槽车的充装单位，必须有专人在充装前对槽车进行检查。凡属下列情况之一者，必须进行妥善处理，否则严禁充装。

① 槽车超期未作检查者；

② 槽车的漆色、铭牌和标志与本规定不符，或与所装介质不符，或脱落不易识别者；

③ 安全防火、灭火装置及附件不全、损坏、失灵或不符合规定者；

④ 未判明装过何种介质，或罐内没有余压者（新槽车及检修后槽车除外）；

⑤ 罐体外观检查有缺陷，不能保证安全使用，或附件有跑、冒、滴、漏者；

⑥ 司机或押运员无有效证件者；

⑦ 车辆无公安局车辆管理部门或交通监理部门发给的有效检验证明和行驶证明者；

⑧ 槽车罐体号码与车辆号码不符者；

⑨ 罐体与车辆之间的固定装置不牢靠或已损坏者。

（3）槽车的装卸作业

槽车的装卸作业必须遵守下列规定：

① 槽车应按指定位置停车，用手闸制动，并熄灭引擎。停车有滑动可能时，车轮应加固定块。

② 作业现场严禁烟火，并不得使用易产生火花的工具和用品。

③ 作业前应接好安全地线。管道和管接头连接必须牢靠，并应排尽空气。

④ 槽车的装卸作业人员应相对稳定，并经培训和考试合格。装卸作业时，操作人员和槽车押运员均不得离开现场。在正常装卸时，不得随意起动车辆。

⑤ 新槽车或检修后首次充装的槽车，充装前应作抽真空或充氮置换处理，严禁直接充装。真空度应不低于 650 mmHg，或罐内气体含氧量不大于 3%。

⑥ 槽车的充装量不得超过设计所允许的最大充装量。充装时须用地磅、液面计、流量计或其他计量装置进行计量，严禁超装。充装完毕后必须复检重量或液位，如有超装，须立即处理。

⑦ 槽车充装应认真填写充装记录，其内容包括槽车使用单位、车型、车号、充装介质、充装日期、实际充装量及充装者、复检者和押运员的签名。

⑧ 槽车到厂（站）后，应及时往贮罐卸液。固定式槽车不得兼作贮罐用。一般情况下，不得从槽车直接灌瓶。如临时确需从槽车直接灌瓶，现场必须符合安全防

火、灭火要求，并有相应的安全措施，还应预先取得当地劳动部门和公安消防部门的同意。

⑨ 禁止采用蒸气直接注入槽车罐内升压，或直接加热槽车罐体的方法卸液。

⑩ 槽车卸液后，罐内应留有 49 kPa(0.5kgf/cm^2)以上的剩余压力。

⑪ 凡出现下述情况，槽车必须立即停止装卸作业，并作妥善处理。

a. 雷击天气；

b. 附近发生火灾；

c. 检测出液化气体泄漏；

d. 液压异常；

e. 其他的不安全因素。

(4) 槽车的维护保养

① 槽车必须加强日常的检查和维护保养。发生故障应及时排除，保持车辆性能经常处于最佳状态。

② 使用槽车的单位必须制定槽车的维修与保养规定和计划，并严格执行。

③ 经常保持槽车的干净和漆色完好。

④ 必须经常检查各种安全装置和附件(包括安全阀、压力表、液面计、温度计、紧急切断装置、管接头、液泵、人孔、管道、各种阀门、接地链和灭火器等)性能是否正常或有无泄漏和损伤等。凡有异常者，应及时进行妥善处理。

⑤ 压力表每隔六个月至少校验一次，损坏或失灵者应予更换。经检验合格的压力表应有铅封和检验合格证。

⑥ 装卸用耐油橡胶管每隔六个月至少进行一次气压试验。试验压力应不低于罐体设计压力的 1.5 倍。如有泄漏或其他异常情况，应予更换。

(5) 槽车的定期检验

① 槽车的定期检验包括对罐体和各种附件的检查和修理。槽车底盘和车辆行走部分的检查和修理按底盘说明书以及公安部门和交通部门的有关规定执行。

② 槽车的定期检验分为年度检验和全面检验两种。年度检验每年进行一次，全面检验每五年进行一次。但新槽车在投入使用后的第二年必须进行首次全面检验。年度检验如发现严重缺陷，应提前进行全面检验。

③ 槽车的年度检验可由用户自己进行。槽车的全面检验应由当地劳动部门或其授权的单位进行。

④ 槽车的年度检验至少应包括下述内容：

a. 罐体表面漆色、铭牌和标志检查；

b. 罐体的内、外表面检查。注意有无裂纹、腐蚀、划痕、凹坑、泄漏、重皮和剥落等缺陷或伤残；

c. 按要求检查安全阀、紧急切断装置、液面计、压力表、温度计和灭火器等安全装置，并进行相应的性能校验，不合格或失灵者应予更换；

d. 对检查发现的问题进行妥善处理，并最终进行气密试验合格。

⑤ 槽车的全面检验至少应包括下述内容：

a. 进行年度检验所规定的全部检验项目；

b. 进行罐体外表面的除锈喷漆；

c. 测定罐体壁厚；

d. 对罐内焊缝及所有接管和人孔焊缝进行100％的表面磁粉探伤或着色探伤检查。对有怀疑的对接焊缝还应按规定的评定标准进行射线或超声波探伤检查；

e. 对检查发现的问题进行妥善处理，并最终按规定进行水压试验和气密试验合格。

(6) 槽车的检查和修理必须遵守下列规定：

① 槽车的检查和修理单位必须制定检修规程和质量要求以及必要的管理制度，并严格执行。

② 检查及修理前，罐内液化气必须排空，并用氮气、水或水蒸气置换干净，经检测符合卫生及动火规定。严禁采用空气置换。用水蒸气置换时，应先拆下温度计。

③ 车辆部分需进厂大、中修时，罐体亦应经过上述处理后方许进厂。严禁槽车带液化气负荷进厂修理。

④ 罐内检修时，应有专人监护，并使用电压不超过12伏的低压防爆灯。如需动火，应先办理动火批准手续，并采取必要的安全措施。

⑤ 罐体如经补焊，焊补处应进行射线及磁粉探伤检查合格并进行适当的局部热处理。

⑥ 水压试验和气密试验必须在全部检查和修理工作完毕后进行。

⑦ 槽车的检查和修理应有详细记录，并签字存查。检修后应按规定在检修记录卡及槽车罐体的规定部位标明下次检验日期。

(7) 槽车的运输

① 槽车应配有固定的驾驶员和押运员。槽车的驾驶员和押运员必须熟悉本规定和下述安全技术知识：

a. 液化石油气体的物理、化学特性；

b. 城市和公路运输安全知识；

c. 槽车的技术性能、装卸作业安全操作规程、防火灭火知识，以及发生事故的处理办法；

d. 能熟练使用车上的灭火器材和紧急切断装置。

槽车的驾驶员和押运员还必须经本单位安全技术管理部门考试合格并发给证书。

② 槽车行驶时除必须遵守交通规则，听从交通管理人员的指挥外，还必须遵守下述规定：

a. 按当地公安、交通部门规定的路线、时间和车速行驶；

b. 车上应有押运人员；

c. 不准拖带挂车，不得携带其他易燃、易爆等危险物品，并禁止其他人员搭乘；

d. 车上严禁吸烟；

e. 通过隧道、涵洞、立交桥时，必须注意标高，限速行驶；

f. 当罐内液温达到40℃时，应采取遮阳或罐外水冷降温等安全措施。

(8) 槽车的停放

① 槽车或槽车的活动罐体，平时应按规定的位置单独停放。充液的槽车不得进入车库。

② 槽车途中停放时，必须遵守下述规定：

a. 驾驶员和押运员不得同时远离车辆；

b. 不得停靠在机关、学校、厂矿、桥梁、仓库和人员稠密等地方；

c. 停车位置应通风良好；十米以内不得有明火和建筑物；夏季应有遮阳措施，防止曝晒；

d. 途中停车检修时，应用不产生火花的工具，并不准有明火作业；

e. 途中停车如果超过六小时，应与当地公安部门联系，并按指定的安全地点停放车辆。

(9) 槽车发生液化石油气大量泄漏或火灾时的紧急处置措施

① 槽车发生液化石油气大量泄漏时，应采取措施紧急止漏，一般不得起动车辆。同时立即与有关单位和消防部门联系防火灭火，切断一切火源，设立警界区，断绝交通，并组织人员向逆风方向疏散。

② 槽车因液化石油气大量泄漏而起火时，应采取措施紧急止漏和灭火，同时立即向当地公安消防部门报警，并将车辆移到不危及周围安全的地方。应设法控制火势蔓延和加强对罐体的冷却降温。

(10) 槽车的报废

槽车因罐体严重腐蚀、裂纹，或因事故而造成严重损坏或变形，经专门技术鉴定证明无修复价值或继续使用没有安全保证时，应报请当地劳动部门予以报废和注销。

4.2.12 反应釜作业安全

4.2.12.1 作业人员职责

(1) 仪器管理员负责所有仪器设备的定期维护、保养和统一管理。

(2) 操作人员负责仪器设备的日常安全使用、清洁卫生和填写使用记录。

4.2.12.2　作业前安全检查

(1) 操作人员上岗前必须经过培训,熟练掌握本设备的操作规程和安全守则,禁止独立作业。

(2) 操作人员必须按照规定穿戴好劳保防护用品,禁止穿拖鞋、不戴工作帽进入操作间。禁止疲劳作业。

(3) 检查设备是否充分接地,电机导线有无破损,压力表是否正常,管道各连接是否正确,控制开关有无失灵,控制阀门是否正确开启,各构件螺栓是否紧固。发现异常及时报告维修,严禁危机作业。

4.2.12.3　开机

(1) 首先打开电源总开关(将开关上的箭头指向“ON”处)。

(2) 打开所用的反应釜的搅拌机开关,即从“分”移至“合”,此时,该反应釜指示灯亮。

(3) 调节反应釜电机上的速度调控圆形手柄,调节到所需的搅拌速度。

(4) 在运行过程中,按照要求调节搅拌速度。

(5) 开始投料前必须将排风扇打开,最先从人孔加入物料,然后关紧人孔,再用其他加料方式加料。

(6) 在使用滴加罐加小料时,先关闭滴加罐底阀,打开上面的顶阀,物料由漏斗加入滴加罐中,注意加料速度要缓慢而均匀。加完后,关闭上面的顶阀,打开下面的底阀,入料。这样做可防止冲料。滴加前确认其他阀门在正常状态。

(7) 在使用计量槽向反应釜中滴加物料时,先关闭计量槽与反应釜之间连接的平衡阀和滴加控制阀,打开计量槽真空阀,开启真空系统,将滴加液用软管经由进料阀打入计量槽,计量槽加料完后,关闭真空阀、进料阀,打开平衡阀、滴加控制阀,控制一定流量向反应釜内滴加。滴加完毕后,关闭平衡阀、滴加控制阀。滴加前确认其他阀门处在正常状态。

4.2.12.4　关机

(1) 搅拌速度调节至最低。

(2) 关闭反应釜开关,即从“合”移至“分”。

(3) 反应釜内物料反应结束后,不能隔夜储存,要及时排空后清洗备用。

(4) 关闭电源总开关。

4.2.12.5　维护保养

(1) 监测仪表应准确齐全,且应定期检查鉴定。没有合格证的仪表不能使用。

(2) 各连接管道的控制阀门要定期检查有无失控,管道要做好保温保冷措施。

(3) 滴加罐和计量槽要保持清洁,试验完毕要及时清洗干净,防止锈蚀。

(4) 每月定期对反应釜维护一次(月使用频率超过2次,每半月检查一次),发现异常及时报告,并做好维修记录。

(5) 每年定期由专业人员对设备整体性能检查一次，并做好检修记录。

(6) 凡因违章操作或管理失误导致的仪器设备损坏，按公司相关制度处理。

4.2.13 电加热炉作业安全

4.2.13.1 作业人员职责

(1) 仪器管理员负责所有仪器设备的定期维护、保养和统一管理。

(2) 操作人员负责仪器设备的日常安全使用、清洁卫生和填写使用记录。

4.2.13.2 作业安全要求

操作前安全检查：

(1) 操作人员上岗前必须经过培训，熟练掌握本设备的操作规程和安全守则，禁止独立作业。

(2) 操作人员必须按照规定穿戴好劳保防护用品，禁止穿拖鞋、不戴工帽进入操作间。禁止疲劳作业。

(3) 检查设备是否充分接地，仪表是否正常，机组各构件螺栓是否紧固，管道各连接是否正确，控制开关有无失控，控制阀门是否正确开启。发现异常要及时报告维修，严禁图方便而危机作业。

检查完毕后，闭合电源开关，电源指示灯亮，仪表信息窗口显示进入工作状态。检查仪表显示是否正常，有无断偶和极性反接现象。

设备准备完毕，管路中相应的阀门开、关正确，仪表正常，可按动油泵启动按钮，油泵运行指示灯亮，检查油泵运行方向是否正确、声音是否正常。

系统循环正常后，仪表通过 SU 窗口按钮键，将设定值调整到所需的工艺温度，用功能键或确认键将重新设定的数值或命令参数输入存储器，仪表按最新输入的指令进行自动调节。

参数调整好后，启动加热按钮，加热指示灯亮，加热过程便按设定参数自动进行。

试验完毕，关闭加热。待油温降至 120℃以下时，依次关闭油泵开关、总电源。

4.2.13.3 维护保养安全

设备的正常运行压力一般为 0.1～0.5 MPa，若发现过高或过低应及时停机做一下检查。

(1) 系统管道连接是否正确；

(2) 系统管道是否畅通；

(3) 过滤器内是否有污物堵塞；

(4) 是否有水气溢出或系统存在渗漏及吸气现象。

机内所装过滤器可防止管道中较大固体颗粒进入油泵。在安装时要注意检查过滤器并做定期清洗，这样能大大提高导热油和设备的使用寿命。

正常运行的设备突然发生升温过快或过慢均属不正常，应立即停机检查。此种情况多属电加热元件问题，应检查电加热元件或电控部分。

正常运行过程中，膨胀槽内的油温应不超过60℃，如油温过高，则说明系统运行不畅，即膨胀槽内油可能参与系统循环，这对导热油的使用寿命有很大损害，应尽快排除故障，再投入生产。

膨胀槽内油量不应少于1/2，最佳为2/3。过多运行中会从加油口外喷，过少则影响设备正常运转。

每月定期对机组维护一次（月使用频率超过2次，每半月检查一次），检查有无漏油、漏气、异味等，发现异常及时报告，并做好维修记录。每年定期由专业人员对机组整体性能检查一次，并做好检修记录。凡因违章操作或管理失误导致的仪器设备损坏，按公司相关制度处理。

4.2.14 塔设备作业安全

4.2.14.1 运行中的维护

塔设备在日常运行过程中，受到内部介质压力、操作温度的作用，还受到物料的化学腐蚀和电化学腐蚀作用，是否出现故障与操作中的维护有很大关系。发生故障苗头后是否能及时排除，以继续维持正常操作，也与操作中的检查维护关系很大。所以，为了保证塔安全稳定运行，必须做好日常的维护检查，并认真记录检查结果，以作为定期停车检修的历史资料。日常检测或检查的项目如下：

① 原料、成品、回流液等的流量、温度、纯度及公用工程流体（如水蒸气、冷却水、压缩空气等）的流量、温度和压力等；

② 塔顶、塔底等处的压力及塔的压力降。若压力降过大，应查找原因；

③ 塔底温度。如果塔底温度低，应及时排水，并彻底排净；

④ 连接部件是否因振动而松弛。有松动的应及时紧固；

⑤ 密封件有无泄漏。必要时重新紧固，恢复密封；

⑥ 仪表是否正常，动作是否灵敏可靠；

⑦ 保温保冷材料是否完整，并根据实际情况进行修复；

⑧ 塔的机座和管线在开工初期受热膨胀后，不得出现错位；

⑨ 经常观察塔基础的下沉情况，如有异常应及时解决；

⑩ 保持塔体油漆完整，注意清洁卫生。

由于工艺条件发生变化、操作不慎或设备发生故障等原因而造成不正常现象，一经发现，就应及时处理，以免造成事故。

4.2.14.2 停车检查

通常每年要定期停车检修，将塔设备打开，检修其内部部件。注意在拆卸塔板时，每层塔板要做出标记，以便重新装配时不致出现差错。此外，在停车检查前预先准备好备品备件，如密封件、连接件等，以更换或补充。停车检查的项目如下：

① 取出塔板或填料，检查、清洗污垢或杂质；

② 检测塔壁厚度,作出减薄预测曲线,评价腐蚀情况,判断塔设备使用寿命;检查塔体有无渗漏现象,做出渗漏处的修理安排;

③ 检查塔板或填料的磨损败坏情况;

④ 检查液面计、压力表、安全阀是否发生堵塞和在规定压力下工作,必要时重新调整和校正;

⑤ 如果在运行中发现有异常振动,停车检查时要查明原因。

对于填料塔,还要注意以下维护检查要点:

① 检查、清理或更换喷淋装置或溢流管,保持不堵、不斜、不坏;

② 检查蓖板的腐蚀程度,防止因腐蚀而塌落;

③ 排放塔底积存的脏物和碎填料。

工艺操作人员参与塔设备的停车检查,对更加熟悉设备,更好地进行操作维护很有好处。

4.2.14.3 塔类设备的缺陷和故障

塔类设备的缺陷和故障因介质的种类、操作过程和构造材料的不同而不同,一般常以如下的几种形式出现。

(1) 设备工作表面积垢

这种故障能使设备的有效容积减少,孔道堵塞,导热效率降低,流体阻力增加。产生积垢的原因如下:

① 在被处理的物料中含有机械杂质(如泥、砂等);

② 在被处理的物料中有结晶析出和沉淀;

③ 有机物在加热、水解或胶化过程中分解出焦化物;

④ 硬水所产生的水垢;

⑤ 设备结构材料被腐蚀而产生的腐蚀产物。

(2) 设备连接处失去密封能力

这种故障主要发生在法兰连接处,它会造成设备漏损,生产能力降低,劳动条件恶化,甚至由于剧毒气体(如 CO)和易燃气体(如石油气体)的漏泄而发生严重的事故。法兰失去密封能力的原因如下:

① 法兰连接螺栓没有拧紧或拧得过紧而使螺栓产生了塑性变形,或者是由于设备工作中的振动而引起螺栓连接的松动;

② 密封垫圈产生了疲劳破坏(失去弹性),或者是受到工作介质的腐蚀作用而被破坏;

③ 由于法兰面上的衬里衬得不平整,或焊接法兰本身有翘曲。

上述现象在高温下尤其容易产生。

(3) 设备壳体壁厚减薄

这种缺陷的产生原因是设备在操作过程中受到介质的腐蚀、冲蚀和摩擦作用的结果。

(4) 设备壳体的局部变形

这种缺陷表现为壳体截面变成椭圆形(压扁)和局部的凹入和凸出等,因而使设备的可靠性大大降低。

(5) 设备壳体的裂缝

这种缺陷主要产生在焊缝附近,它的危害性与设备连接处失去密封能力时相同,有时还可能突然发生破裂。

4.2.14.4 塔类设备的检修安全

当塔类设备出现上述缺陷和故障时,就必须及时地进行停工修理,以免发生设备损坏事故。但是为了保证修理工作能安全地进行,在停工后修理前,要做好防火、防爆和防毒的安全工作,彻底吹净设备内部的可燃性或有毒性的介质。包括蒸煮、吹净、可燃性及有毒性介质的检验等。

设备在进行清除以前,首先应截断与设备相连接的管线,然后用蒸汽蒸煮,接着用蒸汽或惰性气体(如 N_2)吹净。吹净以后,由分析人员完成设备内部残留的可燃性和有毒性介质的浓度检查。为了保证工人在进入设备内部工作时的安全,最后还应该用空气进行吹净。

(1) 清除污垢

积垢最容易在设备截面急剧改变或转角处产生。目前,最常用的清除积垢的方法有机械法和化学法。

① 机械除垢法:常用的机械清除积垢的方法有以下四种。

a. 手工机械除垢法:此法是用刷、铲等简单工具来清除设备壳体内部的积垢。

b. 水力机械除垢法:此法劳动强度低,生产率高,清除下来的积垢可以和水一起从底部流出。

c. 风动和电动机械除垢法:这种工具生产能力较高,而且它也可以清理公称直径相接近的几种管子,一般适用于公称直径≥60 mm 的管子。

d. 喷砂除垢法:此法可以清除设备或瓷环内部的积垢。

② 化学除垢法:利用化学溶液与积垢起化学作用,使器壁上的积垢除去。化学溶液的性质可以是酸性的或碱性的,视积垢的性质而定。化学除垢法除垢后,需用蒸汽或水进行洗涤。为了防止溶液对设备的腐蚀作用,可在溶液中加入少量的缓蚀剂(小于1%)就可以显著地降低溶液的腐蚀性。缓蚀剂造成了选择性腐蚀的条件,这时水垢被破坏和溶解,但不会腐蚀金属。对于酸性溶液,经常采用有机缓蚀剂,如磺化胶、淀粉及动物胶等。

(2) 恢复密封能力

恢复设备法兰的密封能力可用以下三种措施:拧紧松动的螺栓;更换变质的垫圈;加工不平的法兰(密封面)或更换新法兰。

(3) 壁厚减薄的修理

(4) 裂缝的修理

这种方法只适用于工作压力不大于 0.07 MPa(表压)的常压设备。

4.2.15 换热器作业安全

换热器的种类很多,操作方法大同小异,它们的共同点是利用两种物料间大量的接触面积进行热交换,以完成冷却、冷凝、加热和蒸发等化工过程。而换热器的操作条件、换热介质的性质、腐蚀速度和运行周期决定了换热器操作维护的内容。现以广泛使用的列管式换热器为例,讨论其操作安全及维护与修理方法。

4.2.15.1 开车操作安全

(1) 首先利用壳体上附设的接管,将换热器内的气体和冷凝液(如果流体为蒸汽时)彻底排净,以免产生水击作用,然后打开全部排气阀。

(2) 先通入低温流体,当液体充满换热器时,关闭放气阀。

(3) 缓缓通入高温流体,以免由于温差大,流体急速通入而产生热冲击。

(4) 温度上升至正常操作温度期间,对外部的连接螺栓应重新紧固,以防垫片密封不严而泄漏。

4.2.15.2 正常运行安全

(1) 检查泄露

各静密封点有无泄漏,如法兰螺栓是否松动,填料、密封是否损坏等。要特别注意有没有内部换热管泄漏,这种情况不能直接看到,要通过工艺上的异常现象分析判断。

① 发现压力损失增加,说明管束内外有结垢和堵塞现象发生。

② 换热温度达不到设计工艺参数要求,说明管内外壁产生污垢,传热系数下降,传热速率恶化。

③ 通过低温流体出口取样,分析其颜色、相对密度、黏度来检查管束的破坏、泄漏情况,如果冷却水的出口黏度高,可能是因管壁结垢、腐蚀速度加快和管束胀口泄漏所致。

(2) 检查腐蚀、磨损

细心查看由于腐蚀锈蚀、冲刷造成的损伤,有无老化、脆化、变形、减薄等现象。

(3) 检查松动

要检查整个换热器有无异常振动。对于采用法兰连接的密封处,因螺栓随温度上升(150℃以上)而伸长,紧固部位发生松动,因此,在操作中应重新紧固螺栓。

(4) 清洗

在正常运行过程中,换热器一般不需要多少操作,控制好流速、温度和温差,维护进出口温度、压力和流量正常,既是维护正常操作,也有利于防垢。但是换热器运行一段时间后,性能还是会有所降低。为使换热器长期连续运行,必须定期进行检查与清洗。操作运行中检查和清洗是一种积极的维护方法，它既能早期发现异常并采取相应的措施，又可保持管束表面清洁，保证传热效果和防止腐蚀。在操作中进行清洗，一般是指管内侧的清洗，对于易结垢的流体，可定期暂时地增加流量或进行逆流操作，以除去管内壁的污垢。也可根据流体种类定期注入适宜的化学药品，将污垢溶解去除。

4.2.15.3 停车作业安全

正常情况下，换热器是不必停车的。在以下两种情况下需要停止换热器的操作：一种是系统停车，此时按系统停车要求停止换热器的操作；第二种是换热器本身原因停车，即当阻力降超过允许值，反冲洗又无明显效果，生产能力突然下降，介质互串或介质大量外漏而又无法控制时，需要停车查找原因，清理或更换已损坏的零部件。此时的注意事项有以下几点：

① 缓慢关闭低温介质入口阀门，此时必须注意低压侧压力不能过低，随即缓慢关闭高温介质入口阀门，缩小压差。在关闭低温介质出口阀门后，再关闭高温介质出口阀门。

② 冬季停车应放净设备的全部介质，防止冻坏设备。

③ 设备温度降至室温后，方可拆卸夹紧螺栓，否则密封垫片容易松动。拆卸螺栓时也要对称、交叉进行，然后拆下连接短管，移开活动封头。

4.2.15.4 检修安全

换热器经过一定的生产周期使用后，必须进行检查和维修，才能保证换热器有较高的传热效率，维持正常生产。

换热器停车以后，放净流体，拆开端盖(管箱)，若是浮头换热器或 U 形管式换热器则应抽出管束。首先应进行清扫，常用风扫(压缩空气)、水扫或汽扫。清扫干净后，如发现加热管结垢，再装上端盖进行酸洗。酸液的浓度一般配制成 6%～8%，酸洗过程中酸液浓度会逐渐下降，要及时补进浓酸以保持上述浓度，当浓度不再下降时，说明已经洗净垢层。然后用水洗净酸液，直到排出的水呈中性为止。

酸洗后打开端盖进行检查，看胀管端是否有松动，焊缝是否有腐蚀等。

酸洗时一定要注意做好防护措施(如穿戴防酸工作服、防酸手套、眼镜等)，要注意安全，防止事故发生。

如果有些污垢不能清洗干净，也可采用机械清扫工具(如钢刷、土钻等)进行清扫或采用加有石英砂的高压水进行喷刷。

清洗干净后，要进行水压试验，试验时如发现加热管泄漏，则要更换。首先拆下旧管，洗净管板孔，换入新管后重新胀牢。对更换有困难的加热管也可采用堵塞不用的办法，即用铁塞将两端管口塞住(铁塞的锥度为 3°～5°)，但堵管量不能太多，一般不得超过总管数的 10%。否则减少传热面太多，满足不了生产需要。如果仅是胀管端泄漏，则可采用空心铁塞，即在铁塞中心钻孔。这样虽然减少了加热管的横截面，但并不减少传热面积。

检修后应进行水压试验，试验压力应按设计图纸上技术要求的规定进行。试压时要缓慢升压并注意观察有无破裂，有无渗漏，试压后有无残余变形，确认合格方可验收，再投入生产。

复习思考题

1. 危险化学品生产为了做好系统安全设计应考虑哪些因素？
2. 危险化学品操作安全包括哪些对策？
3. 危险化学品生产岗位基本安全包括哪些要求？
4. 空气压缩机作业过程中有哪些安全要求？
5. 输送机作业过程中有哪些安全要求？
6. 塔设备作业过程中有哪些安全要求？

5 危险化学品废弃处理作业安全

5.1 概述

《中华人民共和国固体废物污染环境防治法》规定，危险废物是指列入国家危险废物名录或者根据国家规定的危险废物鉴别标准和鉴别方法认定的具有危险特性的废物。危险废物的产生、转移、处置或排放活动，在时间上有较大的弹性，难以进行监督和管理。而对其进行有效的安全处置，不仅需要高难度的技术、巨额的资金，而且处理处置场地的选择也十分困难，所以经常出现危险废物的非法跨国越境转移。因此，控制危险废物对环境和人类健康的危害，已成为当今世界各国共同面临的一个重大环境问题。

危险废物在最终处置之前可以用多种不同的处理技术进行处理，其目的是改变废物的物理化学性质，如减容、固定有毒成分和解毒等。处理某种废物应选用何种技术取决于多种因素，其中包括处理或者处置设施的有效性及适用性、安全标准和成本等。没有一种技术路线是绝对安全的，任何废物处理或处置技术均带有一定程度的风险。

危险废物具有毒性（急性毒性、浸出毒性等，如含重金属的废物）、爆炸性（如含硝酸铵等的废物）、易燃性（如废油和废溶剂）、腐蚀性（如废酸和废碱）、化学反应性（如含铬废物）、传染性（如医院临床废物）等一种或几种以上危害特性，并以其特有的性质对环境产生污染。危险废物的危害具有长期性和潜伏性，可以延续很长时间。危险废物中含有的有毒有害物质对人体和环境构成很大威胁，一旦其危害性质爆发出来，不仅可以使人畜中毒，还可以引起燃烧和爆炸事故，也可因无控焚烧、风吹、升华、风化而污染大气。此外，还可通过雨雪渗透污染土壤、地下水，由地表径流而污染江河湖海，从而造成长久的、难以恢复的隐患及后果。受污染环境的治理和生态平衡破坏的恢复不仅需要较长时间，而且要耗费巨资，有的甚至无法恢复，所造成的后果有时难以用金钱来衡量。因此，国内外废物管理立法都把危险废物作为废物管理的重点，采取一切措施保证让危险废物得到妥善的处理处置。

危险废物的物理化学及生物特性包括：与有毒有害物质释放到环境中的速率有关的特性；有毒有害物质在环境中迁移转化及富集的特性；有毒有害物质的生物毒性。所涉及的主要参数有：有毒有害物质的溶解度、挥发度、相对分子质量、饱和蒸气压、在土壤中的滞留因子、空气扩散系数、土壤/水分配系数、降解系数、生物富集因子、致癌性反应系数及非致癌性参考剂量等。这些参数值可从有关化学手册、联合国环境署管理的国际潜在有毒化学品登记数据库、美国国家环境保护局综合信息资源库查到。

5.2　危险废物的全过程管理

5.2.1　危险废物全过程管理优先原则

自 20 世纪 80 年代末期至今,加强危险废物管理和处置技术研究是世界各国环境保护工作的重点之一。危险废物的管理首先应推行源头避免废物产生的减量化原则;其次强调废物的重复使用和循环再生、能量回收;第三推行合理处置废物,保护土壤、水、大气环境的管理。

首先应采用减量化技术,推行无废、低废清洁工艺。主要技术途径有:① 采用无毒原料,杜绝危险废物产生。日本、荷兰、加拿大等国都在积极发展用离子膜法烧碱生产技术来消除汞和石棉的污染。② 改革生产工艺,减少危险物产生量。德国推行连续流动法制革工艺,大大减少在皮革工艺生产中含铬鞣革剂的使用。

其次,在废物产生后应采用资源化技术,大力开展综合利用和废物交换。发达国家十分重视危险废物的回收利用,对于生产过程中产生的废物,推行系统内的循环利用;对于生产过程中排出的废物,通过系统外的废物交换、物质转化、再加工等措施,实现其综合利用。在大多数的北欧国家,物质回收比能量回收具有更高的优先权,而有些国家(如法国)对上述二者没有严格区分。

最后,采用无害化处理处置技术,最终强化对危险废物污染的控制。目前所采用的无害化处理处置方法中应用最多的是填埋法。在美国,危险废物填埋量占其产生总量的 75%,英国为 60%,比利时为 62%,荷兰和法国为 50%,日本是 39%。但该法存在对地下水的潜在污染风险。目前许多国家对填埋场的建造技术已经标准化。近年来,由于发达国家不断强化危险废物排放法规限制,加之土地资源的限制,迫使危险废物处置逐渐从“填埋”转向“焚烧”。目前美国已有 1 500 台焚烧设备,西欧一些国家已实现危险废物焚烧处理的工厂化、集团化。

5.2.2　危险废物全过程管理的实施

实施危险废物的全过程管理包括对废物产生、鉴别、标记、分类、收集、交换、运输、储存、再循环、再利用、处理和最终处置等过程,即对废物从产生源、流向和处理处置等各个环节进行管理。建立一个有效的管理体系是确保全过程管理实施的必要前提。

有效的危险废物管理体系的最基本目标就是改变产生和管理危险废物单位的行为。为达到这个目标,其关键环节在于:首先,要建立起有效的法律、法规体系;

其次，要有相应的处理、储存和处置设施以及危险废物再利用的能力。通常情况下，发展中国家往往没有有效的管理激励机制，政府也不愿意投资于昂贵的废物处理处置设施建设，因而没有相应的设施，即使管理法规体系健全，也不能达到有效的管理目标。所以管理过程中有效的法规和相应的处理处置和利用设施是有效管理的必要前提。此外，处理处置资金的筹集也十分重要。

5.2.2.1 发展适当管理模式

任何政府部门都不可能完全做到连续监控废物管理设施，并能随时发现各种违规行为。但是，管理的具体模式必须保证能得到公众的信任，并能促使其积极地参与危险废物的管理。通常由国家与社会相结合来具体实施管理行为，即由国家的危险废物管理部门同社会各个行业的废物产生部门、废物的处理处置部门共同协作来实施危险废物的环境无害化管理。目前大多数国家普遍实行危险废物跟踪管理，即废物每发生一次转移都必须由废物提供者填写危险废物转移报告单。

5.2.2.2 明确管理权威机构

危险废物不仅要有完善的法律法规和指导原则，同时还需要有值得信赖而且具有经验和能力的政府部门来实施管理。国家和地方部门都应该有不同职责，分别代表在国家、省或地方层次上规划、实施管理计划的责任。国家、省、市都应有相当数量的专业人员负责危险废物管理工作，国内部分省市成立固体废物管理中心是一项比较好的实践，对危险废物的污染防治在一定区域范围内实施统一监督管理，统筹管理区域内危险废物的产生、收集、储存、运输、综合利用、处理和处置工作。

5.2.2.3 从源头上管理和环境审计管理

管理的首要环节是废物的产生环节。在源头管理，也就是要求在生产设计过程中通过工艺改进等方法，一方面降低废物毒性，另一方面有利于减少最终处置的废物量。对于环境管理部门，则主要通过环境审计制度来正确引导废物产生者的行为。通过识别、确定和描述废物流，即各种废物的产生量以及产生这种废物的生产环节，对企业削减和循环利用废物的能力做出评估，在物料平衡分析的基础上提出可能的污染防治对策，促进危险废物的最小量化管理。建立了有效的管理体系，明确了管理权威机构，确定了合理的发展模式，管理工作开始逐级分步开展。

对于危险废物的源头管理，要求从产品的生产设计入手，采取一些有效措施。生产者在生产过程中选择无毒、低毒、无污染或少污染的原料、材料、零部件、物资。对于产品采取环境友好的设计，通过优化设计简化产品结构、减少零件数目，最终达到降低产品成本、缩短开发周期和提高产品质量的目的，减少危险废物的产生量。另外，通过面向拆卸设计，对于多种不同材料组合的复杂产品，研究如何设计产品才能高效率、低成本地进行组件、零件的拆卸以及材料的分类拆卸，以便回收及重新使用。主要手段有设计更容易拆卸的产品、设计最佳的拆卸系统，以便将其中的危险废物部件能够从普通废物中分离出来。此外，采用面向循环设计，实施全生命周期评估，对于必需的不可替代的危险原料选择易于使其循环的工艺技术，可以促进危险废物的循环使用。对已有产品进行生态设计，进行局部改进和整体改进，在产品概念和生产工艺基本不变的情况下更换部分属于有毒有害的原材料、增加污染治理或节能装置；或者对产品实施整体改进，改变产品的成分（主要指原材料）、结构和工艺，如以无汞电池替代含汞电池，机械的各部件之间以可拆卸方式连接替代原来的焊接，各部件以单一材料替代复合材料，以废物或废水为生产原料等来减少危险废物的产生等。在产品的生产和使用过程中采用清洁的能源。充分利用先进技术，结合技术革新和技术创造，淘汰原料耗费大、污染严重的工艺和设备。

5.2.2.4　分类管理

对于已经产生的危险废物，应尽可能根据废物产生的数量、种类和性质分类管理。分类管理是防止危险废物扩散的前提。同时，由于危险废物的特性因种类而各异，所以必须采取相应的防治措施，特别是对具有不相同性质的危险废物，如不适当地进行混合收集、储存、处置，非但不能防治污染，反而可能加重危害。

通过排污申报登记可以初步掌握危险废物的现状。建立危险废物的排污申报登记计算机动态管理系统，可以帮助全面掌握危险废物的产生、排放、综合利用及储存、处置状况。

5.2.2.5 处理处置的许可管理

通常情况下，危险废物的处理处置管理应首先由政府等制定废物处理处置计划和方案，规划处理处置设施的兴建和设施的设置地点、数量、规模、处理方法、环境保护措施等。然后由具体的企业来具体处理处置危险废物。废物产生企业必须制定减少、处理废物的计划，防止废物排放。废物处理计划和方案需要确定废物产生限量值、废物监测、回收利用措施、不能回收利用的废物的处理处置措施等。专门处理机构则具体确定处理方案、措施、规模、数量、种类等。一般情况下，应由专门的处理处置机构处理危险废物，禁止废物产生者、所有者自行处理处置。废物处理机构属于独立法人，大部分是以国家投资为主组成的有限公司，亦可允许私人设立处理处置公司。不论何种性质和形式的危险废物收集、运输、储存、处理处置机构和设施均须获得许可。

对产生危险废物而又无能力且不愿委托其他单位进行处理处置的，可通过行政手段，迫使其交纳处理费用进行委托处理，实施危险废物处置行政代执行制度。

5.2.2.6　交换过程的管理

一个行业或企业产生的危险废物可能成为另一个行业或企业的原料。因此，许多国家都建立了危险废物交换体系，以最大限度实现危险废物的再循环。

为实施危险废物交换，首先建立废物的交易所。建立交易所后，可以由各危险废物交换组织，包括各种经济联合会、行业公会、其他社团和部分官方机构，如城市公共卫生协会、矿区居民联合会、回收利用者联合会等进行废物交易活动，一定区域内设立的废物处理中心和收集站也可以进行危险废物的交易活动。同时应建立有效全面的危险废物交换信息系统，方便快捷地联系各个处理处置和利用单位，给废物的交换提供信息的便利。

废物交换有效实施的关键在于废物交换系统的组织机构和情报系统。可以通过会员之间联络以及报刊等方式介绍各种危险废物的供求情况，各地协会将各地情报汇总交工商协会汇编成目录，广为散发。各企业可向各自加入的行业分会提出供求废物的请求，由行业分会负责联络。废物交易所公布所收集到的情况(包括废物名称、种类、数量、产生者和收集者情况等)，供各企业利用。有时，各种废物处理机构和回收利用企业也建立废物处理数据库或废物回收利用情报系统。目前，欧盟各国以及美国、日本等许多发达国家都建立了废物交换组织，实行废物交换系统。

5.2.2.7　处理处置的管理

处理、储存、处置危险废物，必须先对废物进行鉴别，按统一表格填写检验书。对接收的废物登记内容，包括种类、性质、来源、数量、接收设施、接收经手人等。然后按照废物的类别和性质选择合理的废物处理处置措施。通常情况下，在废物产生地就近处理处置比较经济。

而对于产生量不大、可以相容的危险废物要求进行集中处理处置。大企业所建的危险废物处理处置厂可以有偿地为中小企业服务，区域性的危险废物处理处置中心供危险废物产生者有偿使用。此外，安全填埋处置是危险废物综合管理的一个重要环节。危险废物如果不能进行利用，就要对其进行最终的安全填埋处理，防止其对环境造成污染。目前，大多数国家对于填埋处置都有一定的要求。一般液态废物必须经过适当预处理(脱水、固化、稳定化等)才能进入危险废物填埋场。很多填埋场都对某些重金属进行了控制，如镉、铬、铜、铅、锌等。此外，提出控制要求的还包括酸性废物，这是由于酸性废物腐蚀性极强，如果直接填埋易引起火灾；同时酸性废物还会发生化学反应产生有毒气体。含有砷、硒、锑、汞、酚等的废物也是填埋处置中限制的物质。

5.2.2.8　越境转移管理

为了控制危险废物的越境转移，大部分国家都制定了自己的法规。《控制危险废物越境转移及其处置的巴塞尔公约》的缔约方按照公约的有关规定，应禁止在未征得进口国同意的情况下向其他缔约方出口危险废物。如果认为某种废物不能得到环境无害管理，缔约方应防止此类废物的进口，也不得向包括非缔约方在内的国家出口该类危险废物。

5.3 危险废物的回收与处理技术

由于危险废物资源化是固体废物管理的重要原则之一，因此对已经产生的危险废物应首先考虑回收利用，减少后续处理处置的负荷。回收利用过程应达到国家和地方的法律法规的要求，避免二次污染。对生产过程中产生的危险废物，推行系统内的回收利用；对系统内无法回收利用的危险废物，通过系统外的危险废物交换、物质转化、再加工、能量转化等措施实现回收利用。

国家和地方各级政府应通过经济和其他政策措施鼓励企业对已经产生的危险废物进行回收利用，实现危险废物的资源化。国家鼓励危险废物回收利用技术的研究与开发，逐步提高危险废物回收利用技术和装备水平，积极推广技术可行、经济适用的危险废物回收利用技术。

5.3.1 危险废物的回收方法

5.3.1.1 危险废物活性炭吸附回收方法

活性炭可除去废气中的有毒气体和固体灰尘，可除去废液中的某些有毒及发臭的物质，可除去空气中飘浮的灰尘。可以用于危险废物填埋场、焚烧厂和综合利用厂的水处理，也可以用于固体废物和危险废物焚烧厂的烟气处理。对某些类型的危险废物还可以利用活性炭吸附进行有用成分的回收和分离。

采用活性炭吸附法可以去除液态或气态流体中的各种污染物。虽然有些无机物也能被有效吸附，但最常用的还是用来去除有机物。相对来说，该工艺的特定性不强，能广泛应用于对化学组成不完全了解的流体的处理。普通处理应用包括地下水处理系统、工业废水处理系统和空气污染控制系统。大多数炭吸附体系利用颗粒状活性炭(GAC)流过柱反应器。设计合理的系统不仅效率高，而且操作简单。粉末状活性炭(PAC)可以添加到现有的处理工艺或单独用于泥浆反应器中。在应用中，一般通过热再生工艺去除活性炭吸附的有机污染物。对于废液流量比较小的处理系统，再生的价值不大，使用过的炭一般被简单处理。通过非破坏性的再生过程，活性炭也可用于化学回收与浓缩。

(1) 吸附机理

流体(气相或液相)分子与固体吸附剂分子之间存在着各种引力，这些力都来源于原子核与电子之间的电磁作用。传统上把这些作用力粗略地分为三种：物理、化学及静电作用。物理吸附源自范德华力——电子在轨道上运动产生的比较微弱的相互作用力。化学吸附涉及特殊表面点与溶质分子之间的电子相互作用，这种作用导致化学键的形成——有实际化学键的所有特征。化学吸附的吸附能比物理吸附强。化学和物理吸附都源自静电作用，静电吸附受离子与带电荷官能团之间的库仑引力的束缚。对于液相溶液，必须考虑溶液本身的性质，即溶剂溶解溶质能力的限度。溶质与溶剂的化学不相容产生了疏溶剂的作用力，这些力可能与使溶质从溶液中分离出来的热力学梯度有关。这就产生了吸附能，这个吸附能实际上高于单一的表面反应能，而且在极端情况下基本与固体性质的特性无关。例如，在水溶液中，大多数非极性有机分子易于吸附到任何可接触到的固体表面，这个表面通常标记为疏水键。

(2) 吸附平衡

为了把吸附作用应用于废物处理过程，需要了解平衡状态随体系条件变化而变化的情况。吸附平衡关系，即被吸附化合物在两相中浓度关系，通常用等温线来表示。

其优点是直观，而且所作的估计在多数情况下是可接受的。实际上，吸附等温线与相应的浓度、其他可吸附物质的存在、溶剂性质、温度及采用的实验方法都有很大的关系。因此设计吸附剂前需要用实际处理的废液在接近实际体系的实验条件下作出吸附等温线。

(3) 吸附动力学

吸附工艺包括三个步骤：第一步，被吸附物分子从流体中转移到活性炭的外表，可以用"表面膜"和水力学分界层描述环绕在颗粒物周围的流体中分子的移动情况；第二步，被吸附物从炭颗粒的外表通过空隙进入吸附点（只有小部分溶质被吸附在炭颗粒的外表面）；第三步，通过转移过程，分子真正被吸附在内表面。最后一步不受速率限制，因此吸附可以看成两步有固定次序的物质转移过程。膜转移和内部扩散的相关性与被吸附物和吸附剂的性质有关。估算质量转移参数也是很主要的过程，该过程包括几个相关实验和一些复杂的计算机模型，通过该过程能够获得有用的结果。例如，膜转移控制系统有利于液相的进一步混合，但是，在内部扩散控制体系中则不希望有任何不同。

5.3.1.2 危险废物的蒸馏回收技术

蒸馏是实现物质从固液混合物中与液体分离的一个重要手段，在某些情况下也可用于从固体中分离某些物质，如高温真空辅助蒸馏。基本的蒸馏包括给液体混合物加热、混合物的一部分被蒸发、蒸发出来的成分去除热量。被冷凝的蒸气叫做馏分，馏分中含有较多的挥发性强的成分，而未能蒸发的成分含有较多的挥发性差的物质。商业化蒸馏包含多个步骤，可以得到比单一蒸发和冷凝操作更丰富的馏分。

(1) 蒸馏原理

简单蒸馏，是用一步平衡得到分离物，操作可以是间断的，也可以连续的。简单连续蒸馏（也叫做闪蒸）是将被分离的混合物连续进料，使之进入平衡阶段，离开这个阶段的液体和蒸气处于平衡状态。闪蒸能满足组分分离的要求。简单蒸馏中成分的分离受热力学因素的限制，为了提高分离效率，就需要多步蒸馏。在蒸馏塔设计中把冷凝后的部分顶部蒸气回流到塔顶,这部分的回流液体与从塔底部升起的蒸气充分接触,达到多步平衡。一般用塔板或填充塔提供必需的气-液传质界面。给定系统结构的组分分离程度由运行条件、平衡步骤及回流量等条件决定。

(2) 蒸馏的局限性

由于内在的热力学制约因素,蒸馏是一个应用上受许多实际因素限制的复杂过程。第一,蒸馏工艺设备及辅助设备一般比较庞大;第二,设备昂贵,成本回收费用成为产品回收费用的主要部分;第三,蒸馏设备通常很复杂。

蒸馏方法处理对废物的物理形态和化学性质有一些重要的限制。进入连续蒸馏塔的蒸馏物必须能够自由流动,所含固体可以忽略不计。固体物质会严重堵塞或腐蚀蒸馏塔,如果废物中含有固体或高浓度液体,需要进行预处理。然而,有些自由流动的液体也不能用蒸馏法处理,如有机过氧化物及大多数无机物等。能够聚合的物质同样会造成运行困难。

可以通过蒸馏方法去除或回收挥发性物质的最适合的危险废物是液态有机物,包括有机溶剂和有机卤化物。能用蒸馏方法处理的典型工业废物包括以下几种:含有一种有机成分的电镀废液;乙基苯-苯乙烯混合物;含有酮、乙醇及芳香烃化合物的废溶剂;通常能够被蒸发的有机溶剂和能够被蒸馏的有机蒸气;含有酚的水溶液废物;含有抗生素(青霉素)生产过程中产生的醋酸丁酯的废物;含有亚甲基氯化物的废液;废润滑油。

5.3.1.3 *危险废物的电解回收技术*

电解回收技术主要用于从加工废水和清洗水中回收金属。这些金属在废水排放之前必须去除或回收,以满足环境法规对废水排放的限制要求,或是为了经济利益而回收。虽然该技术开始用于采矿工业的精炼矿石,但是也可以更广泛地用于电镀、轧钢厂及电子工业的废物处理。电解回收技术以导电电极(阴极和阳极)表面发生氧化-还原反应为基础。电极浸泡在化学介质中,在阴极,金属离子被还原成单质,同时在阳极放出氧气、氢气、氯气等气体物质。阳极产生的气体取决于介质的化学成分。氰化物等溶解物质一般在阳极被氧化。

该技术成本费用、运行费用、维护费用一般比较低,特别是与其他工艺的费用相比,该工艺一般在一年或几年后,就可盈利。

该技术可用于回收金、银、铜、镍、镍铁合金、镁及其他金属。电解技术最普遍的应用之一就是从硫酸铜溶液中回收铜。采矿工业采用电解技术精炼矿石。目前,该技术更广泛地用于电镀、轧钢厂、印刷电路板的生产及金属镀膜等工艺中排出的废物处理中。电解技术也可用于从晶体及其污泥中回收金属,使加工用的溶液得到再生。张春丽等研究了从含镍废渣中电解回收金属镍的工作原理、阳极的组成及其稳定性,确定了最佳电解参数。结果表明,用电解法可以以较高的电流密度和电流效率回收质量良好的金属镍。但是,由于镍氰化物的低标准还原电位和稳定性常数，电解技术还不能用于回收含氰化镍的溶液或废物中的镍。

电解回收技术的优点主要有：① 回收有价值的金属，可以回用或出售；② 可以减少或去除排放物的有毒金属；③ 最初的投资低；④ 运行费用低；⑤ 装置维护少。缺点是金属的回收在实际上行不通。

5.3.1.4 危险废物的溶剂萃取技术

溶剂萃取是溶液与对杂质有更高亲和力的另一种互不相溶的液体相接触，使其中某种成分分离出来的过程。这种分离可以是由于两种溶剂之间溶解度不同或是发生了某种化学反应而发生。实际上，萃取操作包括单级混合和澄清装置、多级串联混合器和澄清器(或单级串联装置)、萃取设备(如萃取塔或差速离心器)。溶剂萃取过程中溶于萃取相中的萃取剂(已去除杂质)常需回收利用，因为回收利用比一次性使用要经济得多。仅有极少数情况，溶剂无需回收利用，萃余水相中的溶剂可随水直接排放，对周围环境无害。或是溶剂比较价廉，则也无需进行溶剂回收。

溶剂萃取的最终结果是原溶液被分为两部分：萃取过的液体(残液)和含溶质的液体(可能含少量水和溶剂)。由于回收的溶质常被再次利用作为产品出售，或作深度处理处置，所以溶剂萃取也可看做是一个回收的过程。一般萃取过程包括两个基本步骤：萃取、从残液中回收溶剂、反萃取。整个过程可以连续操作。第一步，萃取。废水和溶剂充分接触，使溶质转移到溶剂中。萃取器是一种混合澄清装置，废水和溶剂在萃取器中经搅拌充分混合，澄清后分离成两个液相。萃取器也可以是一种萃取塔，两相由于密度的差异在塔内逆流接触。第二步，溶剂回收。萃取过程产生净化液(或残液)以及萃取液(或含溶质的溶剂)两个液相，这两种液体都含有萃取剂，需进一步处理以去除或回收溶剂和溶质。如果溶剂损失使费用大大提高，或给残液的排放带来问题，那么，萃取残液中的溶剂就需回收。去除溶剂可用解析、蒸馏或吸附的办法。对萃取液或含有溶质的溶剂可以进行处理，以回收溶剂并去除溶质。具体的方法可以通过两次溶剂萃取、蒸馏或其他一些方法。

溶剂萃取应看做是一个废水浓缩处理、选择、分离的过程，分离过程回收的物质能够补偿萃取过程的费用。用溶剂萃取法处理高浓度废水时，几乎不可能获得可直接排入地表水的处理液(萃取残液)，因此，需要作进一步处理。从经济上讲，处理大量的低浓度废水，溶剂萃取法远不及生化处理法或吸附法。回收中等至低浓度废水中的挥发性溶质时，溶剂萃取法难以与气提法相比。溶剂萃取是一个物理分离过程，是由一个液相到另一个液相的传质过程，在这个传质过程中物质的化学性质不变。这种传质过程可根据不同原因实现，例如从不纯的溶液中分离出有用成分或进行成分浓缩。在废物处置领域，溶剂萃取通常是液-液萃取。

(1) 溶剂萃取的原理

溶剂萃取是一个热力学过程，体系性质依赖于进料和溶剂接触后在组分和相之间建立的平衡关系。这些关系可由三相图推导得出。最简单的例子是要分离的组分 C 必须在溶剂 S 和进料 F 中全部溶解，但是溶剂和进料之间的互溶性却很差。当 F 液中相当稀的组分 C 与纯 S 平衡时，两相体系将产生提取相和萃余相。C 在两相中的分离系数（或分配系数）定义如下。

$$K_C = \frac{X_{CS}}{X_{CF}}$$

式中，X_{CS}——提取相中 C 的质量分数；

X_{CF}——萃余相中 C 的质量分数。

分配系数受浓度、温度和压力的影响，分配系数定义为萃取组分由进料到溶剂中传输范围的极限值。分配系数越高，完成物质提取所需要的溶剂越少，接触面积越小。其他方面的溶剂性质包括以下几点。

① 高选择性：选择性定义为 K_C/K_F，这个比例说明要萃取传输的程度。如果 $K_C/K_F=1$，则提取相与萃余液中组分相等，没有分离发生。因此萃取工艺要求 $K_C/K_F>1$，并且越大越好。

② 转移组分的高饱和溶解度：高饱和溶解度指溶剂在达到饱和之前尽可能多地溶解萃取组分的能力。

③ 进料中溶剂的低溶解性：主要是出于经济或环境的原因，萃余液在排放之前应先除去溶剂，提取相通常价钱较高，需要回收。

（2）溶剂萃取在废物处理中的应用

溶剂萃取在原理上是一种从水溶液、有机溶液（液-液萃取）、浆料或固体混合物（浸出）中选择性地物理分离废物的过程。在使用中，必须选择一种符合上述标准的溶剂。这对于实际的废物处理是比较困难的，所以实际很少用溶剂萃取进行危险废物和废水的处理。目前在危险废物处理中的应用有：

① 从变压器油中去除 PCBs：Union Carbide 集团发明了一种从矿物和其他油中溶剂萃取去除 PCBs 的方法。在试验工厂中选择的溶剂为具有高分配系数的 N，N-二甲基甲酰胺（DMF）。试验工厂中有两个直径为 10 cm、长度为 4.6 m 的逆流萃取柱。萃取后油中的 PCBs 可以从 300×10^{-6}降到 50×10^{-6}以下。

② 从污泥中去除水和油：许多金属加工厂、石油提炼厂和其他工厂都会产生油性污泥，溶剂萃取是一种非常适宜的用来提取其中的油并使污泥干燥的方法。

③ 从土壤中浸出污染物：溶剂浸出在从矿物中分离和富集金属元素工艺中大量使用，尽管细节可能有些不同，但从土壤中浸出金属离子与前者的原理完全相同。土壤中的铅水平可以从 4%～5%降到 100×10^{-6}以下。估计费用在每吨土壤 100～2 000 美元之间。

（3）溶剂萃取工艺应用中需要考虑的几个问题

① 工艺设计和操作：溶剂萃取工艺有四个基本组成：溶剂-进料接触；提取相

和萃余液分离；提取相处理；萃余液分离。现在许多设备都可以使溶剂和进料更加紧密地接触。可以将体系由单一混合变成更精细的多层柱状萃取。萃取仪器设计中要考虑到提取相和萃余相的分离。提取相通常要进行进一步处理。在大多数实际操作中，从工艺经济学考虑，要求溶剂在重返萃取设备时要进行净化处理。在很多情况下从进料中去除的污染物依然具有经济价值，并且回收会强烈影响到溶剂萃取选择。溶剂和污染物分离有许多方法，主要依赖于萃取剂和其组成的物理和化学性质。例如蒸馏操作可以用于从挥发性低的污染物中分离挥发性的溶剂。溶剂萃取工艺中的萃余液通常含有大量值得回收的高含量的溶剂。汽提有时是较好的提取方法。在回收不可行的情况下，残余液在未经进一步处理之前是不允许直接排放的。可能的处理方法包括活性炭吸附、活性污泥或其他生物方法、汽提等。

② 能源及材料要求：与其他方法，例如蒸馏相比，溶剂萃取的一个优点就是低能耗。对于溶剂萃取，作为一个独立的操作单元，能量需求通常限于使进料和溶剂流动的泵体、搅动及柱搅拌等操作。然而，一个溶剂萃取体系通常也包括溶剂和污染物从提取相中回收，以及萃余液中溶剂的回收或去除，有时还包括蒸馏和提取等二次操作，这时所需的额外蒸汽和电能是比较多的。

③ 工艺效率：从进料到溶剂的传质动力学来说，工艺效率很大程度上依赖于进料和溶剂之间污染物的分配系数。可以通过增加溶剂/进料比，以及采用多级提取工艺来提高污染物的转移效率。显然，工艺效率也非常依赖于溶剂的选择，而且也受温度和压力的影响。后者对超临界和近临界萃取影响更为显著。

④ 排放物及残余物的管理：溶剂萃取可完全作为一个封闭体系进行操作。排出物有两类：提取相和萃余液。在系统设计中毫无疑问包括如何处理这些排放物。提取相通常进行处理以回收有价值材料，但在某些情况下，可作为燃料烧掉或仅是焚毁。萃余液通常是水溶液，可以在排放之前根据需要进行适当处理。

⑤ 回收考虑：通常来说，溶剂萃取工艺在从进料中回收比较有价值的成分时，相对其他方法非常有吸引力。

⑥ 安全考虑：溶液萃取工艺中首要的健康和安全考虑是溶剂的毒性和易燃性。在任何体系中，萃取仪器和其他辅助设备的构成材料必须同与其相接触的溶剂、进料、提取相和萃余相匹配，所用设备要安全无泄漏。超临界流体或近临界流体萃取有高压操作带来的额外的安全问题。利用CO_2进行临界流体提取的好处在于“溶剂”是惰性的、无毒的。

5.3.1.5 危险废物的薄膜蒸发技术

在从危险废物中去除挥发性有机质的预处理过程中，对于那些可能淤塞或堵塞传统蒸发器的废物，或是处理本身需要在低压下进行，都可以考虑利用薄膜搅拌式蒸发工艺进行处理。当然，诸如浆状、泥状或是一些黏性废物等，不能被闪蒸器、落片式蒸发器、强制循环蒸发器、分裂蒸馏塔或是其他传统设备处理，都可以非常成功地用薄膜搅拌式蒸发器处理或重新提取。

这种设备的独特性能并不是薄膜本身带来的(上升和下降薄片式蒸发器也使用这种液体薄层),而是产生薄层并搅动的搅拌装置带来的。这种搅拌装置能够处理高黏性的液体和有悬浮固体颗粒的液体。对传热层的搅拌不仅提高了传热能力,而且也能使那些固体悬浮颗粒或沉淀物保持在易于处理的悬浮状态,从而防止或减少对传热表层的污损和破坏。

薄膜式蒸发器能够用来从废物流中除去或是回收有机物质。蒸发器底部的挥发性物质的量会比进料的量少,这是因为浓度减少或是体积本身减少了(也可能两者都有)。薄膜式蒸发器可以选择性地从水和有机质的混合物中把水分离出去(如果有机物沸点高),从而提高了蒸发器底部物质的单位热值。这样,可以更容易地将其焚烧处理。当然,薄膜式蒸发器也可以选择性地把有机质分离出来(这些有机质都是低燃点的),以利于回收或是焚烧。薄膜式蒸发器可以用来回收一些高燃点、高溶解度的溶剂,例如乙二醇,而且不用在回收的产品中加水。

一些来自于化学工业、塑料制品工业、电子工业和药品生产工业的危险废物可以用薄膜式蒸发器处理。卤化物和非卤化物都可以用乙醇、酮、酯、乙二醇、醚、芳香烃、石油醚、氟利昂和一些其他特殊溶剂来提取。蒸馏底液、使用过的润滑油、残渣、废弃油漆和墨水都可以在薄膜式蒸发器中处理。

薄膜式蒸发器不能较好地处理对热极度敏感的物质和极度黏稠的物质。而且,还需要一个过滤器滤去那些与转子尺寸相当的废物中的固体。

5.3.2　危险废物的处理技术

即使技术发展到很高水平,在工业生产和废物管理的过程,特别是废水废气治理过程中,仍然会产生不同数量和状态的危险废物,包括半固体状的残渣、污泥和浓缩液等,必须加以无害化处理,在处置时方能做到无害化。所采用的处理方法包括物理技术、化学技术、生物技术及混合技术。

物理处理技术包括各种相分离及固化法。最普通的相分离法有蓄液池储存分离技术、污泥在干化床中的干化技术、在储存槽延长储存时间的分离技术等,这三种方法均与重力沉降有关。固化稳定化技术是最常用的物理化学技术之一。将危险废物变成高度不溶性的稳定物质,这就是固化或稳定化。固化或稳定化是一种将废物与能聚结成固体的材料混合,从而将废物捕获或者固定在这个固体结构中的技术。虽然固化和稳定化这两个专业术语通常是可以相互通用的,但在控制废物方面它们代表着不同的概念。固化是在危险废物中添加固体剂,使其转变为不可流动固体或形成紧密固体的过程。固化的产物是结构完整的密实固体,这种固体可以以方便的尺寸进行运输,而无需任何辅助容器。稳定化是将有毒有害污染物转变为低溶解性、低迁移性及低毒性物质的过程。

化学处理法是将危险废物完全分解成无毒气体,另一种更常见的是用来改变废物的化学性质(例如降低水溶性或中和其酸碱性)。常用的化学处理技术包括化学氧化、沉淀及絮凝、沉降、重金属沉淀、化学还原、中和、油水分离、溶剂脱料回收等。

有毒有害废水虽然所含的有毒有害化学物质浓度高,常会杀死微生物,但有时仍适宜用生物法处理。生物处理可用于石油精炼、工业有机化学品、木材防腐、石油生产、塑料废料和油池以及同类产品生产过程中产生的废水和液态危险废物。在生物处理系统中添加营养成分将工业废水和生活废水共同处理的方法在实践中已经得到了成功的应用。农业中也常利用表土中的天然活性微生物来降解有机化学品,特别是油状废物。堆肥也可以用于降解某些化学品。由于危险废物的有毒有害特性,故生物处理技术的应用范围受到了一定的限制。

5.3.2.1 *危险废物的物理处理技术*

危险废物在最终处置之前可以用多种不同的处理技术进行处理,其目的都是改变废物的物理化学性质,如减容、固定有毒成分和解毒等。处理某种废物应选用何种最佳的实用方法取决于许多因素,这些因素包括处理或处置装置的有效性及适用性、安全标准和成本等因素。物理处理技术是通过浓缩或相变化改变危险废物的形态,使之成为便于运输、储存、利用或处置的形态。从某种意义上讲,固化法也是物理处理技术的一种。最普通的相分离法有蓄液池储放、污泥在干化床中干化以及在储存槽中延长储存时间等,这三种方法均与重力沉降有关,前两种方法还允许借助于倾析、排水及蒸发过程除去液体。大部分有机质可以在合适的焚烧炉中进行焚烧,避免污染环境。蓄液池及储存槽广泛用于从混合废物中分离油和水,有的接着再用破乳剂进行处理,偶尔也在储存槽中与加热组合使用,该过程中将油回收后燃烧产生的热量用于储存槽的加热。

物理处理技术涉及到的方法包括压实、破碎、分选、增稠、吸附、萃取等,主要作为对废物进行资源回收或最终处置前的预处理。

5.3.2.2 *危险废物的化学处理技术*

化学处理法是将危险废物完全分解成无毒气体,或者用来改变废物的化学性质(例如降低水溶性或中和其酸碱性)的技术。

虽然上述过程很有效,但在有大量废物需要加以处理的场合,也可用其他方法。电解法就是其中的一种,如将电流通入含氯离子的氰化物水溶液中。化学处理法是应用最为广泛、最为有效的方法之一。常用的化学处理技术包括沉淀及絮凝、沉降、化学氧化、重金属沉淀、化学还原、中和、溶剂/燃料回收、油水分离等。

(1) 沉淀及絮凝

沉淀是一种物理化学过程,在这个过程中某种或所有渗液中的物质转变成固相。沉淀过程是以改变影响无机类物质溶解度的化学平衡关系为基础的。在废水处理中,以氢氧化物或硫化物形式去除金属是最常见的沉淀方法。通常将石灰或

硫化钠连同絮凝剂一起加入到快速混合槽内的废水中，一种氢氧化物沉淀的简单方程式可以表示为

$$M^{2+}+2OH^{-}=M(OH)_2$$

用过量的硫化钠来沉淀废水中的金属(M)污染物，其反应式可表示为：

$$Na_2S+MSO_4=MS+Na_2SO_4$$

加入絮凝剂后，废水流入一絮凝槽中，在絮凝槽中进行适当的搅拌，并保持一定时间使沉淀颗粒凝聚，凝聚后的颗粒在沉淀池中沉降或再用其他物理方法(如过滤)从液相中分离出来。絮凝是悬浮于液态介质中的微小、不沉降的微粒凝聚成较大、更易沉降的颗粒的过程。絮凝过程的机理中包含着表面化学和粒子改变现象。简单说来，这些现象可归纳为两个连续的过程。第一步是产生必不可少的与表面有关的力，使其在化学上失稳，这使微粒在接触时能粘在一起；第二步是在不排斥粒子间的化学桥链和物理结网的情况下形成大颗粒。絮凝过程包括：在废水中加入絮凝剂、快速搅拌使絮凝剂分散、缓慢而平稳地搅拌使小颗粒之间相互接触。

典型的用于絮凝过程的化学品有明矾、石灰、各种铁盐(三氯化铁、硫酸亚铁)以及通常称之为“聚合电解质”的有机絮凝剂。这些有机絮凝剂一般含有长链、水溶性聚合物，如聚丙烯酰胺。这些絮凝剂可以与无机絮凝剂(如明矾)混合使用，或作为主要絮凝剂。聚合电解质根据其离子团的种类可分为阳离子型、阴离子型或两性型；或者不含离子团，则称之为非离子型。

无机絮凝剂如明矾、石灰或铁盐可用于沉淀反应。典型的是明矾以溶液方式加入到废水中，经搅拌，pH 稍高的废水使明矾水解并生成蓬松的胶状氢氧化铝。这些沉淀物，由于表面积大，故可使小颗粒结网面形成大颗粒。石灰和铁盐也有形成大的蓬松沉淀物或“絮凝体”颗粒的倾向。但许多沉淀反应不易形成絮状颗粒，沉淀物是很细小且比较稳定的胶体粒子。遇到这种情况，就必须加入絮凝剂使之絮凝而沉淀。

(2) 化学氧化

氧化是一个化学反应过程，在这个过程中，一个或多个电子从被氧化的化学物质上转移到引发这种转移过程的化学物质(氧化剂)上。下面介绍一个典型的化学氧化反应。氰化物与氧原子结合时被氧化成氰酸盐，氰离子的氧化态从－1 价升高到＋1 价，高锰酸盐的氧化态从－1 价降到－2 价(高锰酸盐被还原成锰酸盐)。

$$2MnO_4^{-}+CN^{-}+2OH^{-}=2MnO_4^{2-}+CNO^{-}+H_2O$$

氧化态的改变表示电子从氰离子上转移到高锰酸盐上。随着氧化和还原反应按化学当量比同时进行，还原剂化合价增高，氧化剂化合价降低。某些氧化反应易生成二氧化碳(CO_2)。而在其他反应中，氧化往往达不到这种程度，这可能与氧化剂的剂量、反应介质的 pH、氧化剂的氧化能力或生成稳定的中间化合物等因素有关。在处理危险废物的过程中，氧化的主要功用就是解毒，例如，可用氧化剂将氰

化物转化成毒性较低的氰酸盐或完全氧化成二氧化氮或氮气。氧化的第二项功用是保证沉淀完全，如将 Fe^{2+} 氧化成 Fe^{3+} 以及类似的反应，此时在沉淀反应条件下，氧化态较高的物质溶解度较低。氧化剂有很多种，但在用于处理废水时，需对其去除污染物的效率进行专门测定，如果反应产物无毒性，则更需进行这种测定。

(3) 重金属沉淀

电镀废水中通常溶解有各种重金属，如铜、镍或锌。这类废水基本上都是用加入过量消石灰（氢氧化钙）或烧碱（氢氧化钠）的方法，使重金属呈水不溶性化合物沉淀出来。危险废物处理厂处理后的废物一般都是以氢氧化物形式沉淀下来的。氢氧化物污泥可用低 pH 渗滤液浸出，其金属是难于溶出的。处理重金属溶液时其他可用的沉淀剂有硫化钠、硫脲及二硫代碳酸盐，所有这些化合物均能生成不溶性硫化物沉淀。除了某些例外，硫化物沉淀法一般是作为石灰或氢氧化钠初级沉淀之后的最后过程。某些硫化物污泥易被空气氧化，可能会使有毒金属转化成可浸出状态。

(4) 化学还原

铬酸是一种广泛用于金属表面处理及镀铬过程的有腐蚀性的有毒有害化学物质。铬酸在化学上可被还原成毒性较低的三价铬状态。许多化学品均能作为有效的还原剂，其中包括二氧化硫、亚硫酸盐类、酸式亚硫酸盐类以及亚铁盐类。铬酸是一种强氧化剂，也可以用于破坏氰化物废物，同时铬酸被还原成三价铬。虽然此法已用于废物处置工业，但不适用于处理日常的、固有的氰化物。

(5) 中和

工业企业及化学工业会产生大量无机酸水溶液，许多金属处理过程也会产生大量废液，废液中常含有诸如铁、锌、铜、钡、镍、铬、锡及铅等金属，这类废液腐蚀性极强。在它们的腐蚀性造成危害的场合，可能需要将其中和。消石灰是便宜又实用的碱性物质，因此常被用来处理大量废酸。但中和产生的石膏可能是个问题，遇到这种情况，可将石膏过滤后进行填埋。碱性废液也主要来自工业及化工厂，但其组成变化比酸性废液还要复杂，在回收有用物质时要困难得多。碱性废液也可来自石油精炼、油漆厂及洗涤剂专业厂商。除废黏土、催化剂、金属氢氧化物这些固体物外，可能还有酚盐、环烷酸盐、碳酸盐、氰化物、重金属、脂肪类、油类、焦油状物质、天然或合成树脂等。目前看来，只有金属是可以回收的。在需要加酸时，最常用的有硫酸及盐酸。硫酸会生成较多的不溶性沉淀物，因此产生的残渣也会比盐酸多。中和是将酸性或碱性废液的 pH 调至接近中性过程，许多工业会产生酸性或碱性的废水，在很多情况下，酸碱性较强的废水需要进行中和。

溶液呈酸性是 H^+ 浓度增加的结果，同样，呈碱性是 OH^- 浓度增加的结果。水溶液中的酸碱度是用 pH 来定义的。严格地讲，中和是把 pH 调至 7，即溶液中的 H^+ 浓度和 OH^- 浓度相等。当溶液中 OH^- 的浓度高（pH＞7）时，溶液为碱性；

当 H^+ 浓度高（pH<7）时，溶液为酸性。因此将 pH 完全调至 7 通常是不实际的，即使在废水处理中也无此必要。因此，“中和”这个专业术语有时是指将 pH 调至接近中性，即通常将 pH 调至 6～9 的范围。

应根据废水的特性及后处理步骤或用途来选择合适的中和方法。例如，仅将各种废水混合通常不能作为生物处理的预处理或作为生活污水直接排放，在这种情况下，一般还需要化学药剂来调节到适当的 pH。

提高 pH 时最常用的化学品是石灰，降低 pH 时最常用的是硫酸。用石灰石处理酸性废水，成本最低，且使用方便。但用它处理含硫酸盐的废水，效果却不好，因为反应生成的硫酸钙沉淀物覆盖在石灰石上，阻止了反应的进一步进行。烧碱或纯碱虽然价格较高，但可代替石灰石处理含硫酸盐的废水。

（6）溶剂/燃料回收

可燃性有机溶剂通常都是有毒的，其蒸气与空气混合时会发生爆炸。这种废液大多可以回收，实际上经常是在其产生源就进行了回收。如果遇到不能回收的情况，燃烧常常是最合适的处置方法。不可燃的有机溶剂包括由极毒的氯代烃类脱脂剂及油化剥离剂组成的油脂状污泥。虽然这类污泥是不可燃的，但实际上最佳处置方法是在特殊的高温焚烧炉中添加菜油或其他合适的辅助燃料进行焚烧，焚烧炉配备有洗涤设备，以去除焚烧所产生的氯化氢气体。

（7）油水分离

目前，大量含油废液都被倾倒，这种做法不但污染环境，而且浪费资源，因为大部分的有机质是可以在合适的焚烧炉中进行焚烧的（如果有必要，可将水分离后再进行焚烧）。某些废液（如润滑油）尚含有潜在的致癌物，并能污染水源。不过，处理废油绝非易事，如前所述，有些废油可在物理处理工艺中从不溶性混合液上面用机械法除去，但乳化液可能需经过破乳处理。例如，乳化液先用酸式硫酸铝处理，然后再用石灰浆处理，生成一种能吸附油的絮凝物，这种絮凝物可以燃烧。但在大多数情况下，将油回收后再重新使用是有可能的，食品工业中产生的脂肪类乳化液一般都容易破乳，分离出来的脂肪可焚烧，或者在可能的条件下回收利用。

5.3.2.3　固化/稳定化技术

在利用一种特定的技术来稳定废物中的有毒有害物质时，并不是单独利用上述的某一种物理化学方法。在大多数情况下，是综合利用两种以上方法的效果。例如，当用水泥作为稳定剂处理重金属废物时，除有水泥的包容效果以外，还存在着由于高 pH 而导致的重金属离子水解和沉积、一部分重金属离子形成不溶性盐、离子在水泥颗粒表面吸附的过程等。在这些平行的过程中，总是有一种作用在实际上起到了稳定化的主要作用，并根据这个过程进行了技术归类。常用的稳定固化技术包括以下几个方面。

（1）包容固化技术：主要有水泥固化，石灰固化和塑性材料包容技术。

（2）熔融固化技术

（3）自胶结固化技术

（4）药剂稳定化技术

5.4 焚烧

危险废物焚烧处理设施从设计、建造、试烧到正常运行管理都有一套严格的要求。危险废物种类众多，形态各异，成分及特性变化很大，在设计上必须考虑各种各样的废物特性，而以最坏的条件为设计的基准。危险废物焚烧炉的废物进料系统、残渣排放系统和尾气处理系统更为复杂，如果设计不当会造成处理量的降低，或达不到环境保护标准。目前旋转窑（含二次燃烧室）是最主要的危险废物焚烧炉，可以有效处理不同形状、相态的废物。虽然以数量而论，液体注射式焚烧炉最多，但是随着高热值有机废液产生量的逐渐降低，未来液体焚烧炉的需求量会比旋转窑焚烧炉低。流动床及多层床焚烧炉仅适于粒状或污染废物的焚烧，未来需求量有限。水泥或石灰窑可以利用高热值有机废物，以取代部分燃烧，同时达到处理废物的目的，因此已经普遍为欧美水泥业（或石灰业）所接受。挪威已经决定将水泥窑作为处理该国液体废物的主要设备。

5.4.1 危险废物焚烧的一般问题

焚烧指燃烧危险废物使之分解达到无害化的过程，焚烧是一种高温热处理技术，即以一定的过剩空气与被处理的有机废物在焚烧炉内进行氧化燃烧反应，废物中的有毒有害物质在高温下氧化、热解而被破坏，是一种可同时实现废物无害化、减量化、资源化的处置技术。焚烧炉指焚烧危险废物的主体装置。焚烧能力是以焚烧量来表示的，是焚烧炉每小时焚烧危险废物的质量。焚烧过程中也会产生焚烧残余物，包括焚烧危险废物后排出的燃烧残渣、飞灰和经尾气净化装置产生的固态物质。焚烧的主要目的是尽可能焚毁废物，使被焚烧的物质变为无害和最大限度地减容，并尽量减少新污染物质的产生，避免造成二次污染。

废物的焚烧和其他处理方式相比，具有下列四个优点：① 减量。可以减少废物的体积和质量；② 消毒。可以去除有毒有机物、可燃性致病物质或感染性病理废物；③ 二次污染程度低。较其他处理方式二次污染低，而且由于质量大幅减少，残渣经最终处置后所产生的长期性后遗危害及污染低；④ 能量回收。可以利用产生的蒸气，供制造过程供热或发电。

焚烧法不但可以处置固体危险废物，还可以处置液体危险废物和气体危险废物。焚烧适宜处置有机成分多、热值高的废物。当处理可燃有机物组分很少的废物时，需补加大量的燃料，这会使运行费用增高。但如果有条件辅以适当的废热回收装置，则可弥补上述缺点，降低废物焚烧成本，从而使焚烧法获得较好的经济效益。从总体上说，如果危险废物是有机物则可以燃烧。可焚烧的危险废物种类包括废溶剂，废油、油乳化物和油混合物，塑料、橡胶和胶乳废物，医院废物，农药废物，制药废物，精炼废物如酸渣焦油和废黏土，含酚废物，油脂和蜡废物，含卤素、硫、磷、氮化合物的有机废物，被有毒有害化学物质污染的固体物质。

危险废物是否适合焚烧取决于焚烧炉的选择以及另外一个重要限制条件，即气体净化系统，因为处置本身不应当对环境造成危害。含卤素、硫、磷或氮的废物比仅含碳、氢、氧的废物需要更复杂的技术。

焚烧法还可以处置含高浓度有机物的废液。在高温下进行氧化分解，使有机物转化为水、二氧化碳等无害物质。化工厂的高浓度有机废液常采用这种方法进行处理。通常，热值为 10 500 kJ/kg 以上的废液，在有辅助燃料引燃时便能够自燃，但一些废油与水的混合液，在未达到乳化混合时，其热值虽达到 10 500 kJ/kg 以上，还不能燃烧。热值较低的废水由于可燃物比例小，不足以维持焚烧温度，所以往往先浓缩（如用蒸发和蒸馏法）再焚烧或依靠辅助燃料进行焚烧。废液中有机物的质量分数在 10%以上或 COD 大于 300 g/L 时，用焚烧法处理比用其他方法有利。国外使用焚烧法较多，国内因焚烧法处置费用较高，使用还不普遍。不适合焚烧的废物包括有机成分含量很少的废物，或易爆炸的废物和放射性废物。处理低放废物时只要严格控制放射性同位素的排放量也可能安全地焚烧，这些废物包括受低水平放射性污染的衣服、闪烁液、某些医院废物等。

但焚烧也会带来一些空气污染物，在焚烧烟气中常见的空气污染物包括粒状污染物、酸性气体、氮氧化物、重金属、一氧化碳与有机氯化物等。

5.4.2 危险废物的焚烧工艺

焚烧过程通过破坏废物中所含的大部分有机化合物而使危险废物解毒并使废物的体积减小，其固体状残余物都是惰性的。各种有机化合物（含碳、氢，有时还含有其他元素组成的化合物）可在一个幅度很大的温度范围内燃烧，产生二氧化碳、水和各种不完全燃烧的产物，其中某些产物可能比原废物的毒性更强，但这类产物的量较小。某些危险废物中的有机化合物不易燃，它们须在较高温度下才能充分燃烧。因此，为了确保最大限度地破坏废物中的有机化合物，危险废物焚烧炉通常需要保持高温（典型的温度范围为 850～1 300℃），并有充分的停留时间。焚烧炉限制释热，就能量回收而言，不如产汽锅炉效率高。在废物接收、转移和操作期间的管理不当，可能造成危险废物的逃逸性排放，从而对人体健康和环境构成威胁。

5.4.2.1 危险废物的接收

危险废物接受委托处理前，应以废物的特性、本身处理能力为判断的依据，建立一套决策程序，同时取得废物产生者的合作。危险废物的验收步骤必须明确，影响储存及焚烧的主要特性项目必须鉴定。危险废物的分类及储存是以安全性及相容性为准则的。危险废物的卸载、传送及储存区必须配置适当的检测及安全措施。

危险废物焚烧处理主要设备及储存场所应定期检查。焚烧工厂内应装设空气监测系统及监测水井，以监视环境品质。选择焚烧炉的操作条件应以彻底销毁废物所含的有毒有害物质为前提，而且不应超出试烧合格的范围之外。

主要设备的温度、压力、废物输入量、烟囱排气的品质等必须监视，以免操作失常，造成环境的污染及设备的损坏。焚烧炉应定期安排停机检修时间，以确保设备的正常。焚烧工厂应具备紧急应变计划，同时与地方治安机关、环保机关保持良好的关系，同时密切注意环保机构未来工作重点及法规修改的趋势，以便研拟应变及改善措施。

(1) 废物接收限制

每个危险焚烧炉的设计规格及处理对象都有一定的范围，必须建立其接受委托的标准及限制。

① 接受与不接受的废物：接受的危险废物须有废物产生者提供的废物特性表及相关背景资料；废物的运输必须由合格的公司负责；废物的包装及盛装方式必须合乎法律的规定，并在容器上贴附适当的标示。不接受的废物名单包括不属于运营执照许可范围内的危险废物、高压气瓶或液体容器盛装的物质、放射性废物或含放射性物质的废物、爆炸性或振动敏感物质、含汞废物、多氯联苯废物、含有二噁英类的废物、含病毒或病源及感染性废物、空气污染防治设备所收集的飞灰、重金属类废物。

② 须特殊包装的废物：必须密封包装于塑胶或纸桶(桶大小视焚烧炉型式及规模而定)之内的废物主要有：与水接触会产生剧烈反应的废物、与水接触会产生有毒气体或烟雾的废物、氰酸盐或硫化物的含量超过 1%的废物、腐蚀性废物(pH 低于 2 或高于 12.5 者)、含有高浓度刺激性气味物质(如硫酸、硫化物)或挥发性有机物质(例如丙烯酸、醛类、醚类及胺类等)、农药、含可聚合性单体物的废物、强的氧化剂，以及静电涂漆方式产生的漆尘。

(2) 废物接受程序

首先，在接收委托处理之前，应先审阅危险废物的背景及特性鉴定资料，包括废物的质量及运输方式，一般物理特性、化学成分及有毒有害物质含量等，决定是否接受委托。由于焚烧处理的价格与废物的物态、氯含量、水分、灰分及热值有密切的关系，在接受前须分析与价格有关的废物特性。捕热值(19 000 kJ/kg 以上)、流动性的液体可以作为辅助燃料之用，处理价格很低，有时甚至须付费给产生者。价格与水分、灰分及氯的含量成正比，与热值成反比，具特殊性质(爆炸性、剧毒性)的物质的价格更高。审阅决定后，以书面形式通知废物产生者是否决定接受委托处理。如果决定接受处理，则安排议价、签约及运送时间。

其次，废物运到焚烧工厂后，由工厂验收人员依据合约及运输凭单所列的废物类别及名称验收。验收的废物类别及数量亦须详细记录，并依照法律规定保存一定期限。

5.4.2.2 *废物卸载及传送*

废物物态可分为四类：① 流体及流动性污泥；② 桶装废物（液体、污泥或固体）；③ 干燥的散装固体危险废物；④ 潮湿的非流动性污泥。其卸载及输送方式可分为三类。

(1) 流体的卸载及传送

一般流动性液体或污泥可由卡车或火车拖曳的储槽内流出，经唧筒驱动，由管线流入焚烧工厂指定的储槽内。由于有毒有害流体废物的传送及装卸时易产生泼洒、失火或工作人员接触的危险，卸载区的设计及操作步骤应包括下列的安全措施及考虑：卸载前应检查储槽车、卸载区、管线及泵送设备，是否有泄漏现象、火源或充足的光线；工作人员必须配备适当的人体保护设备（手套、面罩、呼吸罩等）；工作人员应明了废物的特性，操作失常时，可迅速撤离现场；卸载区必须装置适当的消防设备及救火器、紧急冲水及清洗眼睛的设备；每条传送管线必须明确标志以避免混淆；卸载区内应装置互锁警示灯及障碍，以避免卸载未完之前卡车驶离现场；卡车拖曳的储槽及传送管线必须安装地线，以避免产生静电，造成易燃或爆炸性蒸气着火；卸载区的排放液应经由特殊的下水道流至排放液储槽，收集后集中处理；卸载区周围必须设置围墙，以避免液体泼洒。

(2) 桶装或容器盛装废物的卸载及传送

除了剧毒性或特殊危险性的物质，大部分废物使用 200 L 的钢桶盛装，少数则使用较小的容器（3.8～113.6 L 不等）。密封实验室包装的塑胶或纸桶的大小不一，但一般送至焚烧处理者，多使用 113.6 L 以下的容器，以便于搬运传送，并且可避免因热值太高，直接送入焚烧炉销毁时影响焚烧炉的正常操作。

桶或容器通常放置于托板之上，以便于运输。一个标准尺寸托板的长度、宽度约 1.2 m，每个托板可放置 4 个直径 0.6 m 的钢桶。卸载时可使用装有可自动升降的机械臂或钢叉的小卡车，先将钢叉插入托板板面及底层之间的空隙中，再将支撑钢桶（或容器）托板的钢叉升高，即可驶至储存处所或放在输送带上。有时亦可使用人工搬运，但是易发生泼洒或受伤。钢桶不得使用转轮式输送器传送，以免桶边口夹入转轮之中。质量低于 110 kg 的桶或容器可使用由直径 4.8 cm 的滚轮组合而成的输送带。

桶装或容器盛装的废物送至储仓后，即可进行分类及分配。除密封实验室包装桶或小型工业包装品可直接送入焚烧炉内销毁外，一般桶装废物都先将桶内液体用真空唧筒吸至小型储槽或混合槽中，然后依其特性（相容性、热值等）送入适当的液体储槽内储存。为了避免挥发性液体蒸气的大量逸出，通常仅打开桶盖上的孔罩即可。

液体已被吸取的桶或不含流动性物质的桶则移至密闭的桶处理室内进行开桶

工作。桶处理室内的空气必须流通，排气口须装活性炭吸附装置，以吸附空气中的挥发性有机物，部分排气亦可吹入焚烧炉中。工作人员必须佩戴防护衣物、手套、面罩，以避免直接接触废物或吸入有毒有害的气体。桶内的半固体、污泥或固体则依其挥发性、物态及热值等特性分别送至适当储槽储存，或直接由输送带、升降机送至焚烧炉的进料漏斗，然后输入炉内焚烧。为了避免桶内挥发性有机物运送时造成空气污染或失火爆炸，桶口宜以塑胶袋覆盖，输送带宜装置于密闭的输送管内。

(3) 散装固体或污泥的卸载及传送

散装固体或污泥是装置在漏斗形状的槽车内的，由火车或卡车运输，槽车必须密闭，以避免危险废物倾洒。卸载方式视废物的物态可以使用重力下落式、气压式、吹气浮动式。卸载的固体或污泥经输送带或螺旋输送器送至储槽内，干燥的粉状或颗粒状固体可以使用气动输送设备，以空气或氮气吹至密闭的储槽门。

5.4.2.3 焚烧处置的污染控制技术

危险废物焚烧炉所产生的空气污染物主要来源于没有完全燃烧的有机组分，以及废物和其他系统带入的某些无机组分的转化产物。另外，从焚烧系统烟囱所产生的蒸气和雾，也是两个需要考虑的有毒有害因素。焚烧系统所释放的有机化合物的量虽然不大，但其中有公众关心的有机毒物。通常焚烧的主要燃烧产物是氧气、二氧化碳和水蒸气。当焚烧的废物含有碳、氢、氧以外的元素时，则生成其他的燃烧产物。

(1) 气态污染物控制技术

由焚烧炉产生的气态污染物的去除系统通常有三类：喷雾塔、填料塔和板式塔。这些系统都是气体吸收的传质设备。

① 喷雾塔：喷雾塔通常是直立式的空心塔。水由高压喷头雾化喷入，气体由塔底进入，与液体成逆流方向流动。除逆流形式外，也可采用并流和错流形式。喷雾塔内，气体可以经由管道通入，也可由导流板导流。液体被喷成液滴。传质过程就发生在液滴表面。液滴越细，越能加强气体的吸收。溶于洗涤液中的污染物，可以通过气体吸收过程而去除。如果处理高温气体，可采用组合喷雾塔。喷雾塔可以由低温材料制成，用于处理低温气体。其进气温度由设备材料最大允许温度决定。

② 填料塔：气态污染物是在填料塔中通过气体吸收过程被去除的。该吸收过程取决于气液的紧密接触程度。填料塔中的空腔填有不定型的填充材料。例如，鞍型填料、环型填料和球型填料。洗涤液由塔顶进入，与气体的流向形式可以是并流、逆流或错流。当液流通过填料床层时，湿润的填充材料为气相物质传质提供了气液接触的表面积。

在危险废物焚烧炉系统中，填料塔是主要的空气污染控制设备。当处理高温的、有腐蚀性的焚烧炉尾气时，可采用组合塔。填料塔也能用低温材料制成。

气体污染物吸收过程中，传质速率与浓度梯度推动力成正比，并且受液体和气体表面阻力的限制。气体吸收的基本设计变量是填料高度、最小液体流速以及穿过填料床的压降。

③ 板式塔：板式塔像所有的湿式洗涤器一样，气态污染物的去除是在气体吸收过程中进行的，即取决于气体和液体的紧密接触程度。通常将板式洗涤器设计成为一个直立圆柱筒形，其中有多个塔板或塔盘。每一层塔板有一定形式的气孔、导流槽或泡罩。洗涤液从塔顶塔板引入，流入下一级塔板。降液管交错安装在塔板的两侧，以保证液体向下流动。洗涤液与吸收的污染物一起从塔底出口流出。焚烧炉燃烧尾气由塔底引入，向上穿过每级塔板上的开孔，由塔顶排出。由于气体有足够的流速.从而可防止液体由塔板上的开孔流下。另外，气体通过塔板的开孔时，将气相破碎为很小的气泡，使其通过每块塔板上的液相，这样可促使气体的吸收。

④ 中和剂的需要量：中和酸性气体所需要的苛性钠的化学计算量为：

$$\text{苛性钠需要量} = 0.11\times w_{ce}(\text{废物中}) + 0.020\,5\times 2w_F(\text{废物中}) + 0.037\,75\times w_P(\text{废物中}) + 0.024\,3\times w_S(\text{废物中})$$

式中，w_{ce}，w_F，w_P，w_S——分别指 Cl、F、P、S 的质量分数(%)。

⑤ 碱洗去除氯气：与苛性碱洗涤器有关的主要问题是腐蚀问题。通常使用碱去除氯气会发生以下反应。

$$2NaOH + Cl_2 = NaCl + NaClO + H_2O$$

形成的次氯酸盐会导致塑料材料的腐蚀。减少腐蚀的途径有降低塔的操作温度和使用特殊材料。

(2) 粒状污染物控制技术

焚烧炉燃烧尾气的粒状污染物控制技术有干式和湿式两种。用于去除颗粒污染物的设备虽然多种多样，但应用广泛的只有几种。干法颗粒物去除设备包括静电除尘器、布袋除尘器。湿法颗粒物去除设备包括文丘里洗涤器、湿式电离洗涤器、湿式静电除尘器。

① 静电除尘器：静电除尘过程(ESP)就是使悬浮在气流中的颗粒带电后从气体中分离出来。具体过程如下：在发射极和收集极上加上足够高的电压，产生放电电晕，气流通过两电极之间时产生气体负离子；悬浮在气体中的颗粒受负离子轰击而带电；在静电力作用下，带电粒子向接地的收集板移动。带电粒子在收集板上中和，收集板经周期性的振打或清灰去除颗粒物。目前主要应用的工业静电除尘器是单接线板式，颗粒的荷电和收集发生在同一级中。两级静电除尘器通常称为静电过滤器，颗粒荷电的收集分别在两级中进行，这种电除尘器通常不用来控制燃烧产生的尘粒排放。

静电除尘器有如下优缺点:收集干尘,低压降,操作费用低,并且能有效去除细微颗粒。当气液经过处理后,再经过静电防尘器,处理效果还可以改善。但是,静电除尘器需要相对较高的设备投资,对进气气流率的变化较敏感,颗粒的电阻率影响除尘器的去除率和经济性。

② 布袋除尘器:布袋除尘是从气流中去除颗粒物质的最古老的方法之一。布袋除尘器由一种可渗透性物质构成,含有颗粒的气体可以通过这种物质。布袋除尘器去除气流中颗粒物质的机理如下所述。

所有的布袋除尘器的操作方式基本上是相同的。含尘气体引入设备并被其中的布管或布袋所过滤。过滤作用通常能将带入的尘粒去除 99%以上。布袋必须定期清灰,去除捕集的物质。根据布袋除尘器的类型不同,清灰的方法和清灰频率也有差异。布袋除尘器的清灰方式分间歇式和连续式两种。间歇式布袋除尘器不能在运行时清灰,因而用于粉尘负荷低和机器不经常运转的情况。间歇式布袋除尘器明显的优点是价格便宜。连续式布袋除尘器比较昂贵,但它能连续运行,并能处理高粉尘负荷。

因为焚烧厂排放的废气为高温且带有水分及酸性的气体,以往较少采用布袋除尘器来去除粒状污染物。但近年来滤布材料有所改进,对于温度、酸碱及磨损的抵抗力均大为增强,例如四氯化乙烯耐热可达 280℃,且耐酸碱性良好,故使用频率愈来愈高。滤布编织的方法包括起毡法及梭织法。布袋除尘器的除尘效果也因滤布编织方法的不同而有差异。起毡法所制造的滤袋单位质量较轻,纤维间隙较大,可供粒状污染物接触面积较多;而梭织法仅将粒状污染物累积于滤布的表面,造成过滤速度较低,收集粒径范围较小。但起毡法仅适用于某些特定材料,且制作过程较复杂,滤布品质较难控制。清洗时需要较多能量,必须小心操作以避免纤维相互纠缠磨损。

③ 文丘里洗涤器:文丘里洗涤器可以有效去除废气中直径小于 2 μm 的粉尘,其除尘效率和静电吸尘器及布袋除尘器相当。由于文丘里洗涤器使用大量的水,可以防止易燃物质着火,并且具有吸收腐蚀性酸气的功能,因此较静电吸尘器及布袋除尘器更适于有毒有害气体的处理。典型的文丘里洗涤器由两个锥体组合而成,锥体交接部分(喉)面积较小,便于气体、液体的加速及混合。废气从顶部进入,和洗涤液相遇,经喉部时,由于截面积缩小,流体的速度增加,产生高度乱流及气液的混合,气体中所夹带的粉尘混入液滴之中,流体通过喉部后,速度降低,再经气水分离器作用,干净气体由顶端排出,而混入液体中的粉尘则随液体由气水分离器底部排出。

文丘里洗涤器按照供水方式可分成非湿式及湿式两种。非湿式文丘里洗涤器中气体和液体在进入喉部前不互相接触,适于低温及湿度高的气体处理,价格较低。湿式文丘里洗涤器中液体从顶部流入,充分浇湿上部锥体内壁,因此气体所夹带的粉尘不易附着在内壁上，适用于高温或夹带粘滞性粉尘的废气的处理。其价格较非湿式昂贵。由于除尘效率和喉部压差有关，因此喉部通常装有调节装置，视气体流量变化而调整，以维持固定的压差及流速。

应用于危险废物焚烧尾气处理的文丘里洗涤器的压差控制在 75～250 kPa。喉部气体流速约在 45～150 m/s，洗涤水使用量为 0.7～3 L/m^3尾气。

文丘里洗涤器体积小，投资及安装费用远较布袋除尘器或静电吸尘器低，是最普通的焚烧尾气除尘设备。由于压差较其他设备高出很多(至少 7.5～19.9 kPa)，因此抽风机的能源使用量也高(抽风机的电能与压差成正比)，同时尚需处理大量废水，运转及维护费用与其他设备相当。

文丘里洗涤器也具酸气吸收作用，其效率约在 50%～70%之间，但无法达到 99%的酸气去除要求，如果焚烧尾气含有酸气时，必须使用吸收塔。

文丘里洗涤器的除尘效率和压差有很大的关系，由于尾气中粉尘许可含量规定越来越低，一般传统文丘里洗涤器的压差必须维持在 200～250 kPa 左右。不仅能量使用高，而且由于喉部流速太高，磨损情况严重，近年内多种改良型式陆续开发出来，其中最普遍为焚烧系统所使用的是水音式洗涤器和撞击式洗涤器。对于撞击式洗涤器，废气由顶部分成两条气流，进入后再在喉部合流。由于高速气流碰撞及喉部加速作用，可以有效分离直径低于 1 μm 的粉尘。

水音式洗涤器是一个由蒸汽映射器驱动的文丘里洗涤塔，蒸汽、水滴、气体及粉尘在喉部混合后，产生剧烈的洗涤作用，水滴和混入水滴中的粉尘进入洗涤器下方扩张部分后，形成大水珠，再经气水分离器作用，和气体分离。其特点是水滴速度大幅度增加，可将 1 μm 左右的粉尘包入水滴之中，加强水滴的凝聚及结合，使气、水得以有效分离，压差容易调节，可视需要大幅增加或减少。使用水音式洗涤器，只需增加蒸汽注射量，即可增加压差及效率，粒子直径小至 0.2 μm 的收集效率亦高达 99%，而其他型式文丘里洗涤器，则必须替换抽风机，并调整喉部的截面积，才可达到较高的效率。

④ 湿式电离洗涤器：湿式电离洗涤器是将静电集尘及湿式洗涤技术结合而发明出来的设备，由一个高压电离器及交流式填料洗涤器所组成。当气体通过电离器时，粉尘会被充电而带负电，带负电的粒子通过洗涤器时，由于静电引力的作用，易与填料或洗涤水滴接触面附着，因此可以由气流中分离出来，附着于填料表面的粉尘粒子随着洗涤水的流动排出。由于填料可以增加气液接触面积，因此酸气或其他有毒有害气体可以被有效吸收。粒子充电的时间很短，但电压强度很高，放电电极本身带负电，集尘板上不断有洗涤水通过，可避免尘垢的堆积。

湿式电离洗涤器不仅可以有效去除直径小于 1 μm 的粉尘粒子，并可同时吸收腐蚀性或有毒有害气体。它的构造简单，设计模组化，主要部分由耐蚀塑胶制成，质量轻，易于安装及运输。湿式电离洗涤器有如下优点：集尘率高、能耗低、防腐性高、气体吸收率高、分别收集作用、效率不受气体流量影响。它的主要缺点为：废水产生量大，必须加以处理；填料之间易受堵塞，尾气中含雾状水滴，必须安装除雾器。

⑤ 湿式静电除尘器：湿式静电除尘器是干式静电除尘器的设计变型。湿式静电除尘器增加了两个主要部件，预调节步骤，在进口部件喷雾，对气流进行冷却、气体吸收和去除粗颗粒。湿润收尘表面，液体连续冲洗收尘板，将捕集到的物质冲走。由于进入静电场之前进行喷雾，在气流中形成了均匀分布的液滴，所以进入电场后荷电粒子和酸滴一起迁移至收集板，促进了尘粒的捕集。收集的酸滴在收尘板上形成了向下连续运动的液膜。这样就去除了捕集到的尘粒，保证了收尘板的清洁。

湿式静电除尘器克服了干式静电除尘器的某些限制因素。操作运行不受尘粒电阻率的影响，进一步说，由于内部组分连续被液体冲洗，黏性颗粒可被控制。另外还有一定的去除气态污染物的能力。一般来说，湿式静电除尘器适用于去除精细颗粒和去除冷凝有机烟气。有关湿式静电除尘器用于去除酸性气体能力的数据是很有限的。湿式静电除尘器已被用于控制连续自焙阳极炼铝电解槽的氟化氢气体的排放。

在有毒有害废物焚烧装置中，目前还没有安装湿式静电除尘器。湿式静电除尘器有可能与低压文氏管结合使用，在文氏管中去除大部分的气态污染物和重的颗粒，湿式静电除尘器作为第二级控制设备用以去除亚微米的颗粒和剩余的气态污染物。

(3) 水雾消除技术

除雾器广泛用于减少来自洗涤器的液滴排放物。除雾器通常安装在洗涤系统的尾部或作为整个洗涤系统的一个部分，一般只需要一个除雾器。当两个或更多的洗涤器串联使用时，可能需要中间除雾器。

最常用于危险废物焚烧装置的除雾器是旋风分离器、简单的惯性分离器(如隔板)、金属筛网式除雾器和纤维床除雾器。旋风分离器用于收集液滴大于 10 μm 的高液体负荷，如从文丘里洗涤器中排放的液滴。旋风分离器的设计遵循颗粒物的旋风设计原理，因此这种类型的除雾器对液滴和固体颗粒的捕集效率是一样的。在 10～50 μm 范围内的液滴去除效率接近 100%，这个液滴范围正是文丘里洗涤器产生液滴的范围。

简单的惯性分离器的基本捕集机理是惯性碰撞、减少流动范围、拦截。简单的惯性分离器有百叶窗式拦截板、Z 形拦截板、管束、人字形障板。在这些装置中液滴捕集临界直径通常为 10 μm。根据气流速度和捕集表面间距的紧密程度，简单惯性分离器的压降在 5～30 Pa 之间。

金属筛网式除雾器是由金属线编织的圆柱形筛网，经过压弯使之具有固定的外形。当清洗的雾滴与金属丝表面接触时，顺着金属丝流到金属丝交结处聚集，然后自动流到滤层底部。金属填料深度在 50～300 mm 间变化，并通常配有 100～150 mm 的支架。通常压降范围在 5～1 000 Pa 之间，压降根据气体流速、筛网密度及填料深度而变化。在正常操作时，压降一般大于 250 Pa。液滴的分离临界直径与气体流速有较强的函数关系，可以在 1～10 μm 范围内变动。

对于捕集细小酸雾，纤维填料床除雾器是最适用的。在这种类型的装置中，大的雾粒通过惯性碰撞和直接拦截被纤维捕集，而同时小一些的雾粒则由布朗运动扩散作用而被捕集。以布朗扩散作用为主要除雾机理而设计的纤维填料床除雾器，对于极其小的颗粒，有很高的回收效率。通过纤维填料床除雾器的典型气体速度范围是 1.5～3 m/s，相应的压降为 1 250～3 750 Pa。对于粒径大于 3 μm 的颗粒，捕集效率为 100%；小于 3 μm 的粒子，捕集效率为 90%～99.5%。

在金属丝纤维床除雾器中，团体沉积引起的堵塞是一个潜在的问题。这个问题可以通过采用下列措施得到部分克服：间歇的喷水冲洗，选择密度低一些的填料设计，应用筛板塔或旋风分离器进行去除水雾和尘粒的预处理。

(4) 水污染控制技术

从洗涤器排出的酸性水，可以用碱性溶液或石灰床进行中和。中和过程既可以在洗涤器内完成，也可以在现场以外的中和罐中进行。可以采用常规的中和工艺。大多数情况，如果悬浮物、溶解性固体和化学需氧量(COD)符合排放标准，中和后的洗涤液可以排放，否则洗涤水在最终排放或回用前必须经污水处理厂处理。对于设计和运行良好的焚烧系统，由有机化合物造成的清洗水中的 COD 是很少的。大多数情况下 COD 值是由于焚烧产物中无机化合物所造成的，例如亚硫酸盐溶液和铁。有时现场曝气系统可以用于减少洗涤水的 COD。洗涤水可以通过洗涤系统中的浓缩，或通过蒸发浓缩而减少。排放干固体也是可能的，但由于能源的需要，这个方法很不经济。

5.4.3 危险废物焚烧的运营与管理

在一个兴建的焚烧厂运转之前，必须具备良好的管理计划、操作步骤、足够的安全设施、完善的训练，操作人员应具备紧急应变的能力。操作必须小心谨慎，定期维护、保养设备，同时从经验中吸取教训，继续改善及提升能力。

5.4.3.1 操作管理计划

焚烧厂运转之前，必须准备完善的操作管理计划，以确保焚烧系统及相关设施在合理及安全的条件下运转，同时防止焚烧厂的运转造成公共卫生及环境生态的危害。操作管理计划叙述各种不同状况下应采取的标准作业步骤及措施，它包括下列几个主要项目：运转计划、紧急应变计划、危险废物发散处理计划、工业安全及卫生计划、防止污染气体泄漏计划。

(1) 运转计划

运转计划是叙述正常情况下操作管理的步骤，它包括废物类别、处理量及储存容量、主要设施说明、监视及测量计划、一般管理计划、操作手册等。其中主要设施说明包括各部门处理方法及程序说明流程图，接收、检查、预处理及储存方式说明，场所设计标准及使用期限。监视及测量计划包括焚烧炉操作条件的监测方式，废物产生源及特性记录，地下水的测量及渗滤液的控制，场地安全及警卫系统，焚烧排气处理设施的监测，场内外环境质量的监测。一般管理计划包括人事、修护、警卫、总务、组织、修护保养的规章及步骤。操作手册包括描述处理程序及设备的标准操作步骤、操作人员的责任及功能、操作条件、检查步骤、启动及停机的条件等。

(2) 紧急应变计划

紧急应变计划详细叙述紧急状况发生时，必须采取相应的措施及步骤，以减少损失及对环境的危害。紧急状况包括天灾(例如台风、地震、水灾、电击等)、失火、爆炸、严重的废物发散及外泄、遭受歹徒威胁、电力中断等状况。计划中应包括下列信息：应变总指挥及主要干部姓名及职责；各种情况下应变步骤及联络工具、号码；紧急通报手续，与地方警察机构及灾难指挥中心联络及合作方式；主要处理设备及程序的紧急停机步骤及条件；现场疏散及撤退路线；急救人员的任务；急救及安全设施(如消防队、灭火器)的位置及使用说明。

(3) 危险废物事故处理计划

事故处理计划描述工作人员处理危险废物事故时所应该执行的步骤，包括危险废物突发事件的检阅及报告，确定所有设备及容器盛装的物质及其有毒有害特性；包容或围堵发散物质后的处理及处置方式，指定突发事件发生时的指挥系统，确定足以包容或围堵发散物质的设备及容器。

(4) 有毒有害气体外泄及改善计划

这个计划描述检测及防止有毒有害气体外泄的方法，以避免造成严重的空气污染，它包括检查和监测有毒有害气体外泄的方法和时间表，监测及改善设备及容器泄漏的计划，建立并保存外泄数据的记录，加强检查、监测及改善设备及容器泄漏的能力。

(5) 工业安全及卫生计划

这个计划描述有关加强工业安全及卫生的步骤及措施，其内容包括工业安全及卫生训练计划，操作的安全考虑及措施，工业安全及卫生的例行检查时间表及项目，主要设备及处理程序的失误方式及影响分析，危险场所的警示及说明，接触危险废物人员的定期健康检查计划。

5.4.3.2 危险废物接收与焚烧

(1) 确定不接受的废物名单

确定不属于运营执照许可范围内的危险废物、高压气瓶或液体容器盛装的物质、放射性废物或含放射性物质的废物，爆炸性或震动敏感物质、含水银的废物、多氯联苯含量超过 50 mg/L 的废物、含有二噁英类的废物，含病毒或病源及感染性废物、空气污染防治设备所收集的飞灰、重金属废物的焚烧往往需要特殊的许可管理。

(2) 危险废物的包装限制

废物产生者必须提供废物特性表及相关背景资料；废物的运输必须委托合格的公司负责；废物的包装及盛装方式必须合乎法律的规定，并在容器上贴附适当的标示。

必须密封包装于塑胶或纸桶(桶大小视焚烧炉型式及规模而定)之内的废物主要有与水接触会产生剧烈反应的废物，与水接触会产生有毒气体或烟雾的废物，所含氰酸盐或硫化物的含量超过 1%的废物，腐蚀性废物(pH 低于 2 或超出 12.5 者)，含有高浓度刺激性气味物质(如硫醇、硫化物)或挥发性有机物质(例如丙烯酸、醛类、醚类及胺类等)的废物，杀虫剂、除草剂等农药，含可聚合性单体物的废物，强烈的氧化剂，以及静电涂漆方式产生的漆尘。

(3) 确定危险废物焚烧处置方案

在接收委托处理之前，根据委托者提供废物的基本情况，应先审阅危险废物的背景及特性监定资料，包括废物的质量及运输方式，一般物理特性、化学成分及有毒有害物质含量等，判断是否决定接受委托。由于焚烧处理的价格与废物的物态、氯含量、水分、灰分及热值有密切的关系，因此在接受前须分析与价格有关的废物特性。审阅者决定后，以书面通知废物产生者是否决定接受委托处理。如果决定接受处理，则安排议价、签约及运送时间。

废物运到焚烧工厂后，由工厂验收人员依据合约及运输凭单所列的废物类别及名称验收。验收的废物类别及数量亦须详细记录，由技术人员确定焚烧处置方案。

5.4.3.3　*危险废物的预处理*

任何危险废物焚烧设施的总性能取决于能否成功地将材料处理系统与热破坏装置结合起来。应对焚烧设施进行适应设计，以便在现场接受、分离、储存废物，在燃烧前使废物得到充分的预处理，以及确保以适当方式将废物装入燃烧单元。废物在一套焚烧设施中的处理方式取决于焚烧炉的设计、对收到的废物的控制和分析、现场废物储存和加工的能力以及废物的性质(诸如其物理性质、腐蚀性、爆炸性、热值等)等。

储存期间废物的分离与被储存的危险废物的性质及分级有密切关系。当焚烧设施收到类别不一致的废物时，废物的分离具有特别重要的意义，应根据其腐蚀性和(或)反应性质对不一致的废物进行分离。例如，活性化学品应储存在气密或水密容器中；氧化剂应与易燃废物隔离；化学催化剂不能与可聚合的废物储存在一起。不一致废物的混合可能产生不利的或不能控制的反应，而造成下述一种或多种情况：产生热、起火和（或）爆炸，形成有毒烟雾；形成可燃气体；有毒或可燃物质挥发；形成比原废物毒性更强的物质；形成对振动和摩擦敏感的化合物；密封容器增压；有毒粉尘、烟雾和颗粒排放；激烈的聚合。

按照各构成部分的热值确定类别，对类别一致的废物进行分离和储存是有利的。这一做法能使废物混合，以使之具有必要的热值，从而最大限度地提高焚烧炉的性能。根据废物的燃烧值，典型的类别相一致的废物包括：① 轻烃和非水溶剂（如油漆、稀料、芳香族化合物）；② 中烃和重烃（如曲柄轴箱油、蒸馏器底渣）；③ 脏溶剂（如可溶性油墨、油、溶剂残渣）；④ 高含水量的含水废物（如淤泥、低热值液体）。

5.4.3.4 设施试运行

试烧应作为运转操作过程一个不可缺少的步骤来进行，当拟对危险废物作焚烧处置时，试烧尤为重要。试烧的主要目的是要获得可代表实际计划的焚烧操作的定量数据，这些数据包括燃烧空气及补充燃料的需要量、燃烧温度、烟道废气体积和成分以及污染物排放速率。这些资料应能显示出拟议的焚烧设施能够满足要求，可以成功地破坏指定的废物并能确定温度、供料速度、燃烧条件和其他参数的操作界限。

5.4.3.5 事故应变措施

为了适当地处理可能在焚烧设施现场发生的外溢或其他排放事件，应为焚烧设施制定一项外溢事故处理计划。此种计划至少应包括对所有材料的可能溢出的监测和报告程序，查明工厂所有设备及其内含物。会涉及可能的溢出事故的各种材料的危险性说明、紧急停运程序、外溢事件期间一系列的代理授权、附有电话号码的紧急联系名单、可用于抑制和清除程序的设备的详细说明、可用于最后处置外溢事件中所涉各种材料的备选方案。

由主管人员对危险废物焚烧设施进行的检查应用于检测渗漏、外溢、腐蚀、热点及各种故障。检测将表明仪表、记录仪和监测器是否在起作用，焚烧设备是否有任何损坏的迹象及是否需要修理等。此外，每次开停操作时均需对用于处理危险废物的机械设备包括泵、软管、接头及其他设备进行彻底的渗漏和磨损迹象检查，并且在设备的每 8 h 连续运转期内至少应检查一次。

5.4.3.6 运行监测

应不断进行监测的焚烧炉参数应包括一氧化碳含量，也可能包括总烃含量、温度和氧气含量。温度应在指定的停留区的末端测量，CO 和 O_2 应紧接在二次燃烧室后面测量。如装有废热锅炉，CO 和 O_2 监测器应安放在锅炉后面，以使采样和气体调节问题减少至最低程度。

应对透明度和氯化氢含量进行烟囱内的连续测定。目前，对于在所要求的确信界限内连续测定低水平的氯化氢存在着严重的限制。烟气黑度可使用配有与有关当局商议确定的警报设定点的连续监测仪进行测量，超过这些设定点便将触发可见的和可闻的警报。应配置类似的氯化氢监测器，并为进行工艺控制将它与试剂供料系统联系起来。在某些情况下，触地测量氯化氢是适宜的。

不论焚烧炉在运行或是在开停机期间，监测装置都应联机，应收集来自连续排入监测器的数据，以供工艺控制和报告职能之用，应安装和操作连续监测系统以测量和记录下列参数：烟气黑度；氧（O_2）含量；一氧化碳（CO）含量或总烃量；氯化氢（HCl）含量；温度。

还应考虑连续监测二氧化碳（CO_2）含量、氮氧化物（NO_x）含量及二氧化硫（SO_2）含量，以及周期性地监测烟囱排放物中的 PCDDs 和 PCDFs 及其他不完全燃烧的产物和重金属，污染控制装置中的残余物、灰烬或炉渣等。

复习思考题

1. 危险化学品废弃物处理的意义何在？
2. 简述危险废弃物的全过程管理的原则、制度及手段。
3. 试比较危险废弃物包装与通用危险化学品包装的异同。
4. 常用危险废弃物处理技术有哪几类？
5. 简述危险废弃物处理的物理技术种类及各自的特点。
6. 简述危险废弃物处理的化学技术种类及各自的特点。
7. 简述危险废弃物焚烧处置的意义及其基本理论。

6 危险化学品设备检修作业安全

为了确保石油及化工生产中设备、装备的可靠性，要进行计划检修和非计划检修。生产的特点决定了检修工作具有频繁、复杂、危险性大的特点。

(1) 频繁性

石油及化工生产具有高温(低温)、高压(真空)、连续性强、腐蚀性介质多等特点，因而机器与设备在条件苛刻、恶劣的情况下，极易造成腐蚀、磨损、变形、破裂等，使得石油及化工机器与设备较之其他设备(如机械加工设备、电子仪表生产设备等)具有更短的检修间隔期。同时，运行中突发的故障和事故的检修(抢修)也是无法避免的，使得计划外检修作业也经常出现。因此，检修作业极为频繁。

(2) 复杂性

石油及化工生产使用的各种设备，如炉、塔、釜、器、机、泵及罐、槽、池等大多是非定型设备，不但数量多，而且种类繁多，结构各异，规格不一，材质也千差万别，因而检修内容多、涉及工种多。由于抢修工期紧，上下作业、设备内外的检修常同时并进。又由于生产设备不少是露天、半露天布置，而且检修作业不仅包括主要生产设备和仪表，还涉及纵横交错的管路，型式、规格繁多的阀门，以及公用工程设施等，使检修作业十分复杂。

(3) 危险性

石油及化工检修大都在生产现场进行。生产过程的高温、高压，介质的易燃易爆、有毒有害等危险性，决定了检修作业的危险性。同时检修过程又离不开动火、动土、进塔入罐、高处作业、起重、防腐等危险性作业，客观上具备了发生火灾、爆炸、中毒、化学灼伤、高处坠落、物体打击等事故的条件。再加上检修现场人员多，工种不一，技术水平参差不齐，很多作业交叉进行，尤其是大检修时，还有很多临时性人员进入检修现场，他们对生产现场可能缺乏足够的认识，接受安全教育不足，这些都更增加了现场检修作业的危险性。

正因为如此，同时根据事故案例及其统计情况来看，检修过程中事故发生率很高，因此石油及化工检修的安全问题十分突出，需要抓好检修前的准备、装置停车及安全处理、检修作业安全、检修完工后处理四个环节，加强防范，预防事故的发生。

6.1 检修前的准备

6.1.1 设置检修指挥部

大修、中修时，为了加强停车检修工作的集中领导和统一计划，确保停车检修安全顺利进行，检修前要成立以企业主要负责人为总指挥，主管设备、生产技术、人事保卫、物资供应及后勤服务等的负责人为副总指挥和机动、生产、劳资、供应、安全、环保、后勤等部门代表参加的指挥部。针对装置抢修项目及特点，明确分工，分片包干，各司其职，各负其责。

6.1.2 制定检修方案

无论是全厂性停车大检修、系统或车间的检修，还是单项工程或单个设备的检修，在检修前均须制定装置停车、检修、开车方案及其安全措施。

安全检修方案主要内容应包括：检修时间、设备名称、检修内容、质量标准、工作程序、施工方法、起重方案、采取的安全技术措施；并明确施工负责人、检修项目安全员、安全措施的落实人等。方案中还应包括设备的置换、吹洗、盲板流程示意图等等。尤其要制定合理工期，确保检修质量。检修方案及检修任务书必须得到审批。全厂性停车大检修、系统或车间的大中修，以及生产过程中的抢修，应由总工程师（或副总工程师）或厂长（或主管机动设备部门）审批；单项工程或单个设备的检修，由机动设备部门审批，各审批部门必须同时对检修过程中的安全负全面责任。

检修作业过程中除遵守一般安全规定外，对特殊作业如动火、动土、高处作业、进设备作业、电气、起重等作业必须严格办理作业证，得到批准后在允许范围和限定时间内使用，并针对抢修中的特殊作业内容、范围提出特殊安全规定和安全措施。安全部门还应制定安全教育、检查、奖罚的管理办法。

6.1.3 检修前的安全教育

检修前，检修指挥部负责向参加检修的全体人员（包括外单位人员、临时工作人员等）进行抢修方案技术交底，使其明确检修内容、步骤、方法、质量标准、人员分工、注意事项、存在的危险因素和由此而采取的安全技术措施等，达到分工明确、责任到人。同时还要组织检修人员到检修现场，了解和熟悉现场环境，进一步核实安全措施的可靠性。检修人员经安全教育并考试合格取得“安全（作业）合格证”后才能准许持证参加检修。安全教育主要应包括下列内容：

（1）需检修部位的工艺生产特点、应注意的安全事项以及检修过程中可能存在或出现的不安全因素；

（2）检修规程、安全制度、化工生产禁令；

（3）检修作业项目、任务、检修方案和检修安全措施；

(4) 检修中以往发生的重大事故案例;

(5) 检修各工种所使用的个体防护用具的正确使用和佩戴方法;

(6) 检修人员必须遵守所在生产车间的安全规定,严禁乱动生产车间不需检修的生产设备、管道、阀门、仪表电气等;

(7) 特种作业人员除学习上述安全内容外,还需进行本工种的专业安全教育。

6.1.4 检修前检查

装置停车检修前,应由检修指挥部统一组织,对停车前的准备工作进行一次全面的检查。

检查内容主要包括检修方案、检修项目及相应的安全措施、检修机具和检修现场等。

6.2 装置停车及停车后的安全处理

装置停车及停车后设备的清洗、置换、交出,由设备所在单位负责。设备清洗、置换后应有分析报告。抢修项目负责人应会同设备技术人员、工艺技术人员检查并确认设备、工艺处理及盲板抽堵等安全处理合格,使之符合检修安全要求。

6.2.1 停车操作及注意事项

停车方案一经确定,应严格按停车方案确定的停车时间、停车程序以及各项安全措施有秩序地进行。停车操作应注意的问题如下。

(1) 卸压:系统卸压要缓慢由高压降至低压,应注意压力不得降至零,更不能造成负压,一般要求系统内保持微弱正压。在未作好卸压前,不得拆动设备。

(2) 降温:降温应按规定的降温速率进行降温,须保证达到规定要求。高温设备不能急骤降温,避免造成设备损伤,以切断热源后强制通风或自然冷却为宜,一般要求设备内介质温度要小于60℃。

(3) 排净:排净生产系统(设备、管道)内贮存的气、液、固体物料。如物料确实不能完全排净,应在"安全检修交接书"中详细记录。并进一步采取安全措施,排放残留物必须严格按规定地点和方法进行,不得随意放空或排入下水道,以免污染环境或发生事故。

停车操作期间,装置周围应杜绝一切火源。

停车过程中,对发生的异常情况和处理方法要随时做好记录,对关键装置和要害部位的关键性操作要采取监护制度。

6.2.2 停车后的安全处理

6.2.2.1 隔绝

由于隔绝不可靠致使有毒、易燃易爆、有腐蚀、窒息和高温介质进入检修设备而造成的重大事故时有发生,因此,检修设备必须进行可靠隔绝。

视具体情况最安全可靠的隔绝办法是拆除管线或抽插盲板。拆除管线是将与检修设备相连接的管道、管道上的阀门、伸缩接头等可拆卸部分拆下，然后在管路侧的法兰上装置盲板。如果无可拆卸部分或拆卸十分困难，则应关严阀门，在和检修设备相连的管道法兰连接处插入盲板，这种方法操作方便，安全可靠，采用较多。抽插盲板属于危险作业，应办理“抽插盲板作业许可证”，并同时落实各项安全措施。

（1）应绘制抽插盲板作业图，按图进行抽插作业，并做好记录和检查。加入盲板的部位要有明显的挂牌标志，严防漏插漏抽。拆除法兰螺栓时要逐步缓慢松开，防止管道内余压或残余物料喷出，发生意外事故。加盲板的位置一般在来料阀后部法兰处，盲板两侧均应加垫片并用螺栓紧固，做到无泄漏。

（2）盲板必须符合安全要求并进行编号。根据现场实际情况制作合适的盲板。盲板的尺寸应符合阀门或管道的口径；盲板的厚度需通过计算确定，原则上盲板厚度不得低于管壁厚度。盲板及垫片的材质，要根据介质特性、温度、压力选定。盲板应有大的突耳并涂上特别颜色，用于挂牌编号和识别。

（3）抽插盲板现场安全措施：确认系统物料排尽，压力、温度降至规定要求；要注意防火防爆，凡在禁火区或抽插易燃易爆介质窗口或管道盲板时，应使用防爆工具和防爆灯具，在规定范围内严禁用火，作业中应有专人巡回检查及监护；在室内抽插盲板时，必须打开窗户或采用符合安全要求的通风设备强制通风；抽插有毒介质管路盲板时，作业人员应按规定佩戴合适的个体防护用品，防止中毒；在高处抽插盲板作业时，应同时满足高处作业安全要求，并佩戴安全帽、安全带；危险性特别大的作业，应有抢救后备措施及气防站，医务人员、救护车应在现场；抽插盲板连续作业时间不宜过长，应轮换休息。

6.2.2.2 置换、吹扫与清洗

（1）置换：为保证检修动火和进设备内作业安全，在检修范围内的所有设备和管线中的易燃易爆、有毒有害气体应进行置换。对易燃、有毒气体的置换，大多采用蒸汽、氮气等惰性气体作为置换介质，也可采用注水排气法，将易燃、有毒气体排出。设备经置换后，若需要进入其内部工作，还必须再用空气置换惰性气体，以防发生窒息。

置换作业安全注意事项：

① 被置换的设备、管道等必须与系统进行可靠隔绝。

② 置换前应制定置换方案，绘制置换流程图，根据置换和被置换介质比重不同，合理选择置换介质入口、被置换介质排出口及取样部位，防止出现死角部位。若置换介质的比重大于被置换介质的比重时，应由设备或管道最低点送入置换介质，由最高点排出被置换介质，取样点宜在顶部位置及易产生死角的部位。反之，置换介质的比重比被置换介质小时，从设备最高点送入置换介质，由最低点排出被

置换介质，取样点宜放在设备的底部位置和可能成为死角的位置，保证置换彻底。

③ 置换要求用水作为置换介质时，一定要保证设备内注满水，且在设备顶部最高处溢流口有水溢出，并持续一段时间，严禁注水未满。用惰性气体作置换介质时，必须保证惰性气体用量(一般为被置换介质容积的三倍以上)。但是，置换是否彻底，置换作业是否已符合安全要求，不能只根据置换时间的长短或置换介质的用量来判断，而应根据取样分析是否合格为准。

置换作业排出的气体应引入安全场所。如需检修动火，置换用惰性气体中氧含量一般小于1%～2%(体积百分浓度)。

④ 按置换流程图规定的取样点取样分析合格。

(2) 吹扫：对设备和管道内没有排净的易燃、有毒液体，一般采用以蒸汽或惰性气体进行吹扫的方法消除。

吹扫作业安全注意事项：

① 吹扫作业应该根据停车方案中规定的吹扫流程图，按管段号和设备位号逐一进行，并填写登记表。在登记表上注明管段号、设备位号、吹扫压力、进气点、排气点、负责人等。

② 吹扫结束时应先关闭物料闸，再停气，以防管路系统介质倒流。

③ 吹扫结束应取样分析，合格后及时与运行系统隔绝。

(3) 清洗和铲除：对置换和吹扫都无法清除的粘结在设备内壁的易燃、有毒物质的沉积物及结垢等，还必须采用清洗和铲除的办法进行处理。避免因为动火时沉积物或结垢遇高温迅速分解或挥发，使空气中可燃物质或有毒有害物质浓度大大增加而发生燃烧、爆炸或中毒事故。

清洗一般有蒸煮和化学清洗两种。

① 蒸煮：一般说来，较大的设备和容器在清除物料后，都应用蒸汽、高压热水喷扫或用碱液(氢氧化钠溶液)通入蒸汽煮沸，采用蒸汽宜用低压饱和蒸汽。被喷扫设备应有静电接地，防止产生静电火花，引起燃烧、爆炸事故，防止烫伤及碱液灼伤。

② 化学清洗：常用碱洗法、酸洗法、碱洗与酸洗交替使用等方法。

碱洗和酸洗交替使用法适于单纯对设备内氧化铁沉积物的清洗。若设备内有油垢，先用碱洗去油垢，然后用清水洗涤，接着进行酸洗，氧化铁沉积即溶解。若沉积物中除氧化铁外还有铜、氧化铜等物质，仅用酸洗法不能清除，应先用氨溶液除去沉积物中的铜，然后进行酸洗。因为铜和铜的氧化物污垢和铁的氧化物污垢大部呈现迭状积附，故需交替使用氨水和酸类进行清洗。如果铜及铜的氧化物污垢附着较多，在酸洗时一定要添加铜离子封闭剂，以防因铜离子的电极沉积引起腐蚀。

采用化学清洗后的废液应予以处理后方可排放。一般将废液进行稀释沉淀、过滤等，或采用化学药品中和、氧化、还原、凝聚、以离子交换吸附等方法处理，使之符合排放标准后排放。

对某些设备内的沉积物，也可用人工铲刮的方法予以清除。进行此项作业时，应符合进设备作业安全规定，特别应注意的是，对于可燃物的沉积物的铲刮应使用铜质、木质等不产生火花的工具，并将铲刮下来的沉积物妥善处理。

6.2.2.3　其他

(1) 清理检修现场和通道

检修现场应根据《安全标志》(GB 2894－1996)的规定，设立相应的安全标志，并且检修现场应有专人负责监护，与检修无关人员禁止入内。在易燃易爆和有毒物品输送管道附近不得设临时检修办公室、休息室、仓库、施工棚等建筑物。影响检修安全的坑、井、洼、沟、陡坡等均应填平或铺设与地面平齐的盖板，或设置围栏和危险标志，夜间应设危险信号灯。检修现场必须保持排水通畅，不得有积水，检修现场应保持道路通畅，路面平整，路基牢固及良好的照明措施。检修现场道路应设置交通安全标志，其设置地点、形状、尺寸和颜色应符合《道路交通标志和标线》(GB 5768－1999)的规定。检修或施工需要占用道路，影响消防通道时，必须办理审批手续等等。总之，检修现场和通道应满足安全要求。

(2) 切断待检设备的电源，并经启动复查确认无电后，在电源开关处挂上"禁止启动"的安全标志并加锁。

(3) 及时与公用工程系统(水、电、气、汽)联系并妥善处置。

(4) 安全交接

检修前生产部门与检修部门应严格办理安全检修交接手续。交接双方按上述要求进行认真检查和确认，符合安全检修交接条件后，双方负责人在"安全交接书"上签字认可。生产车间在不停车情况下进行检修或抢修，也应详细填写"安全交接书"。

6.3　检修阶段的安全要求

检修阶段常常涉及电工作业、拆除作业、动火作业、动土作业、高处作业、焊接作业、吊装作业、进入设备内作业等及各种作业票证。应严格执行各有关规定，以保证检修工作顺利进行。限于篇幅，以下仅介绍动火作业和进入设备内作业。

6.3.1　动火作业

6.3.1.1　固定动火区与禁火区

应根据火灾危险程度及生产、维修、建设等工作的需要，经使用单位提出申请，厂安全、防火部门登记审批，划定"固定动火区"。固定动火区以外一律为禁火区。

石油及化工企业设立固定动火区的条件和要求：

(1) 固定动火区应设置在易燃、易爆区域主导风向的下风向。

(2) 距易燃易爆厂房、罐区、设备、阴井排水沟、水封井等不应小于 30 m。

(3) 室内固定动火区应以实体防火墙与其他部分隔开，门窗向外开，道路要畅通。

(4) 生产正常放空或发生事故时，可燃气体不会扩散到固定动火区内。

(5) 固定动火区内不准放易燃、易爆、可燃物和其他杂物，应配备一定数量的消防器材。

(6) 动火区要设立明显标志，落实专人管理。

6.3.1.2　动火作业及分类

在禁火区进行焊接与切割作业及在易燃易爆场所使用喷灯、电钻、砂轮等进行可能产生火焰、火花或赤热表面的临时性作业均属动火作业。

动火作业分特殊动火、一级动火和二级动火三类。

(1) 特殊动火指在处于运行状态的易燃、易爆生产装置和罐区等重要部位的具有特殊危险的动火作业。

(2) 一级动火指易燃、易爆区域(即甲、乙类火灾危险区域)的动火作业。

(3) 二级动火指一级动火及特殊动火以外的动火作业。

(4) 凡全厂、一个车间或单独厂房内全部停车，装置经清洗、置换、分析合格，并采取隔离措施后的动火作业，可根据其火灾危险性大小，全部或局部降为二级动火管理。

(5) 遇节、假日或生产不正常情况下的动火，应升级管理。

(6) 各类动火作业区域应由厂明文规定，并在厂平面图上标明。

6.3.1.3　动火安全作业证制度

(1) 在禁火区进行动火作业应办理“动火安全作业证”，严格履行申请、审核和批准手续。“动火安全作业证”上应清楚标明动火等级、动火有效日期、动火详细位置、工作内容(含动火手段)、安全防火、动火监护人措施以及动火分析的取样时间、地点、结果，审批签发动火证负责人必须确认无误方可签字。

(2) 动火作业人员在接到动火证后，要详细核对各项内容，如发现不符合动火安全规定，有权拒绝动火，并向单位防火部门报告。动火作业人员要随身携带动火证，严禁无证作业及手续不全作业。

(3) 动火前，动火作业人员应将动火证交现场负责人检查，确认安全措施已落实无误后，方可按规定时间、地点、内容进行动火作业。

(4) 动火地点或内容变更时，应重新办理审证手续，否则也不得动火。

(5) 高处进行动火作业和设备内动火作业时，除办理“动火安全作业证”外，还必须办理“高处安全作业证”和“设备内安全作业证”。

6.3.1.4　动火分析及标准

动火作业必须经动火分析并合格后方可进行。动火分析应符合下列规定：

(1) 取样要有代表性，特殊动火的分析样品要保留到动火作业结束。

(2) 取样时间与动火作业的时间不得超过 30 min，如超过此间隔时间或动火停歇时间超过 30 min 以上，必须重新取样分析。

(3) 动火分析标准

若使用测爆仪时，被测对象的气体或蒸气浓度应小于或等于爆炸下限的 20%(体积比，下同)。若使用其他化学分析手段时，当被测气体或蒸气的爆炸下限大于或等于 4%时，其浓度应小于 0.5%；当爆炸下限小于 4%时，其浓度应小于 0.2%。若有两种以上的混合可燃气体，应以爆炸下限低者为准。

(4) 进入设备内动火，同时还需分析测定空气中有毒有害气体和氧含量，有毒有害气体含量不得超过工业企业设计卫生标准(GB Z1－2002)规定的最高容许浓度，氧含量应为 18%～22%。

6.3.1.5　其他安全要求

(1) 动火设备应与其他生产系统可靠隔离，防止运行中设备、管道内物料泄漏到动火设备中；将动火区与其他区域采取可靠措施隔离，防止火星飞溅而引起事故。

(2) 应清除动火作业现场及周围的易燃物品。

(3) 动火现场应备有适用的灭火器具和灭火措施。

(4) 动火作业应指定专人监护，负责动火现场的安全防火检查和监护工作。

(5) 五级风以上(含五级风)天气，禁止露天动火作业。因生产需要确需动火的，动火作业应升级管理。

(6) 动火作业结束后应清理现场。

6.3.1.6　带压不置换补焊

带压不置换动火，危险性极大，在生产不稳定，设备、管道腐蚀严重的情况下严禁采用，一般情况也不主张采用。

带压补焊应遵守以下几点：

(1) 正压操作：在整个动火作业过程中，系统必须保持稳定的正压，这是确保带压不置换动火安全的关键，压力的大小以不使喷火又不易造成回火为原则。

(2) 氧含量：带压不置换动火必须保证系统内的氧含量低于 1%(环氧乙烷例外)。当氧含量高于 1%时，应立即停止动火作业。

(3) 焊前准备：首先测定壁厚，以确定合理的抢修方案。对现场环境进行分析，采用适当的个体防护器具。现场要准备一台或数台轴流风机和灭火器材。若是高处作业，应搭好不燃的脚手架或作业平台，并能满足作业人员短时间内迅速撤离危险区域的要求。

(4) 动火补焊：动火前分析泄漏处周围空气中可燃气体的浓度，若是有有毒气体，还应分析有毒物质的含量。

6.3.2 设备内作业

(1) 设备内作业及其危险性

凡进入石油及化工生产区域的罐、塔、釜、槽、球、炉膛、锅筒、管道、容器等以及地下室、阴井、地坑、下水道或其他封闭场所内进行的作业称为设备内作业。

设备内危险性介质可能潜在中毒、窒息、燃烧爆炸、腐蚀性等危险；有些设备内作业在系统不停车情况下进行，增加了设备内作业的危险性。由于危险因素的存在，加之照明差、作业区窄小、操作不便、容易疲劳等，更增加了中毒、窒息、触电等危险性，因此，设备内作业也是一项危险性很大的作业。

(2) 设备内作业安全要点

① 设备内作业必须办理“设备内安全作业证”，并要严格履行审批手续。

② 进设备内作业前，必须将该设备与其他设备进行安全隔离(加盲板或拆除一段管线，不允许采用其他方法代替)，并清洗、置换干净。

③ 在进入设备前 30 min 必须取样分析，严格控制可燃气体、有毒气体浓度及氧含量在安全指标范围内，分析合格后才允许进入设备内作业。如在设备内作业时间长，至少每隔 2 h 各分析一次，如发现超标，应立即停止作业，迅速撤出人员。

④ 采取适当的正压通风措施，确保设备内空气良好流通。

⑤ 应有足够的照明，设备内照明电压应不大于 36 V，在潮湿容器、狭小容器内作业电压应小于等于 12 V，灯具及电动工具必须符合防潮、防爆等安全要求。

⑥ 进入有腐蚀、窒息、易燃易爆、有毒物料的设备内作业时，必须按规定佩带适用的个体防护用品、器具。

⑦ 在设备内动火，必须按规定同时办理动火证和履行规定的手续。

⑧ 设备内作业必须设专人监护，并与设备内作业人员保持有效的联系。

⑨ 在检修作业条件发生变化，并有可能危及作业人员安全时，必须立即撤出。若需继续作业。必须重新办理进入设备内作业审批手续。

⑩ 作业完工后，经检修人、监护人与使用部门负责人共同检查设备内部，确认设备内无人员和工具、杂物后，方可封闭设备孔。

6.4 检修完工后处理

检修完工后的主要安全要求为：

(1) 检修项目负责人应会同有关检修人员检查检修项目是否有遗漏，工作器具和材料等是否遗漏在设备内。

(2) 检修项目负责人应会同设备技术人员、工艺技术人员根据生产工艺要求检查盲板抽堵情况。

(3) 因检修需要而拆移的盖板、箅子板、扶手、栏杆、防护罩等安全设施应恢复正常。

(4) 检修所用的工器具应搬走，脚手架、临时电源、临时照明设备等应及时拆除。

(5) 设备、屋顶、地面上的杂物、垃圾等应清理干净。

(6) 检修单位应会同设备所在单位和有关部门对设备等进行试压、试漏、调校安全阀、仪表和连锁装置，并做好记录。

(7) 检修单位应会同设备所在单位和有关部门对检修的设备进行单体和联动试车，验收交接。

复习思考题

1. 危险化学品设备检修前的准备包括哪些内容？

2. 危险化学品装置停车操作时，应注意什么？

3. 危险化学品的储运过程中应遵守哪些主要的基本安全制度？

4. 危险化学品装置检修过程中应注意哪些安全问题？为了避免检修过程中的火灾，在使用明火等操作时，应遵循怎样的原则？

5. 设备检修完毕后应如何保证安全？

7　危险化学品的储运作业安全

7.1　危险化学品储运安全管理

7.1.1　危险化学品储存管理

储存是化学品流通过程中非常重要的一个环节，处理不当就会造成事故。为了加强对危险化学品储存的管理，国家制定了一系列法规和标准，对危险化学品储藏养护技术条件、审批制度、安全储存都提出了具体要求。

7.1.1.1　危险化学品储存的定义与种类

储存是指产品在离开生产领域而尚未进入消费领域之前在流通过程中形成的停留。生产、经营、储存、使用危险化学品的企业都存在危险化学品的储存环节。

危险化学品的储存根据物质的理化性状和储存量的大小分为整装储存和散装储存两类。整装储存是将物品装于小型容器或包件中储存。这种储存往往存放的品种多，物品的性质复杂，比较难管理。散装储存是物品不带外包装的净货储存。量比较大，设备、技术条件比较复杂。无论整装储存还是散装储存都潜在很大的危险。因此，必须用科学的态度从严管理，万万不能马虎从事。

7.1.1.2　储存危险化学品的分类

《条例》第三条规定管理的危险化学品品种有 7 类：爆炸品；压缩气体和液体气体；易燃液体；易燃固体；自燃物品和遇湿易燃物品；氧化剂和有机过氧化物；有毒品和腐蚀品。

根据危险化学品的特性，从仓库建筑防火要求及养护技术要求分，危险化学品又可归为 3 类：易燃易爆性商品（储存火灾危险性物品）、毒害性商品和腐蚀性商品。

(1) 储存物品（易燃易爆性商品）的火灾危险性分类

在储存中归类为易燃易爆性商品的危险物品包括爆炸品，压缩气体和液化气体，易燃液体，易燃固体、自燃物品、遇湿易燃物品，氧化剂和有机过氧化物。

《建筑设计防火规范》(GBJ 16—87)(2005 版)将储存物品的火灾危险性分为 5 类，其火灾危险性特征分别如下。

① 甲类

a. 闪点＜28℃的液体；

b. 爆炸下限＜10％的气体，以及受到水或空气中水蒸气的作用能产生爆炸下限＜10％气体的固体物质；

c. 常温下能自行分解或在空气中氧化即能导致迅速自燃或爆炸的物质；

d. 常温下受到水或空气中水蒸气的作用能产生可燃气体并引起燃烧或爆炸的物质；

e. 遇酸、受热、撞击、摩擦以及遇有机物或硫磺等易燃的无机物，极易引起燃烧或爆炸的强氧化剂；

f. 受撞击、摩擦或氧化剂、有机物接触时能引起燃烧或爆炸的物质。

② 乙类

a. 闪点为28～60℃的液体；

b. 爆炸下限≥10％的气体；

c. 不属于甲类的氧化剂；

d. 不属于甲类的化学易燃危险固体；

e. 助燃气体；

f. 常温下与空气接触能缓慢氧化、积热不散引起自燃的物品。

③ 丙类

a. 闪点＞60℃的液体；

b. 可燃固体。

④ 丁类：难燃烧物品。

⑤ 戊类：非燃烧物品。

(2) 储存毒害性商品的分类

凡少量进入人、畜体内或接触皮肤，能与体液和机体组织发生生物化学作用或生物物理学变化，扰乱或破坏机体的正常生理功能，引起机体产生暂时性或持久性的病理状态，甚至危及生命的物品均属毒害品。

按化学组成和急性、毒性大小，毒害品分为一级无机毒害品、一级有机毒害品、二级无机毒害品和二级有机毒害品。

(3) 储存腐蚀性商品的分类

按化学组成和腐蚀性强度，腐蚀品分为一级无机酸性腐蚀品、一级有机酸性腐蚀品、一级无机碱性腐蚀品、一级有机碱性腐蚀品、一级其他腐蚀品、二级无机酸性腐蚀品、二级有机酸性腐蚀品、二级碱性腐蚀品、二级其他腐蚀品。

一级腐蚀品是指能使动物皮肤在 3 min 内出现可见坏死现象，并能在 3～6 min 出现可见坏死现象的同时产生有毒蒸气的物品。

二级腐蚀品是指能使动物皮肤在 4 h 内出现可见坏死现象，并在 55℃时对钢或铝的表面年腐蚀率超过 6.25 mm 的物品。

7.1.2 危险化学品的运输管理

运输是危险化学品流通过程中的一个重要环节。《条例》第四章对危险化学品的运输企业、运输工具、运输人员等做了详细规定，旨在加强对危险化学品运输的安全管理，预防事故发生。

危险化学品运输的一般要求如下：

(1) 托运危险物品必须出示有关证明，向指定的铁路、交通、航运等部门办理手续。托运物品必须与托运单上所列的品名相符，托运未列入国家品名表内的危险物品须附交上级主管部门审查同意的技术鉴定书。

(2) 危险物品的装卸运输人员应按装运危险物品的性质佩戴相应的防护用品。装卸时必须轻装轻卸，严禁摔拖、重压和摩擦，不得损毁包装容器，并注意标志，堆放稳妥。

(3) 危险物品装卸前，应对车(船)搬运工具进行必要的通风和清扫，不得留有残渣。对装有剧毒物品的车(船)，卸车后一定要洗刷干净。

(4) 装运爆炸、剧毒、放射性、易燃液体与气体等物品，必须使用符合安全要求的运输工具。

① 禁止用电瓶车、翻斗车、铲车、自行车等运输爆炸物品。运输强氧化剂、爆炸品及用铁桶包装的一级易燃液体时，没有采取可靠的安全措施，不得用铁底板车及汽车挂车。

② 禁止用叉车、铲车、翻斗车搬运易燃、易爆液化气体等危险物品。

③ 温度较高地区装运液化气体和易燃液体等危险物品要有防晒设施。

④ 放射性物品应用专用运输搬运车和抬架搬运。装卸机械应按规定负荷降低 25%。

⑤ 遇水燃烧物品及有毒物品禁止用小型机帆船、小木船和水泥船承运。

(5) 运输爆炸、剧毒和放射性物品，应指派专人押运。

(6) 运输危险物品的车辆必须保持安全车速，保持车距，严禁超车、超速和强行会车。运输危险物品的行车路线一定要事先经当地公安交通部门批准，按指定的路线和时间运输，不可在繁华街道行驶和停留。

(7) 运输易燃、易爆物品的机动车，其排气管应装阻火器，并悬挂“危险品”标志。

(8) 蒸汽机车在调车作业中，对装载易燃、易爆物品的车辆，必须挂不少于两节的隔离车，并严禁溜放。

(9) 运输散装固体危险物品，应该根据性质采取防火、防爆、防水、防静电、防粉尘飞扬和遮阳等措施。

7.2 储罐及储罐的安全附件

7.2.1 储罐及其分类

储罐是用来储存气体、液体原料、中间产品及产品而不影响被储存物品原有性质的设备。

气体的储存是在气柜中,气柜分为低压气柜和高压气柜,低压气柜又分为湿式和干式两种。在湿式低压气柜中,气体与水接触,利用水封保持密封。溶于水的气体不能用水封。在干式低压气柜中,气体以原有的干燥情况储存,利用弹性钢片、油封等特别的填塞方法来保持密封。高压气柜有圆筒形、球形、椭圆形、半球形。高压气柜的储存压力较高,可达几十兆帕。

从材料上看,储罐有非金属和金属之分。金属油罐是用钢板焊成的薄壳容器,制造简单、耐用、不渗漏,对油品有一定的耐腐蚀性,因此广泛用来储存各种油品。金属油罐根据罐体形状可分为立式圆柱形、卧式圆柱形等,根据罐顶部结构又可分为桁架顶罐、无力矩顶罐、梁柱式顶罐、拱顶罐、套顶罐、浮顶罐等。

7.2.2 储罐的安全附件

7.2.2.1 呼吸阀

呼吸阀是为防止储罐内超压或形成负压引起罐体破坏的通气装置。当罐内液体挥发度较低时,用通气管即可;当罐内储存的是易挥发性液体时,则要在罐顶安装呼吸阀。根据呼吸阀的工作原理,可以分为机械式呼吸阀和液压式呼吸阀。

(1) 机械式呼吸阀

机械式呼吸阀有两个阀门,阀 1 是罐内蒸气出口,当罐内空间气体压力增高时此阀开启,将罐内气体导入大气。阀 2 为空气入口,当罐内压力低于大气压时,此阀打开,空气进入罐内。在这两个阀的上面设有易开启的盖子,便于检查和修理。

(2) 液压式呼吸阀

液压式呼吸阀也称液压安全阀,是为防止罐上机械式呼吸阀故障而设置的,其压力稍高于机械式呼吸阀。液压式呼吸阀法兰装在储罐顶的阻火器上,阀体内充润滑油。当罐内外压力平衡时,阀内油面也处于平衡状态;当罐内压力大于大气压力时,罐内蒸气以气泡形态经油层冲出,导入大气;当罐内压力低于大气压力时,储罐则吸入空气,以维持内外压力平衡。

7.2.2.2 阻火器

阻火器一般安装在易产生燃烧爆炸的设备,燃烧室,高温氧化炉,反应器与输送可燃气体、易燃液体蒸气的管道之间,以及易燃液体、可燃气体的容器、管道、设备的排气管上。

阻火器有金属网阻火器、波纹金属片阻火器、砾石阻火器等。阻火器的灭火原理是，当火焰通过狭小孔隙时，由于冷却作用使热损失突然增大而中止燃烧。

影响阻火器性能的因素有阻火层厚度及其孔隙或通道的大小。

(1) 金属网阻火器

金属网阻火器是用若干层具有一定孔径的金属网将空间分成许多小孔隙。

(2) 波纹金属片阻火器

波纹金属片阻火器是用金属波纹片作轴心装在阻火器内，其阻火效果较金属网好，阻力也小。

(3) 砾石阻火器

砾石阻火器是以砂粒、卵石、玻璃球或金属屑为填料将阻火器内空间充满，以达到阻火的目的。它主要用在介质对金属有腐蚀作用的场所。

7.2.2.3 泡沫灭火装置

易燃、可燃液体储罐均应设置空气泡沫灭火设备，其设置方式（固定、半固定、移动式）应根据储罐容量、布置状况、物料火灾危险性确定。每个储罐应设置的泡沫产生器不少于两个。固定泡沫装置管线控制阀门应设在防火堤外。

7.2.2.4 洒水装置

储存易受气温影响而产生蒸气的物质的储罐，为防止其蒸发损失及储罐内压增高，大都安装有洒水装置。洒水强度按储罐表面积计算，为每平方米每分钟不小于 3 L。储罐设置固定洒水设施，其洒水管线的控制阀宜设于距罐壁 10 m 以外的地点，控制阀后的洒水管线应采用防锈材质。

7.3 危险化学品仓库及仓储安全

7.3.1 仓库储存危险化学品的火灾危险程度分类及储存设施

7.3.1.1 仓库储存危险化学品的火灾危险程度分类

依据国家《建筑设计防火规范》的规定，仓库储存危险化学品的火灾危险程度分为甲、乙、丙、丁、戊 5 类。

7.3.1.2 危险化学品的储存设施

这里所讲的储存设施是指储存面积在 50 m^2 以上的仓库、堆场和储藏室，储存的物品系指危险化学品、民用炸药、放射性物品、剧毒物品。国家法律专门规定的物品则应依照国家有关规定管理。

7.3.2 储存管理

(1) 申请储存危险化学物品的单位，需持经当地消防部门认可的专门机构的安全评价，并提出书面申请，允许后发给许可证。

(2) 新建、改建、扩建储存设施的，要按工程项目审批程序履行审批手续，并由有专业设计资格的设计单位设计，有相应资格的施工单位施工，竣工后经公安消防机构验收合格后才可投入使用。

(3) 储存设施方面除符合国家有关技术标准外，还应在仓库或者堆放场明显处设立标明危险化学品性能及灭火方法的说明牌。在库房或者储藏室设置相应的通风、降温、防汛、避雷、消防、防护设施。在禁火区域和安全区域设立明显标志。

(4) 在一、二、三类储存设施中，化学危险性能相抵触、消防和防护方法不同的危险品应分库或隔离分堆储存，且严格按照国家规定的垛距、墙距、顶距、柱距进行堆放，严禁混放。

(5) 严禁在禁火区域内吸烟和动用明火。进入库区、储罐区、禁火区域内的机动车辆采取消除火花、电气防爆等措施。

(6) 储存设施内应按规定配备专业技术人员。一类储存设施配备有相应专业中级以上职称的技术人员 3～4 名；二、三类储存设施配备有相应专业初级以上职称的技术人员 2～3 名；四类储存设施配备有相应专业的技术人员或者从事危险化学品工作 10 年以上的人员。危险化学品保管人员须经当地消防部门专项培训，经考试合格后持证上岗。

(7) 危险化学品入库后 3 h 内要进行检查。以后每天检查不得少于 2 次。

7.3.3 运输管理

(1) 运输易燃易爆危险化学品的车辆必须办理“易燃易爆化学物品准运证”。办理准运证必须具备下列条件：

① 有主管单位的证明、车辆年检证、驾驶员证、押运员证；

② 有符合消防安全要求的运输工具和配备相应的消防器材；

③ 有经过消防安全培训合格的驾驶员和押运员。

(2)“易燃易爆化学物品准运证”由承运单位或个人所在县以上公安消防监督部门批准填发，分长期(期限 1 年)和临时(一次性)两种。

(3) 运输易燃易爆化学物品，应当遵守下列规定：运输单位和个人必须对装运物品严格检查，对包装不牢、破损、品名标签及标志不明显的和不符合安全要求的罐体及没有瓶帽的气体钢瓶不得装运；轻拿轻放，防止碰撞、拖拉和倾倒；运输车、船须彻底清扫干净后才能继续装运其他危险物品；化学性质、安全防护、灭火方法互相抵触的易燃、易爆化学物品不得混合装运；遇热容易引起燃烧、爆炸或产生有毒气体的化学物品按夏季限运物品安排，宜在夜间运输，必要时应采取隔热降温措施；遇潮容易引起燃烧、爆炸或产生有毒气体的化学物品不宜在阴雨天运输，若必须运输时，除具有良好的装卸条件外，还应有防雨防潮措施。

(4) 运输易燃易爆化学品的车辆必须符合《道路运输危险货物车辆标志》(GB 1339—92)的规定。

(5) 运输压缩、液化气体和易燃液体的槽、罐车的颜色必须符合国家色标要求，并安装静电接地装置和阻火设备。

(6) 无关人员不得搭乘装有易燃易爆化学物品的运输工具。

7.3.4 装卸管理

(1) 进入库区的机动车辆必须符合安全规定,汽车、拖拉机不准进入甲、乙、丙类物品库房,进入甲、乙类物品库房的电瓶车、铲车必须是防爆型的。蒸汽机车驶入库区时,应当关闭灰箱和送风器,不得在库区内清炉。

(2) 各种机动车辆装卸物品后,不可以在库区、货场内停放和检修。

(3) 库区内不得搭建临时建(构)筑物。

(4) 装卸甲、乙类物品时,操作人员不得穿戴易产生静电的工作服、帽和使用易产生火花的工具,严防振动、撞击、重压、摩擦和倒置。

(5) 库房内固定的吊装设备需要维修时,应当采取防火安全措施,经防火负责人批准后才可以进行。

(6) 装卸作业结束后,应对库房、库区进行检查,确认安全后方可离人。

7.3.5 消防器材管理

仓库应当按照国家有关消防技术规定设置和配备消防设施和器材。消防器材应设置在明显和便于取用的地点,周围不准堆放物品和杂物。消防器材应由专人管理,负责检查、修理、保养、更换和添置,保证完好有效。严禁圈占、埋压和挪用。在甲、乙、丙类物品国家储备库、专业性仓库以及其他大型物资仓库,应当按照国家有关技术规范规定安装相应的报警装置,附近公安消防队宜设置与其直通的报警电话。对消防水池、消火栓、灭火器等消防设施和器材应经常检查,保持完整好用。地处寒区的仓库要采取防冻措施。库区的消防车道和仓库的安全出口、疏散楼梯等消防通道严禁堆放物品,保持畅通。

7.4 危险化学品的储运安全

对于物料的储运,特别是油品的储远,安全是永恒的主题。油品储运中容易发生的事故有三个方面:一是油品的跑料、冒料事故;二是人身中毒及伤害事故;三是火灾爆炸事故。

7.4.1 跑料事故

(1) 储罐的储存系数

储罐的储存系数是罐的安全高度(或安全容积)与罐的设计高度(或设计容积)之比。实际上储存系数就是储罐的利用系数。设计容积(名义容积)即储罐的理论容积,它是按罐的整个高度计算的。一般在设计中,以这个尺寸计算出来的容量来选择储罐的高度和直径(制造厂的系列尺寸)。安全容积或安全高度是考虑到储存过程各种因素对储存介质容积的影响来确定的。

(2) 储罐的输油管道上安装压力平衡管

储罐跑料、漏料有的是发生在储罐输出管道上。当停止输油时，由于温度变化、太阳照射、管道伴热等原因，管内压力增高（液体部分汽化），致使管线发生膨胀、变形、破裂或者法兰垫片破坏，引起跑料。为防止此类事故的发生，应在输油管截止阀后设一根压力平衡管与罐相通。当停止输油时，需将平衡管阀门打开，使管内压力与罐压平衡。

（3）输油管的“水击”破坏

在输油操作过程中，如果将出口管道上的阀门紧急关闭，则管道内的油品立即停止流动，其动能迅速转变为势能而形成“水击”压力值，此压力以水击波的形式从靠近阀门的管程以接近声速的速度向上游传递，当它和管道沿线各点原有压力叠加起来时，就有可能击裂管道，造成跑料事故。

（4）储罐抽瘪

储罐附件失灵或操作不当，会发生因抽瘪而跑料的事故，其原因如下：冬季拱顶罐顶呼吸阀被冻住失灵，如甲苯、二甲苯等物料的油蒸气逸出，由于冰点低，则在罐呼吸阀处迅速结冰，冻住呼吸阀；当呼吸阀发生故障时，由于进油温度低，速度过快，使罐内气体空间温度迅速下降，大量油气凝结，形成的负压超过设计规定；呼吸阀弹簧锈蚀失灵；进油速度过快，超过呼吸阀口径允许的进气速度，使罐内出现负压，超过设计规定；阻火器堵塞。

（5）油罐的切水

油罐的切水操作，特别是人工切水操作时，操作者应坚守岗位，切水阀不应开启过大，注意观察切水情况，严防把油放出。

7.4.2 人身伤害

在罐区操作及清理、检修储罐过程中，有可能发生有毒、有害气体中毒、窒息及滑倒、坠落、坠落物砸伤等意外伤害事故。

曾经装过含铅汽油的储罐中存有含四乙基铅的淤渣，这些残渣可持续多年，接触这些残渣能引起中毒。在储存含硫物料（如原油、轻油等馏分）的油罐内部及周围以及从油罐中清理出来的淤渣中都会有硫化氢（H_2S），这种气体毒性很大，过多地接触会使人的嗅觉钝化，呼吸系统麻痹而导致死亡。少量接触 H_2S 也能引起眼睛、鼻子和咽喉的不适。

在进罐作业之前，必须驱除干净罐内的可燃及有害气体，使之达到允许浓度，并保证含氧量合格。进行驱除罐内油蒸气的作业前，首先必须切断一切进罐物料的来源。若自然通风较慢，可用鼓风机向罐内鼓风，这是经常采用的方法。在有人进罐作业时，仍要保证良好通风。鼓风机的吸风口应设在上风向。用水蒸气来加热罐内气体，有助于自然通风。为了便于清除罐壁上的油污，可以用水蒸气加热罐内的水，然后再铲除沉积物。含有硫化物的残渣中可能含有能够自燃的沉积物，在清除时注意防止产生火花。残积物氧化时会产生热量，注意散热。

很多油品对皮肤有刺激作用，过多接触会造成伤害，要注意冲洗皮肤。不能带橡皮手套作业，可在手上涂羊毛脂及护肤用品。为防止有毒有害气体危害，取样和检测人员必须站在上风方向操作。防止保温蒸汽及其他热源的烫伤，外露的保温管线要加强隔热层保护。用蒸汽冲洗或加热罐时，要注意临时蒸汽胶管的连接，蒸汽阀不要开得过快、过大，以防烫伤。在罐上作业，如取样、检测及装卸作业人员，应注意防滑，防止高空坠物砸伤，防止因设备腐蚀造成坠罐及高空坠落。

7.4.3 防火防爆

选择铁制检尺和采样器时，检尺和采样口必须镶有铅或铜质垫圈，以防产生火花。对于可燃液体储罐应安装量油管，量油管与罐壁有良好的接触，以利导出静电，使取样器与量油管不碰击出火花。取样及检测人员应着棉布制的工作服，不应穿化纤服装。为了消除人体的静电，操作前操作者应接触罐体的某一部分。降落和提升取样设备用的绳子应是非导体，不应使用人造纤维绳，而应使用天然纤维制的绳子，如棕榈麻绳或剑麻绳，或者使用不产生火花的材料。

储罐进料接管应采用底部进料，防止喷溅、搅动，产生静电。进料后不应立即进行检测和取样操作，要让油品静置一段时间，待静电导出后才能作业。静置时间与油品种类、罐容大小、进料速度有关，大多需要 1～24 h，至少不能少于 0.5 h。对于轻质油、液化烃类闪点低的介质，储存温度越低越好，应采取防日晒及水喷淋措施，以防火灾。重油闪点高，但自燃点低，若温度过高，超过自燃点，一旦与空气接触即会着火。含水的油品还会发生突沸和喷溅，一般不应超过 90℃。

含硫油品与铁形成的硫化铁沉积在罐底，当油品排空时，硫化铁与空气接触会氧化，温度上升至 600～700℃即发生自燃。因此，要注意防止硫化铁残渣长期暴露在空气中，在清理硫化铁残渣时要不断用水冷却，清出的硫化铁残渣要及时掩埋入土，防止自燃起火。

7.4.4 储罐灭火

7.4.4.1 常压储罐的火灾

常压储罐着火有多种情况，可能出现稳定燃烧、爆炸后燃烧、爆燃和沸溢燃烧等。

(1) 稳定燃烧

油罐发生火灾，在气温较高时挥发出大量油品蒸气，从呼吸阀、光孔、量油口等处冒出，遇到火源会造成稳定燃烧，即通常所说的火炬燃烧。油罐发生稳定燃烧时，不宜急剧用水冷却，以免油罐温度骤降，罐内油品蒸气凝结，造成负压回火引起爆炸。可用少量水对火焰周围进行冷却，迅速用覆盖物进行灭火，亦可用干粉、喷雾水、蒸汽、氮气进行灭火。如果火焰呈蓝色或黄色，没有烟，油罐还有另外开口与大气相通，那么在燃烧过程中可能会发生爆炸。此时不宜接近油罐，宜采用干粉枪喷射干粉或用泡沫剂灭火。

(2) 爆炸后燃烧

油罐内的油品蒸气与空气的混合物在爆炸极限范围内遇到火源，会在罐内发生爆炸，造成罐体损坏，然后继续燃烧。在某些情况下，可能使油品流散，出现流散液体火焰。

(3) 爆燃

重质油品油罐内蒸发的油品蒸气浓度小于爆炸下限浓度，遇到火源，可能在罐内发生爆燃。由于油品蒸气的挥发速度跟不上燃烧需要的蒸气量，因而发生爆燃后油罐不再继续燃烧。油罐发生爆燃，会造成罐体损坏，油品外溢。

(4) 沸溢燃烧

含水的重质油品油罐发生火灾，可能出现沸溢、喷溅、溢流、沸腾或突沸现象。

① 沸溢是含水重质油罐发生火灾，由于液面燃烧过程中上部油品温度升高，油品中的乳化水开始下沉，辐射热对油品不断加温，热波不断向液面下传递的现象。一般情况下，在油罐起火 30 min 以后，在油罐上部油品会出现这样的高温层，油面温度达 250～360℃，水粒变成蒸气泡。这种表面包有油品的气泡比原来的水体积扩大若干倍以上，油泡浮到液面，造成沸溢，在油罐周围地面扩散，致使火势扩大。

② 喷溅是在重质油品油罐的下部有水层时产生的。发生火灾后，由于热波往下传递，将油罐底部沉积水的温度加热到汽化温度(100℃)，使沉积水变成水蒸气，体积扩大，将其上部油品抬起，最后冲破油层进入大气，将燃烧着的油滴和包油的油气冲向天空，造成喷溅。

③ 溢流就是油品从罐顶边沿向罐外流出，造成大面积火灾的现象。轻质油品油罐注水过多，会造成溢流；重质油品油罐起火，若扑救措施不当，向罐内射水过多，水分挥发，形成气泡，体积扩大，会造成严重的溢流。

④ 突沸是重质油品内含有轻质油品的油罐发生火灾，由于辐射热的作用，热波往油品液面下部传递，使重油内的轻质油品迅速挥发，油罐内突然沸腾起来的现象。油罐发生突沸，火焰增大，更不利于灭火。

7.4.4.2　浮顶油罐的火灾

浮顶罐的液面被浮顶覆盖，仅在罐壁环形密封圈处可能挥发少量的油气。即使在进出油时也没有大的呼吸，油气挥发很少，因此着火的可能性比固定顶罐要小。它着火的特点是火势小，一般仅在靠罐壁的环形面积内着火，火势不会太大，火焰蔓延速度较慢。同时浮顶罐内没有油气空间，不能形成爆炸混合气体，起火后不会爆炸。所以在扑救浮顶罐火灾时，应先上罐顶查清着火点，可用小型手提式干粉灭火器，也可用泡沫枪或泡沫灭火器进行扑救。

7.4.4.3　液化烃和石油液化气火灾

液化烃和石油液化气等带有压力的储罐发生火灾时，应立即切断进料阀，打开泄压阀门进行紧急放空，然后再进行灭火，同时要对邻近的储罐进行冷却保护。如果泄漏处着火，应迅速堵漏，可以先灭火，后堵漏，以防止复燃。液化烃、石油液化气着火，一般火势很大，容易发生爆炸，要迅速通知消防队，启动大型灭火设备进行灭火。要组织好消防水供应，冷却水不能中断，冷却水喷淋要均匀，不可出现空白点，以免引起不均匀的热应力面而造成储罐变形；同时要避免冷却水落入燃烧液面，以免破坏泡沫覆盖面，影响灭火效果。尤其是重质油的油罐，不应将冷却水打入燃烧液面，以免引起油品的突沸，更不能将水喷进液化气气相部分，这样会造成液化气迅速蒸发(蒸发速度可增大几十倍)，使火势加大。

复习思考题

1. 何为危险化学品储存？与普通货物储存相比，危险化学品储存有哪些特点？

2. 为了储存第二类危险化学品，常使用何种容器？为保证其使用、储存的安全，该类容器有哪些安全保证附件？

3. 根据国家《建筑设计防火规范》的规定，仓库储存危险化学品的火灾危险分为哪几级？常用的消防设备有哪些？

4. 危险化学品的储运安全事故主要有哪些类型？简述各自的主要特点及主要发生场所。

8　危险化学品防火防爆基础

8.1　概述

危险化学品生产中存在着发生火灾、爆炸事故的潜在危险因素。在生产过程中，由于使用的原材料、中间产品、产品及辅助材料大都是易燃易爆物质，加之高温高压操作带来的危险性，一旦出现操作不当、管理不善或设备故障等情况时，极易发生火灾爆炸事故。

据 1949～1982 年间化学工业事故统计，事故发生起数中比例最大的是机械伤害（27.23%），但在死亡人数中比例最大的是火灾、爆炸（20.3%），这表明火灾、爆炸事故有较为严重的后果。另据统计，在石油化工行业，火灾爆炸事故造成的损失占事故总损失的 40%以上。因此，掌握防火、防爆的基本措施，对于做好危险化学品生产的安全工作，具有十分重要的意义。

8.2　燃烧

8.2.1　燃烧的条件

燃烧必须具备 3 个条件：

（1）有可燃物质存在（固体燃料如煤，液体燃料如汽油，气体燃料如甲烷）；

（2）有助燃物质的存在，通常的助燃物质有空气、氢、氯、氧等；

（3）有导致燃烧的能源，即点火源，如撞击、摩擦、明火、高温表面、发热自燃、绝热压缩、电火花、光和射线等。

可燃物、助燃物和点火源是构成燃烧的三个要素，缺少其中任何一个，燃烧便不能发生。有时，即使这三个要素都存在，但在某些情况下——可燃物未达到一定的浓度、助燃物数量不够、点火源不具备足够的温度或热量，也不会发生燃烧。例如，氢气在空气中浓度少于 4%时，便不能点燃。一般可燃物质在含氧量低于 14%的空气中不能燃烧。一根火柴燃烧时释放出来的热量不足以点燃一根木材或一堆煤。反过来，对于已经发生的燃烧，若消除其中任何一个条件，燃烧便会终止，这就是灭火的原理。

8.2.2 燃烧的过程与形式

8.2.2.1 燃烧的过程

可燃物质的状态不同(气、液、固态),其燃烧的过程也不同。大多数可燃物质的燃烧是在蒸气或气态下进行的。

可燃气体最易燃烧,只要达到其本身氧化分解所需要的热量,便能燃烧,其燃烧速度很快。

液体可燃物在火源作用下,首先发生蒸发,然后蒸气再氧化分解,进行燃烧。

固体燃烧物分为简单物质和复杂物质。简单物质,如硫、磷等,受热后首先熔化,然后蒸发、燃烧。复杂物质在受热时分解成气态和液态产物,然后气态产物和液态产物的蒸气着火燃烧。如木材受热后,在温度小于 110℃时,只放出水分,130℃开始分解,到 150℃变色,在 150～200℃时其分解产物主要是水和二氧化碳,但不能燃烧,在 200℃以上时分解出一氧化碳、氢和碳氢化合物,此时木材开始燃烧,到 300℃时析出的气体产物最多,燃烧也最激烈。

物质在受热燃烧时,其温度变化如图 8-1 所示。$T_{初}$为可燃物开始燃烧的温度。最初一段时间,加热的大部分热量用于熔化或分解、气化上,故可燃物温度上升较缓慢。之后到 $T_{氧}$(氧化开始的温度)时,可燃物开始氧化,由于温度尚低,故氧化速度不快,氧化所产生的热量尚不足以克服系统向外界的放热。若此时停止加热,仍不能引起燃烧。如继续加热,则温度上升很快,到 $T_{自}$(理论自燃温度)时,氧化产生的热量与系统向外界散失的热量相平衡。若继续加热,使温度稍微升高一点,氧化产生的热量大于系统向外界放出的热量,此时即使停止加热,温度亦能自行升高。此平衡点温度称为理论自燃点温度。当温度继续升到 $T'_{自}$(实际自燃点温度)时,就出现火焰并燃烧起来。$T'_{自}$是开始出现火焰的温度,即通常测得的自燃点。$T_{燃}$是物质的燃烧温度。

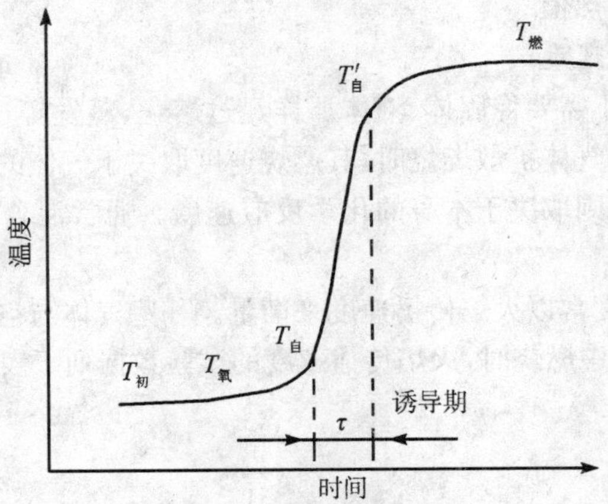

图 8-1 物质燃烧时温度的变化

从 $T_自$ 到 $T'_自$ 这一段延滞时间 τ 被称为诱导期。物质的诱导期在安全上有意义，诱导期越短，说明物质越易燃烧。氢只有 0.01 s 的诱导期，因此是很危险的，可以说一点就着。

8.2.2.2　燃烧形式

由于可燃烧物质存在的状态不同，所以它们的燃烧形式是多种多样的。按参加燃烧反应相态的不同，可分为均一系燃烧和非均一系燃烧。均一系燃烧指燃烧反应在同一相中进行，如氢气在氧气中燃烧，煤气在空气中燃烧等均属于均一系燃烧。与此相反，在不同相内进行的燃烧叫非均一系燃烧。如石油、木材和煤等液、固体的燃烧均属于非均一系燃烧。

根据可燃性气体的燃烧过程，又分成混合燃烧和扩散燃烧两种形式。将可燃气体预先同助燃剂——空气或氧气混合，然后进行的燃烧叫混合燃烧。可燃性气体由管中喷出，同周围的空气（或氧气）接触，可燃性气体分子与助燃气体（氧）分子由于扩散，边混合边燃烧，这种形式叫做扩散燃烧。混合燃烧反应迅速，温度高，火焰传播速度快。通常的爆炸反应即属于这一类。

在可燃烧液体燃烧中，通常不是液体本身燃烧，而是由液体产生的蒸气进行燃烧，这种形式的燃烧叫蒸发燃烧。

很多固体或不挥发性液体，由于热分解产生可燃烧的气体而发生燃烧，这种燃烧叫分解燃烧。木材和煤的燃烧即属分解燃烧。而硫磺和萘等一类可燃性固体的燃烧是先受热熔融成液体，液体再蒸发成气体，而后燃烧，这类燃烧叫蒸发燃烧。

蒸发燃烧和分解燃烧均有火焰产生，因此属于火焰型燃烧。当可燃固体燃烧到最后，分解不出可燃气体时，只剩下碳，此时没有可见火焰，燃烧转为表面燃烧。这种燃烧又叫均热型燃烧。金属的燃烧就是一种表面燃烧。

根据燃烧的起因和剧烈程度的不同，又有闪燃、着火以及自燃的区别。

8.2.3　燃烧速度与热值

8.2.3.1　气体燃烧速度

由于气体燃烧不需要像固体、液体那样经过熔化、蒸发等过程，所以燃烧速度较液体、固体要快。气体扩散燃烧时，其燃烧速度取决于气体的扩散速度。而在混合燃烧时，燃烧速度则取决于本身的化学反应速度。通常混合燃烧速度要比扩散燃烧速度快得多。

气体的燃烧速度常以火焰传播速度来衡量。一些气体与空气的混合物在直径为 25.4 mm 的管道中燃烧时，火焰传播速度的试验数据列于表 8－1 中。

表 8-1 气体在空气中的火焰传播速度

气体名称	最大火焰传播速度/(m/s)	可燃气体在空气中的浓度/%	气体名称	最大火焰传播速度/(m/s)	可燃气体在空气中的浓度/%
氢	4.83	38.5	丁烷	0.82	3.6
一氧化碳	1.25	4.5	乙烯	1.42	7.1
甲烷	0.67	9.8	炼焦煤气	1.70	17
乙烷	0.85	6.5	焦炭发生煤气	0.73	48.5
丙烷	0.82	4.6	水煤气	3.1	43

管子的直径对火焰传播速度有明显的影响。一般说来，传播速度随着管子直径的增加而增加，但当达到某个极限直径时，速度就不再增加了。同样，传播速度随着管子直径的减少而减少，在达到某一小的直径时，火焰就不能传播了。阻火器就是根据这一原理制作的。

可以利用表 8-1 所列数据，按下列式子来估算不同管径时的火焰传播速度：

$$V=V_0/m$$

式中 V——所求管径中的火焰传播速度；

V_0——管径在 25.4 mm 时的传播速度；

m——校正系数，可从图 8-2 中查取。

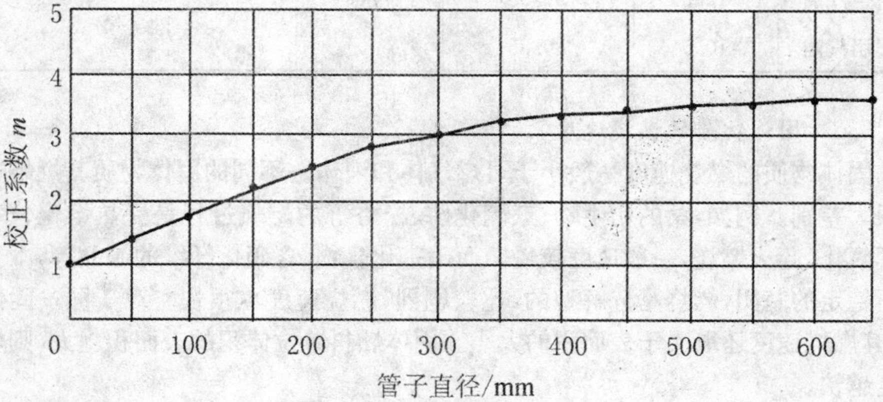

图 8-2 管径对火焰传播速度的校正值

例 计算氢气在 50 mm 管径中的火焰传播速度。

从表 8-1 中查出氢气的 V_0=4.83 m/s，从图 8-2 中查得 m=1.4，

$V=V_0/m$=4.83/1.4=3.45 m/s

在 50 mm 管中，氢气火焰传播速度为 3.45 m/s。

气体火焰传播速度还与气体的浓度、管材及管子的方向有关。管子垂直向上时，传播速度最快，水平方向次之，垂直向下最慢。

8.2.3.2　液体燃烧速度

液体的燃烧速度取决于液体的蒸发，其燃烧速度有两种表示方法：一种是以每平方米面积上 1 小时烧掉液体的质量来表示，这叫液体燃烧的质量速度；另一种是以单位时间内烧掉液体层的高度来表示，这叫做液体燃烧的直线速度。

易燃液体的燃烧速度与液体的初温、储罐直径、罐内液面高度及其液体含水量等因素有关。液体的初温越高、罐内液面越低，燃烧速度就越快。对于石油产品，含水量高的其燃烧速度比含水量低的要慢。

几种易燃液体的燃烧速度见表 8－2。

表 8－2　几种易燃液体的燃烧速度

液体名称	直线速度/(cm/h)	质量速度/[$kg/(m^2 \cdot h)$]	液体名称	直线速度/(cm/h)	质量速度/[$kg/(m^2 \cdot h)$]
苯	18.9	165.37	二硫化碳	10.5	132.97
乙醚	17.5	125.84	丙酮	8.4	66.36
甲苯	16.1	138.29	甲醇	7.2	57.6
航空汽油	12.6	91.98	煤油	6.6	55.11
车用汽油	10.5	80.85			

8.2.3.3　固体物质的燃烧速度

固体物质的燃烧速度一般小于可燃气体和液体。不同的固体物质其燃烧速度有很大差别。例如，萘的衍生物、三硫化磷、松香等的燃烧过程是受热熔化、蒸发、分解氧化、起火燃烧，一般速度较慢。而硝基化合物、含硝化纤维的制品等，本身含有不稳定的基团，燃烧是分解型的，比较剧烈，燃烧速度也很快。对于同一固体物质，其燃烧速度还取决于表面积的大小。固体燃料单位体积的表面积越大，则燃烧速度越快。

8.2.3.4　热值与燃烧温度

单位重量的可燃物质在完全烧尽时所放出的热量叫该物质的热值。

物质燃烧时的火焰温度叫燃烧温度。常见的可燃物质燃烧温度见表 8－3。

表 8-3 可燃物质的燃烧温度

可燃物质	燃烧温度/℃	可燃物质	燃烧温度/℃
甲烷	1 800	木材	1 000～1 177
乙烷	1 895	镁	3 000
乙炔	2 127	钠	1 400
甲醇	1 100	石蜡	1 427
乙醇	1 180	一氧化碳	1 680
丙酮	1 000	硫	1 820
乙醚	2 861	二硫化碳	2 195
原油	1 100	液化气	2 110
汽油	1 200	天然气	2 020
煤油	700～1 030	石油气	2 120
重油	1 000	火柴火焰	750～850
烟煤	1 647	燃着的卷烟	700～800
氢气	2 130	橡胶	1 600
煤气	1 600～1 850		

热值是决定燃烧温度的主要因素。热值数据是用热量计在常压下测得的。高热值包括燃烧生成的水蒸气全部冷凝成液态水所放出的热量，低热值不包括这部分热量。

8.3 爆炸

8.3.1 爆炸的分类

8.3.1.1 按爆炸速度分类

按传播速度将爆炸分为轻爆、爆炸、爆轰。

轻爆：指爆炸传播扩展速度为每秒 10 厘米至数米的过程。

爆炸：指爆炸传播扩展速度为每秒 10 米至数百米的过程。

爆轰：指爆炸传播速度为每秒 1 000 米以上的过程。

8.3.1.2 按爆炸性质分

爆炸按其形成的原因可分为物理爆炸、化学爆炸和核爆炸。在化工、石化生产过程中主要涉及前两类爆炸。

(1) 物理爆炸

是由物理变化而引起的。物质因温度、体积、压力等发生变化而引起的爆炸称为物理爆炸。物理爆炸的特点是爆炸前后物质的性质和化学成分均不改变。压力容器的超压爆炸、锅炉的爆炸、蒸气爆炸等均属于物理爆炸。

(2) 化学爆炸

由于物质发生极迅速的化学反应，产生的高温、高压气体引起的爆炸称为化学爆炸。在化学爆炸前后，物质的成分和性质均发生了根本性的变化。根据爆炸时发生的化学变化，化学爆炸可分为三类。

① 简单分解爆炸：发生简单分解爆炸的爆炸性物质，爆炸时所需要的能量是由爆炸物本身分解产生的，爆炸时并不一定伴随着燃烧现象。属于这类物质的有叠氮铅、雷汞、雷银、三氯化氮、三碘化氮、二硫化三氮、乙炔银、乙炔铜等，这类物质非常危险，受到轻微振动就会发生爆炸。

在化工、石化生产中，某些气体分解时也能产生很大的能量，尤其在受压的状态下，在激发能源的作用下，爆炸非常激烈。高压下存放的乙烯、乙炔发生的爆炸也属于简单分解爆炸。

② 复分解爆炸：这类爆炸物质需要在外界强度较大的激发能源作用下，发生高速的放热反应并形成强烈压缩状态的气体作为引起爆炸的高温高压气体源。复分解爆炸伴有燃烧现象，燃烧所需要的氧由爆炸物质本身的分解产生，爆炸后可把附近的可燃物点燃，往往引起大面积的火灾。大多数的炸药和一些有机过氧化物的爆炸都属于此类，它们同简单分解爆炸物质相比较，对外界的刺激敏感性要低一些，因而危险性也要低一些。如硝化甘油的爆炸反应就需要用雷管引爆，而叠氮铅只需振动就能爆炸。

③ 气体混合物的爆炸：可燃气体、蒸气或粉尘与空气或氧气形成的混合物发生的爆炸都属于此类爆炸。爆炸性混合物的爆炸需要一定的条件，可燃气体与空气或氧气的混合物要达到爆炸的极限范围，并具有一定的激发能量，才能发生爆炸。

爆炸性气体混合物包括以下几种：氢、乙炔、甲烷、一氧化碳、天然气、煤气等与空气或氧气形成的混合物；汽油、苯类、酸类、醚类等可燃液体的蒸气与空气或氧气形成的混合物；煤、铝、镁、硫磺等粉尘与空气或氧气形成的混合物；遇水爆炸物质如钾、钠、碳化钙、烷基铝等与水接触，放出的可燃气体与空气或氧气形成的混合物。

8.3.1.3　按反应的相分

(1) 气相爆炸：包括可燃气体混合物的爆炸，单一气体的热分解爆炸，压缩气体压力超高引起的过压爆炸，液体被喷成雾状剧烈燃烧引起的雾滴爆炸，飞扬、悬浮与空气中的可燃粉尘引起的粉尘爆炸等。

(2) 液相爆炸：包括聚合爆炸、蒸气爆炸和不同危险液体混合引起的爆炸。如液化气体钢瓶、贮罐破裂后引起的的蒸气爆炸，锅炉的爆炸，硝酸和油脂、高锰酸钾和浓硝酸、无水顺丁二烯二酸和烧碱等氧化性和还原性物质混合后引起的爆炸等。

(3) 固相爆炸：包括爆炸性物质的爆炸，固态物质混合、混熔引起的爆炸，电流过强引起的电缆爆炸等。

8.3.2 影响爆炸极限的因素

爆炸极限是在一定温度和压力条件下测定或计算出来的数据，不是一个恒定的数值，要受到各种条件和因素的影响。影响爆炸极限的主要因素有温度、压力、含氧量、惰性气体含量、点火源强度和容器的大小、形状等。

8.3.2.1 初始温度

可燃气体混合物的初始温度越高，根据活化能理论，参加反应的分子的活性就越大，反应的速度就越快，反应时间缩短.放热速率增快，使爆炸下限降低，上限增高，爆炸极限范围增大，增加了火灾危险性。表 8-4 列出了煤气、丙酮初始温度对爆炸极限的影响。

表 8-4 初始温度对混合物爆炸极限范围的影响

可燃物	混合物温度/℃	爆炸下限/%	爆炸上限/%	可燃物	混合物温度/℃	爆炸下限/%	爆炸上限/%
丙酮	0	4.2	8.0	煤气	300	4.40	14.25
煤气	50	4.0	9.8		400	4.00	14.70
	100	1.2	10.0		500	3.65	15.35
	20	6.00	13.4		600	3.5	16.40
	100	5.45	13.5		700	3.25	18.75
	200	5.05	13.8				

8.3.2.2 初始压力

压力对可燃气体混合物的爆炸极限有明显的影响。压力增大，一是可以降低气体混合物的自燃点，二是在高压下分子间距缩小，更易发生反应，加快了反应速度，因此爆炸上限明显增高，爆炸范围增大。在已知的可燃气体中，只有一氧化碳的爆炸极限范围随着压力的增大而减小。压力降低，爆炸极限范围会缩小，当压力降至一定数值时，爆炸的上限和下限可重合，气体混合物不会爆炸，此时的最低压力为临界压力。根据可燃物的临界压力，对于燃烧爆炸危险性特别大的物质的生产，在密闭容器内的负压条件下进行就比较安全。

压力升高对甲烷的爆炸极限影响见表 8-5。由表可以看出，压力增高使爆炸上限明显增大，对爆炸下限影响不大。

表 8-5 压力对甲烷爆炸极限的影响

初始压力/(kgf/cm^2)	爆炸下限/%	爆炸上限/%	初始压力/(kgf/cm^2)	爆炸下限/%	爆炸上限/%
1	0.6	14.3	50	5.4	29.4
10	5.9	17.2	125	5.7	45.7

8.3.2.3 含氧量

当可燃气体的浓度为下限时，此时爆炸性混合物的体系内的氧含量是过量的，可燃物的浓度少，因此再增加体系的氧含量，对其爆炸下限影响不大。但当可燃气体的浓度在其上限时，爆炸性混合体系内的可燃气体的浓度充足，氧含量明显不足，此时增加体系内的氧含量，满足了体系爆炸对充足氧气的要求，因此使体系的爆炸上限明显增大，爆炸范围扩大。所以可燃气体混合物中含氧量增加，对爆炸下限的影响不大，而爆炸上限显著增大。

8.3.2.4　惰性气体含量

氮、二氧化碳、水蒸气、氩、氦、四氯化碳等惰性气体加入到爆炸性混合物中，就会使其爆炸范围缩小，惰性气体的浓度达到一定的数值时，可使混合物不发生爆炸。这是由于惰性气体加入到混合体系后，一是使可燃物分子与氧分子分离，在它们之间形成不燃的障碍层。二是惰性气体分子与活化中心作用，使链锁反应中断，降低了反应速度。三是加入的惰性分子吸收了已反应气体分子放出的热量，阻止了火焰向未反应分子的蔓延。惰性气体浓度的加大，对爆炸上限的影响更为显著。因为惰性气体浓度的加大使体系中的氧含量更加不足，使爆炸上限明显下降。

惰性气体浓度的增加对爆炸上限的影响较之下限更为明显。

水等杂质对气体反应的影响也很大。无水、干燥的氯气没有氧化性能；干燥的空气不能完全氧化钠、磷；干燥的氢、氧混合物在1 000℃也不会自行爆炸。痕量水就会加速臭氧、氯氧化物等物质的分解，少量的硫化氢就会大大降低水煤气与空气混合物的燃点并增加其爆炸危险性。

8.3.2.5　容器的材质与大小

容器的材质和大小对气体混合物的爆炸极限均有影响，容器尺寸很小时影响更大，这主要是容器的器壁效应的原因。当气体分子在容器内进行链式反应时，随着管道直径的减小，自由基与管壁碰撞消失的几率增大，与反应分子碰撞的几率减小，降低了反应的速度，当管道尺寸减小到一定程度时，自由基与其壁碰撞消失的几率大于新自由基的生成，使反应不能再进行下去，火焰不能蔓延，燃烧停止。实验表明，容器管道的直径越小，其内可燃气体混合物的爆炸极限范围越小，当直径小到一定尺寸时，火焰便不能通过。火焰不能蔓延的最大通道尺寸，称为消焰距离。

8.3.2.6　点火能量

点火源能量强度高，热表面积大，与混合物接触的时间长，都会使可燃气体混合物的爆炸极限范围扩大，增加其爆炸危险性。表8-6列出了常压下7 L的容器内，不同点燃能量对甲烷与空气混合物的爆炸极限的影响。

表 8-6 标准大气压下，点燃能量对甲烷与空气混合物爆炸极限(体积分数)的影响(容器 V=7 L)

点燃能量/J	$L_{下}$/%	$L_{上}$/%	点燃能量/J	$L_{下}$/%	$L_{上}$/%
1	4.9	13.8	100	4.25	15.1
10	4.6	14.2	10 000	3.6	17.5

能引起一定浓度可燃物燃烧或爆炸所需要的最小能量，称为可燃物的最小点火能量，或最小引燃能量。点火源的能量小于可燃物的最小点火能量，可燃物就不能着火爆炸。对于摩擦撞击火花、静电火花等，其释放能量是否大于可燃物的最小点火能量，是判断其是否能成为点火源引发火灾爆炸事故的一个重要条件。可燃气体、蒸气的最小点火能量见表 8-7。

表 8-7 可燃性气体的最小点火能量

可燃性气体	体积分数/%	最小点火能量/10^{-3} J	
		空气中	氧气中
二硫化碳	6.52	0.015	
氢	29.5	0.019	0.001 3
乙炔	7.73	0.02	0.000 3
乙烯基乙炔	4.02	0.082	
乙烯	6.52	0.096	0.001
环氧乙烷	7.72	0.105	
甲基乙炔	4.97	0.152	
3-丁二烯	3.67	0.17	
氧化丙烯	4.97	0.19	
甲醇	12.24	0.215	
呋喃	4.44	0.225	
甲烷	8.5	0.28	

8.4 防火防爆基本措施

失去控制的燃烧和爆炸会引起火灾与爆炸事故，威胁人身安全，造成巨大经济损失。因此，要贯彻“预防为主、防消结合”的方针，积极预防火灾与爆炸事故的发生。

8.4.1 火灾与爆炸事故

8.4.1.1 火灾及其分类

(1) 火灾

凡在时间或空间上失去控制的燃烧所造成的灾害，都为火灾。

根据《火灾统计管理规定》，所有火灾不论损害大小，都列入火灾统计范围。以下情况也列入火灾统计范围：

① 易燃易爆化学物品燃烧爆炸引起的火灾；

② 破坏性试验中引起非实验体的燃烧；

③ 机电设备因内部故障导致外部明火燃烧或者由此引起其他物件的燃烧；

④ 车辆、船舶、飞机及其他交通工具的燃烧(飞机因飞行事故而导致本身燃烧的除外)，或者由此引起其他物件的燃烧。

(2) 按照一次火灾事故损失将火灾等级划分为三级

① 具有下列情形之一的火灾为特大火灾：死亡 10 人以上(含本数，下同)，重伤 20 人以上，死亡、重伤 20 人以上，受灾户 50 户以上，直接财产损失 100 万元以上。

② 具有下列情形之一的火灾为重大火灾：死亡 3 人以上，重伤 10 人以上，死亡、重伤 10 人以上，受灾户 30 户以上，直接财产损失 30 万元以上。

③ 不具有前列两项情形的火灾为一般火灾。

(3) 国家标准对火灾的分类

在国家技术标准《火灾分类》(GB 4968－85)中，根据物质燃烧特性将火灾分为 4 类。

① A 类火灾：指固体物质火灾。这种物质往往具有有机物的性质，一般在燃烧时能产生炽热的余烬。如木材、棉、毛、麻、纸张火灾等。

② B 类火灾：指液体火灾和可熔化的固体物质的火灾。如汽油、煤油、柴油、原油、甲醇、乙醇、沥青、石蜡火灾等。

③ C 类火灾：指气体火灾。如煤气、天然气、甲烷、乙烷、丙烷、氢气火灾等。

④ D 类火灾：指金属火灾。如钾、钠、镁、钛、锆、锂、铝镁合金火灾等。

上述分类方法对防火和灭火，特别是选用灭火剂与灭火器材有指导意义。

8.4.1.2 爆炸事故及其特点

(1) 常见工业爆炸事故类型

① 可燃气体与空气混合引起的爆炸事故；

② 可燃液体蒸气与空气混合引起的爆炸事故；

③ 可燃粉尘与空气混合引起的爆炸事故；

④ 间接形成的可燃气体(蒸气)与空气混合引起的爆炸事故；

⑤ 火药、炸药及其制品的爆炸事故；

⑥ 锅炉及压力容器的爆炸事故，这类爆炸属于物理爆炸。

注意：本节下面所讨论的爆炸事故均指化学爆炸事故。

(2) 爆炸事故的特点与危害

爆炸事故具有以下特点：

① 突发性：爆炸往往在瞬间发生，难以预料。

② 复杂性：爆炸事故发生的原因、灾难范围及其后果各异，相差悬殊。

③ 严重性：爆炸事故的破坏性大，往往是摧毁性的，造成惨重损失。

爆炸事故的破坏作用有：冲击波破坏，灼烧破坏，由于爆炸而飞散的固体碎片可能击伤人员或砸坏物体，由于爆炸还可能形成地震波的破坏等。其中冲击波的破坏最为主要，破坏作用也最大。

8.4.1.3 火灾和爆炸事故

(1) 二者的区别

火灾与爆炸事故的主要区别在于发展过程有显著不同。一般情况下，火灾在起火后火场逐渐蔓延扩大，随着时间的延续，损失急剧增长。经验规律是：火灾损失大约与火灾持续时间的平方成正比关系。因此，对于火灾来说，初期的救火尚有意义。而爆炸则是猝不及防的，在大多数情况下，爆炸过程在瞬间完成，人员伤亡及物质损失也在瞬间造成。因此，更应当强调对爆炸事故的预防。

(2) 二者的关系

由于火灾与大多数(化学)爆炸事故均由氧化反应导致，因此二者可能同时发生，也可能相互引发、转化，形成复杂的情况。

① 火灾引起爆炸：火灾中的明火及高温可能引起易燃物爆炸。如油库或炸药失火，可能引起密封油桶、炸药的爆炸；一些在常温下不会爆炸的物质，如醋酸，在火场的高温下有变成爆炸物的可能。因此一旦发生火灾，应立即将燃爆危险品撤出，同时用大量冷却水使燃爆危险品处于低温状态，防止火灾转化为爆炸。

② 爆炸引起火灾：爆炸抛出的易燃物可能引起大面积火灾。如密封的燃料油罐爆炸后，由于油品的外泄引起火灾。因此在发生爆炸时，要考虑到引发火灾的可能，及时采取防范、抢救措施。

8.4.2 防火防爆基本原理与措施

8.4.2.1 基本原理与思路

引发火灾的条件是：可燃物、氧化剂和点火源同时存在、相互作用。引发爆炸的条件是：爆炸品(内含还原剂及氧化剂)或者是可燃物与空气的混合物与引爆能源同时存在、相互作用。如果我们采取措施避免或者消除上述条件，就可以防止火灾或爆炸事故的发生，这就是防火防爆的基本原理。

在制定防火防爆措施时，可以从下面 4 个方面来考虑。

(1) 预防性措施：这是最理想、最重要的措施，也是本节讲述的重点。其基本点是使可燃物(还原剂)、氧化剂与点火(引爆)源没有结合的机会,从根本上杜绝着火(引爆)的可能性。

(2) 限制性措施:这是指在一旦发生火灾爆炸事故时,能够起到限制其蔓延、扩大作用的措施。如在设备上或者在生产系统中安装阻火、泄压装置,在建筑物中设置防火墙等,采取限制性措施能够有效地减少事故损失。

(3) 消防措施:按照法规或规范的要求,采取消防措施。一旦火灾初起,就能够将其扑灭,避免发展成大的火灾。从广义上讲,也是防火措施的一部分。

(4) 疏散性措施:预先设置安全出口及安全通道,使得一旦发生火灾爆炸事故时,能够迅速将人员或者重要物资撤离危险区域,以减少损失。如在建筑物中或者飞机、车辆上设置安全门或疏散通道等。为了便于管理、防盗等原因,将一些门封死,将窗外加装铁栏杆,都是违反防火要求的,是不可取的。

8.4.2.2　预防火灾爆炸事故的基本措施

可以把预防火灾爆炸事故(以下简称火爆灾害)的措施分为两大类:消除导致火爆灾害的物质条件(即可燃物与氧化剂的结合)以及消除导致火爆灾害的能量条件(即点火或引爆能源)。下面分别阐述。

(1) 消除导致火爆灾害的物质条件

① 尽量不使用或少使用可燃物。通过改进生产工艺或者改进技术,以不燃物或者难燃物代替可燃物或者易燃物,以燃爆危险性小的物质代替危险性大的物质,这是防火防爆的一条根本性措施,应当首先加以考虑。比如,以阻燃织物代替可燃织物、在煤矿井下用水泥或金属支护代替木支护等。再比如使用不燃或者难燃溶剂。一般说来,沸点较高(110℃)的液体,常温下(20℃左右)不会达到爆炸极限浓度,使用起来比较安全。

② 生产设备及系统尽量密闭化。已密闭的正压设备或系统要防止泄漏,负压设备及系统要防止空气的渗入。常见引起泄漏的原因有:

a. 因材料强度不够引起破坏而发生泄漏:如材料老化;材料受到腐蚀或者磨损;介质或者环境温度过高或过低;静负荷或者反复应力使材料发生疲劳破坏或变形;由于各种原因使用了伪劣材料等。

b. 因外界负荷造成破坏引起泄漏:如地震或者泥石流导致输油管或者输气管断裂;因施工不慎或者车辆碰撞造成的油、气罐或管道破裂等。

c. 因内压升高引起破坏导致泄漏:如容器内介质受热发生热膨胀;由于系统内发生机械压缩、绝热压缩或发生“水锤”现象;或者容器内化学反应失控而导致内压升高,使容器破裂而泄漏等。

d. 焊缝开裂或者密封部位不严引起的泄漏:这种泄漏在化工厂中比较常见。如果泄漏的可燃气量较大,积聚到危险浓度,又遇到火源,就会引起火爆灾害。

e. 人误操作造成泄漏:如开错阀门,按错开关等。

为了防止可燃物的泄漏，应针对以上原因采取措施，加强管理。

③ 采取通风除尘措施。对于因某些生产系统或设备无法密闭或者无法完全密闭而可能存在可燃气、蒸气、粉尘的生产现场，要设置通风除尘装置，以降低空气中可燃物浓度。要确保将可燃物浓度控制在爆炸极限以下。

④ 在可能发生火爆灾害危险的场所设置可燃气(蒸气、粉尘)浓度检测报警仪器。一旦浓度超标(一般将报警浓度定为气体爆炸下限的25%)即报警，以便采取紧急防范措施。

⑤ 惰性气体保护。惰性气体有氦、氖、氩、氪、氙等。就防火防爆而言，常用的是氮气和水蒸气，有时还可以用烟道气。这些气体通常可以认为是不燃气体。在存有可燃物料的系统中，加入惰性气体，使可燃物及氧气浓度下降，可以降低或消除燃爆危险性。

⑥ 对燃爆危险品的使用、储存、运输等都要根据其特性采取针对性的防范措施。表8-8列出了某些固体的燃爆危险性及其安全措施要点。

表8-8　某些固体的燃爆危险性及其安全措施要点

<table>
<tr><th>物质分类</th><th>危险特性</th><th>物质举例</th><th>防火类别</th><th>储存及处理注意事项</th></tr>
<tr><td rowspan="2">易燃固体</td><td rowspan="2">易燃烧，受明火、热、撞击、摩擦、电火花或氧化剂作用能引起燃烧爆炸</td><td>一级易燃固体：赤磷、硝化棉、赛璐珞、电影胶片</td><td>甲类</td><td rowspan="2">1. 在储存及处理现场及其附近严禁烟火；
2. 密封储存，防止泄漏；
3. 不得与氧化剂共同储存；
4. 数量较多时，应按规定分隔储存；
5. 室温不超过36℃，理想温度在20℃以下；
6. 储存及处理场所中要备有灭火设施；
7. 硝化棉最好单独储存，含水量不得低于20%</td></tr>
<tr><td>二级易燃物质：樟脑、硫磺、松香、火柴</td><td>乙类</td></tr>
<tr><td>自燃性物质</td><td>在空气中能发生氧化作用，放热使温度升高，导致自燃，甚至爆炸</td><td>1. 一级自燃物质：黄磷；
2. 二级自燃物质：硝化纤维、油纸、油布</td><td>甲类</td><td>1. 密封储存，不能直接接触空气；
2. 与其他危险品隔离储存；
3. 库房应阴凉、通风、干燥；
4. 处理时要使用防护用具，避免直接与皮肤接触；
5. 黄磷应浸入水中储存</td></tr>
</table>

续表

物质分类	危险特性	物质举例	防火类别	储存及处理注意事项
遇水燃烧物质（忌水性物质）	与水或潮湿空气接触，能产生可燃气体，放热而引起燃烧或爆炸，有的还产生有毒气体	1. 一级遇水燃烧物质：钾、钠、锂、铷、氢化钾、电石； 2. 二级遇水燃烧物质：保险粉、锌粉、氢化钙、氢化铝	甲类	1. 金属钾、钠要浸在煤油中储存，其他物质要在密闭容器中储存，严禁接触水和空气； 2. 库房保持干燥； 3. 可以与氧化剂共同存放，不可与其他类危险品共同存放； 4. 处理中要避免直接接触皮肤
强氧化剂	遇强酸、强碱，受潮、冲击、摩擦、受热等作用，或者与还原剂接触，能分解、燃烧甚至爆炸	1. 一级氧化剂：氯酸钾、硝酸钾、过氧化物； 2. 二级氧化剂：过硫酸盐、重铬酸盐、亚硝酸盐	乙类	1. 避免与还原性强的物质、所有机化合物、可燃物接触； 2. 避免与强酸、强碱混合接触； 3. 一、二级氧化剂要分别储存； 4. 库房阴凉通风，最高不得超过30℃，理想温度在20℃以下； 5. 过氧化氢储存温度不得超过25℃，遇水有发热燃爆危险，应单独存放
腐蚀性物质	对人体皮肤有强烈刺激和腐蚀作用	1. 一级酸性腐蚀物：硝酸、硫酸、溴素； 2. 二级酸性腐蚀物：盐酸、冰乙酸、醋酐； 3. 碱性腐蚀物：生石灰、苛性钠； 4. 其他腐蚀物：碘、苯酚、漂白粉	丙类	1. 库房应阴凉通风； 2. 不得与其他危险品共同存放； 3. 冰乙酸储存温度不得低于6℃； 4. 处理时防止皮肤接触； 5. 处理时应戴防护眼镜，以免溅入眼内。若溅入眼内，立即用大量清水冲洗15 min后，找医生处理

(2) 消除或者控制点火源

常见的点火源可以分为4大类，见表8－9。

表8-9 常见点火源分类

点火源类别	举 例	点火源类别	举 例
机械火源	撞击、摩擦、绝热压缩	电火源	电火花、静电火花、雷电火
热火源	高温表面、热射线(日光)	化学火源	火花、明火、化学热、受热自燃

下面简要阐述消除或者控制上述点火源的措施。

① 防止撞击、摩擦产生火花:机器上传动部分的摩擦、钢铁的相互撞击或钢铁与水泥地面的碰撞、带压管道或钢铁容器瞬间破裂时物料高速喷出与容器壁摩擦等,都可能产生高温或者火花,成为火灾、爆炸的起因。

因此,在爆炸危险场所应采取相应措施。如严禁穿带钉鞋进入;严禁使用能产生冲击火花的工器具,而应使用防爆工器具或者铜制、木制工器具。我国于1989年制定并发布了一系列防爆工具国家标准,并已有专业生产防爆工具的工厂。此外,在机械设备中凡可能发生撞击、摩擦的两部分都应采用不同的金属(如钢与铜、钢与铝等),火炸药工房地面应使用不发生火花的材料铺设等。

② 防止绝热压缩引起着火:这种火灾实例不多。主要由于可燃气绝热压缩使温度急剧上升而自燃着火。如氢气或者乙炔等从钢瓶泄漏喷到空气中时,因喷气流猛撞空气,其一瞬间受到绝热压缩,温度上升而引起自燃着火。

③ 防止高温表面引起着火:工业生产的加热装置、高温物料容器或者管道以及高温反应器、塔等,表面温度都较高。其他常见的高温表面还有通电的白炽灯泡、因机械摩擦导致发热的转动部分、烟筒烟道、熔融金属等。如可燃物与这些高温表面接触或者接近时间较长,就可能被引燃。对一些自燃点较低的物质,尤其需要注意。

为防止发生这类火灾,高温表面应当机械保温或隔热,可燃气体排放口应远离高温表面,禁止在高温表面烘烤衣物。此外,还应当注意清除高温表面的油污等,以防止它们受热分解、自燃。

④ 热射线(日光):直射的太阳光通过凸透镜,弧形、有气泡或者不平的玻璃等,都会被聚集形成高温焦点,可能会引燃可燃物。为此,有爆炸危险的厂房及库房必须采取遮阳措施。如将门窗玻璃涂上白漆或者采用磨砂玻璃。

⑤ 防止电气火灾爆炸事故:由于电气方面的原因引起的火灾爆炸事故在火灾爆炸事故中占相当大的比例,需加强注意。

⑥ 消除静电火花:静电指的是相对静止的电荷,是一种常见的带电现象。在一定条件下,两种不同物质(其中至少有一种是电介质)相互接触、摩擦,就可能产生静电并积聚起来,形成高电压。若静电能量以火花形式放出,则可能引起火灾爆炸事故。在石油化工部门,塑料、化纤等合成材料部门,橡胶制品部门,造纸、印刷部门,纺织部门以及其他制造、加工、转运高电阻材料的部门,都可能并且已经发生

不少静电引起的火灾爆炸事故。

⑦ 预防雷电火花引发火灾爆炸事故：雷电是自然界中静电放电现象。雷电所产生的火花温度之高可以熔化金属，也是引起火灾爆炸事故的祸根之一。因遭受雷击导致油罐大火的事故，在国内外时有耳闻，一般都损失惨重。

⑧ 防止明火：生产过程中的明火主要指加热用火、维修用火以及其他火源。

a. 加热用火的控制：加热可燃物时，应避免采用明火，宜使用水蒸气、热水或者其他热载体（导热油、联苯醚等）间接加热。如果必须采用明火加热，加热设备应当严格密闭。燃烧室应当与加热设备分开设置。设备应定期检修，特别注意防止可燃物的泄漏。

生产装置中明火加热设备的布置，应当按照规定，与可能产生可燃气（蒸气、粉尘）的工艺设备和罐区保持足够的安全距离，并应布置在容易散发可燃物设备、系统的上风向或者侧风向。两个以上的明火加热装置，应当将它们集中布置在生产装置的边缘，并与其他设备、系统保持安全距离。

b. 维修用火：维修用火主要指焊接、切割以及喷灯作业等。在工矿企业，特别是石油化工企业中，因维修用火引发的火灾爆炸事故较多。因此，对于维修用火一般都制定了严格的管理规定，必须严格遵守。

c. 其他火源：对于其他明火熬炼设备（如沥青熬炼设备）要经常检查，防止烟道窜火和熬锅破漏。要注意选择适当的熬炼地点，并应当指定专人看管，严格控制加热温度。烟囱飞火，汽车、拖拉机、柴油机等的排气管喷出的火星，都可能引起可燃气的爆燃，需要采取相应的防范措施。

此外，要特别注意的是，在生产场所，因烟头、火柴引起的火灾也时有发生，应提起人们的警惕，防止此类事故的发生。

8.4.3 防火防爆安全装置（设备）

防火防爆设备可以分为阻火装置（设备）与防爆泄压装置（设备）两大类，一旦发生火灾爆炸事故时，这些装置（设备）能够起到阻止事态蔓延、扩大，减少事故损失的作用，属于限制性措施。下面分别加以介绍。

8.4.3.1 阻火装置

阻火装置又称为火焰隔断装置，包括安全液（水）封、水封井、阻火器及单向阀等，其主要作用是防止外部火焰窜入存有燃爆物料系统、设备、容器及管道内，或者阻止火焰在系统、设备、容器及管道之间蔓延。

（1）安全液封

安全液封一般安装在压力低于 0.02 MPa 的管线与生产设备之间。常用的安全液封有开敞式和封闭式两大类。

安全液封内装有不燃液体，一般是水。环境气温低的场所，为防止液封冻结，可以通入蒸汽。也可以用水与甘油、矿物油或者乙二醇与三甲酚磷酸酯的混合液，或者用食盐、氯化钙的水溶液作为防冻液。

安全液封阻火的基本原理是：由于液封中装有不燃液，无论在液封两侧的哪一侧着火，火焰蔓延到液封就会熄灭，从而阻止火势蔓延。

(2) 水封井

水封井是安全液封的一种，一般设置在含有可燃气（蒸气）或者油污的排污管道上，以防燃烧爆炸沿排污管道蔓延。一般说来，水封高度不应小于 250 mm。

(3) 阻火器

阻火器的阻火层主要由拥有许多能够通过气体的均匀或不均匀的细小通道或孔隙的固体不燃材料构成。阻火器的阻火原理是：当燃烧开始后，在没有外界能量作用的情况下，火焰在管道中的传播速度是随着管径减小而降低的。当管径小到某个临界值时，火焰就不能传播（也就是熄灭）。因此，影响阻火器阻火性能的主要因素是阻火层的材质、厚度及其中的管径或者孔隙的大小。

阻火器有金属网型阻火器、砾石阻火器、波纹金属片阻火器及平行板型阻火器等多种形式。

① 金属网阻火器：在阻火器中设置了若干层具有一定孔径的金属网作为阻火网。

② 砾石阻火器：又叫填充型阻火器。它的阻火层是用砂砾、卵石、玻璃球或者铁屑、铜屑等作为填充料形成的，在填充料的上面和下面用孔眼为 2 mm 的金属网作为支撑。砾石阻火器的阻火效果比金属网好，特别是对阻止二硫化碳火焰效果更好。

③ 波纹金属片阻火器：这种阻火器，一种是由交叠置放扁平的或波纹的金属带组成的有正三角形孔隙的方形阻火器，另一种是将一条波形金属带与一条扁平金属带缠绕在一个芯子上组成的圆形阻火器。带的材料一般选用铝，也可选用铜、不锈钢等其他金属。

④ 平行板型阻火器：这种阻火器的阻火层是由不锈钢薄板垂直平行排列而成，板间隙在 0.3～0.7 mm 之间，这样就形成了许多细小孔道，阻火效果也很好。

此外还有泡沫金属阻火器、多孔板型阻火器等。

阻火器一般安装在下列设备、管道系统中：输送可燃气（蒸气）的管线，石油及其产品储罐的呼吸阀，容易引起燃烧爆炸的通风口、排气管，油气回收系统，燃气加热炉的送气系统等。阻火器在使用时应当根据设备系统的要求和阻火器的特性来选用。表 8－10 可供选用阻火器时参考。

表 8-10　各类阻火器的比较

阻火器类别	优　点	缺　点	适用范围
金属网阻火器	结构简单，容易制造，造价低廉	阻爆范围小，易损坏，不耐烧	石油储罐，输油、输气管道，油轮等
波纹型阻火器	适用范围大，流体阻力小，能阻止爆炸火焰，易于置换清洗	结构比较复杂，造价较高	石油储罐，油气回收系统气体管道等
填充型阻火器	孔隙小，结构简单，易于制造	阻力大，容易堵塞，重量大	煤气、乙炔、化学溶剂火焰等

(4) 单向阀

单向阀又称止逆阀、止回阀。它在作用时仅允许流体(气体或液体)向一个方向流动，若有逆流时即自动关闭，可以防止高压窜入低压引起设备、容器、管道的破裂。单向阀在生产工艺中有很多用途，阻火也是用途之一。单向阀通常设置在与可燃气(蒸气)管道或与设备相连接的辅助管线上，压缩机或油泵的出口管线上，高压系统与低压系统相连接的低压方向上等。液化石油气钢瓶上的调压阀也是一种单向阀。

(5) 阻火闸门

阻火闸门是为了阻止火焰沿通风管道或生产管道蔓延而设置的阻火装置。在正常情况下，阻火闸门受环状或者条状的易熔金属的控制，处于开启状态。一旦着火，温度升高，易熔金属即会熔化，此时闸门失去控制，受重力作用自动关闭，将火阻断在闸门里边。易熔金属元件通常由铋、铅、锡、汞等低熔点金属按一定比例的组成制成，也有用塞璐珞、尼龙、塑料等有机材料代替易熔合金来控制阻火闸门。

8.4.3.2　火星熄灭器

由烟道或车辆尾气排放管飞出的火星也可能引起火灾。通常在可能产生火星设备的排放系统，如加热炉的烟道，汽车、拖拉机的尾气排放管上等，要安装火星熄灭器(又称防火帽)，用以防止飞出的火星引燃可燃物料。

8.4.3.3　防爆泄压装置

防爆泄压装置包括安全阀、防爆片、防爆门和放空管等。生产系统内一旦发生爆炸或压力骤增时，可以通过这些设施将超高压力释放出去，以减少巨大压力对设备、系统的破坏或者减少事故损失。

(1) 安全阀

安全阀是为了防止非正常压力升高超过限度而引起爆裂的一种安全装置。当内压力超限时，安全阀能够自动开启，排出部分气体，使压力降至安全范围后再自动关闭，从而实现内部压力的自动调控，防止设备、容器或系统的破裂爆炸。

设置安全阀时应注意以下5点。

① 新装安全阀应有产品合格证。安装前,应由安装单位继续复校后加铅封,并出具安全阀校验报告。

② 当安全阀的入口处装有隔断阀时,隔断阀必须保持常开状态并加铅封。

③ 如果容器内装有两相物料,安全阀应安装在气相部分,防止排出液相物料发生意外。

④ 在存有可燃物料,有毒、有害物料或高温物料等的系统中,安全阀排放管应连接(有针对性的)安全处理设施,不得随意排放。

⑤ 一般安全阀可就地放空,但要考虑放空口的高度及方向的安全性。

(2) 爆破片

爆破片(又称防爆膜、防爆片)利用法兰安装在受压设备、容器及系统的放空管上。当设备、容器及系统因某种原因压力超标时,爆破片即被破坏,使过高的压力泄放出去,以防止设备、容器及系统受到破坏。应该说,爆破片与安全阀的作用基本相同,但安全阀可根据压力自行开关,如一次因压力过高开启泄放后,待压力正常即自行关闭;而爆破片的使用则是一次性的,如果被破坏,需要重新安装。

爆破片一般用于下列情况:

① 放空口要求全量排放的情况;

② 不允许介质有任何泄漏的情况(各种安全阀一般总有微量泄漏);

③ 内部介质容易因沉淀、结晶、聚合等形成黏着物,妨碍安全阀正常运作的情况;

④ 系统内存在发生燃爆或者异常反应而使压力骤然增加的可能性的情况。这种情况下弹簧式安全阀由于惯性而不适用。

爆破片的防爆效率取决于它的质量、厚度和泄压面积。

正常生产时操作压力较低或没有压力的系统,可选用石棉、塑料、橡皮或玻璃等材质的爆破片;操作压力较高的系统可选用铝、铜等材质;微负压操作时可选用2～3 mm厚的橡胶板做爆破片。应特别注意的是,由于钢、铁片破裂时可能产生火花,系统内存有燃爆性气体的系统不宜选用其做爆破片。在存有腐蚀性介质的系统,为防止腐蚀,可以在爆破片上涂上一层防腐剂。

爆破片爆破压力的选定,一般为设备、容器及系统最高工作压力的1.15～1.3倍。压力波动幅度较大的系统,其比值还可增大。但是任何情况下,爆破片的爆破压力均应低于系统的设计压力。

爆破片一定要选用有生产许可证单位制造的合格产品。爆破片安装要可靠,表面不得有油污。运行中应经常检查法兰连接处有无泄漏。爆破片排放管的要求可参照安全阀。爆破片一般6～12个月更换一次。此外,如果在系统超压后未破裂的爆破片以及正常运行中有明显变形的爆破片应立即更换。

(3) 防爆帽

防爆帽(爆破帽)也是一种断裂型的安全泄压装置。它的样式较多,其主要元件是一个一端封闭、中间具有一个薄弱断面的厚壁短管。当容器内压力超标时,即从薄弱断面处断裂,过高的压力从此处泄放。防爆帽结构简单,制造较容易,且爆破压力易于控制。它适用于超高压容器。

(4) 防爆门

防爆门(窗)一般设置在使用油、气或煤粉作燃料的加热炉燃烧室外壁上,在燃烧室发生爆燃或爆炸时用于泄压,以防止加热炉的其他部分遭到破坏。

(5) 防爆球阀

有些加热炉还在燃烧室底部设置防爆球阀作泄压用。

最后要强调一点,各种安全装置在运行一定期限后,要继续检验、维护、修理,使之经常保持良好状态,这样才能保证发挥它们的作用。

8.4.4 防火防爆检测报警仪表

8.4.4.1 火灾探测器

火灾探测器是火灾自动报警系统的重要组成部分。火灾自动报警系统由火灾探测器、信号传输信道、报警控制器及消防联动控制设施4个基本部分组成,参见图8-3。

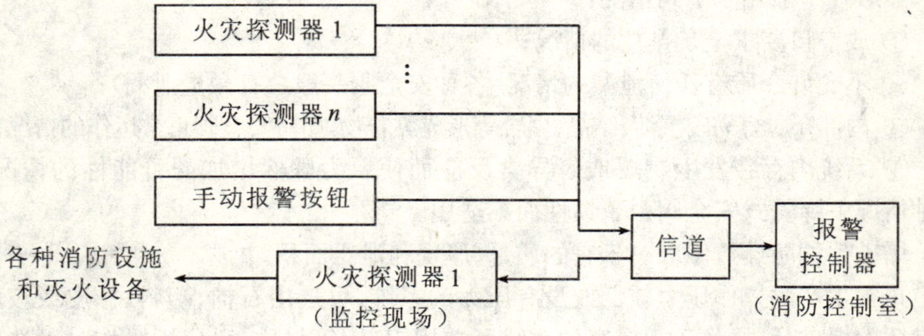

图8-3 火灾自动报警系统的基本组成

火灾探测器是能对火灾参数响应并自动产生火灾报警信号的器件。它们的传感器可以检测到在火灾初期陆续出现的一些信息,如辐射热、火光、烟等,并通过中间继电器将信号输出到火灾接受机,迅速发出警报信号,甚至能与自动消防设施连锁,以使火灾能够得到最快的扑救,把损失降到最低。火灾探测器的类型较多,表8-11列出了火灾探测器的类型。

表 8-11 火灾探测器的类型

感烟探测器	点型	离子感烟型	
		光电感烟型	遮光型
			散光型
	线型	双射遮光感烟型	红外型
			激光型
感温探测器	点型	差温	双金属型
		定温	膜盒型
		差定温	易熔金属型
			半导体型
	线型	差温	管型
			电缆型
		定温	半导体型
感光探测器	点型	紫外光型	
		红外光型	
可燃气体探测器	点型	催化型	
		气敏半导体型	
复合式探测器	点型	感烟感温型	
		感烟感光型	
		感温感光型	
		感烟感温感光型	
	线型	红外对射感烟感温型	

8.4.4.2 可燃气监测报警器

可燃气监测报警器用于测量空气中各种可燃气(蒸气)在爆炸下限以下的浓度。可燃气浓度超过报警浓度(一般是爆炸下限浓度的 25%)时,报警器即会报警,告知人们尽快采取措施以防止火灾爆炸事故的发生。

《作业环境气体检测报警仪通用技术要求》(GB 12358—90)规定了作业环境检测报警仪的术语、分类、技术要求、试验方法、检验规则及标志等。可燃气检测报警器可按不同方式分类。

(1) 按功能分类:可分为可燃气检测仪、可燃气报警仪和可燃气检测报警仪。

(2) 按使用方式分类

① 固定安装式:检测器及报警器两部分分开安装,前者安装在作业现场,后者安装在仪表监控室内。

② 便携式:检测元件及报警器为一体结构,由检测人员携带至作业现场。

(3) 按采样方式分类

① 扩散式:依靠空气中的可燃气自然扩散进行检测,这是常用的方式。其特点是无需采样装置,结构简单,体积小,使用方便,但是易受风向与风速的影响,因

此检测效果因检测元件位置和环境条件不同而异。这种检测报警器适用于室内和不容易受风影响的作业场所。

② 泵吸引式:这是一种固定安装的检测报警器。在检测器内有一个吸气泵，定点把某一部位的被测气体抽吸到检测元件里。在吸入口有一个气体捕获罩,并设有气体分离器,对被测气体进行分离过滤。泵吸引式检测报警器设备多,体积大,结构复杂,但是不易受风向及风速的影响,采集率高,应用范围较广,一般与采样装置联用于某些特殊需要的场合。

(4) 按检测原理分类

① 催化燃烧式:它是利用难熔金属铂丝受热后的电阻变化测定可燃气体浓度的。催化燃烧式检测器一般用于检测石油气、煤气、汽油、瓦斯、甲烷、乙炔、氢气等可燃气。它的优点是重复性好,耗电少,不受环境温度影响。主要缺点是铂丝很容易中毒,导致仪器失效。为延长检测元件的寿命,这类仪器均装有过滤器,对进入的气体进行净化。

② 半导体式(气敏式):这类检测器采用灵敏度较高的气敏半导体元件,整机体积小,电路较简单,对检测氢气、甲烷、乙醇、乙醚、天然气等很灵敏。这类检测器灵敏度高,不存在催化剂中毒问题,仪器使用寿命长,但测量精确度较差,适用于微量检测及报警。此外,由于半导体元件由常温进入工作温度(稳态)需要几分钟时间,这个缺点限制了它在频繁启动的便携式检测仪器上的应用。

8.5 火灾扑救

8.5.1 灭火的基本原理和方法

一切灭火方法都是为了破坏已经产生的燃烧条件(之一),只要缺少其中任何一个条件,燃烧就会停止。但由于在灭火时,燃烧已经开始,控制火源已经没有意义,主要是消除前两个条件,即可燃物和氧化剂。

根据物质燃烧原理及与火灾斗争的实践经验,灭火的基本方法有:减少空气中氧含量的窒息灭火法;降低燃烧物质温度的冷却灭火法;隔离与火源相近可燃物质的隔离灭火法;消除燃烧过程中自由基的化学抑制灭火法。

(1) 窒息灭火法

此法即阻止空气流入燃烧区,或用惰性气体稀释空气,使燃烧物质因得不到足够的氧气而熄灭。

(2) 冷却灭火法

此法是常用的灭火方法。即将灭火剂直接喷洒在燃烧着的物体上,将可燃物质的温度降到燃点以下以终止燃烧。也可用灭火剂喷洒在火场附近未燃的可燃物上起冷却作用,防止其受辐射热影响升温而起火。

（3）隔离灭火法

这也是常用的灭火法之一。即将燃烧物质与附近未燃的可燃物质隔离或疏散开，使燃烧因缺少可燃物质而停止。这种灭火方法适用于扑救各种固体、液体和气体火灾。

（4）化学抑制灭火法

在灭火过程中，使用窒息、冷却、隔离灭火法，灭火剂不参与燃烧反应，属于物理灭火方法。而化学抑制灭火法则是使灭火剂参与到燃烧反应中去，起到抑制反应的作用。具体说，就是使燃烧反应中产生的自由基与灭火剂中的卤素离子相结合，形成稳定分子或低活性的自由基，从而切断了氢自由基与氧自由基的连锁反应链，使燃烧停止。

根据上述 4 种基本灭火方法所采取的具体灭火措施是多种多样的。在灭火中，应根据可燃物的性质、燃烧特点、火灾大小、火场的具体条件以及消防技术装备的性能等实际情况，选择一种或几种灭火办法。一般说来，几种灭火方法综合运用效果较好。

无论哪种灭火方法，都要重视初起灭火。所谓初起灭火，即在火灾初起时，一个人（或几个人）就能将火灾扑灭，这种灭火活动称为初起灭火。由于一般情况下发生火灾时，火灾的规模随时间推移成指数关系扩大，所以应采取措施，力求在火灾初起时迅速将火扑灭。很多案例都是在火灾发生后，才发现没有消防设施，殆误了扑救时机，酿成巨大损失。为此，需要做好下列几项工作：

（1）制定防火计划，健全消防体制，进行防火教育及训练，以在火灾发生时能采取恰当对策，迅速行动；

（2）平时彻底检查、整治、消除能够引起火灾扩大的条件；

（3）经常对消防器材进行维护检查，做到随时可用。

8.5.2　灭火剂

灭火剂是能够有效地破坏燃烧条件，中止燃烧的物质。选择灭火剂的基本要求是灭火效能高，使用方便，来源丰富，成本低廉，对人和物基本无害。常用的灭火剂有水、水蒸气、泡沫液、二氧化碳、干粉、卤代烷等。下面就这几类灭火剂的性能及应用范围作简单介绍。

8.5.2.1　水

（1）水的灭火作用

水是最常用的灭火剂，它资源丰富，取用方便。水的热容量大，1 kg 水温度升高 1℃，需要 4.186 8 kJ（1 kcal）的热量，1 kg 100℃的水汽化成水蒸气则需要吸收 2.256 7 kJ（539 cal）的热量。因此水能从燃烧物中吸收很多热量，使燃烧物的温度迅速下降，使燃烧终止。水在受热汽化时，体积增大 1 700 多倍，当大量的水蒸气笼罩于燃烧物的周围时，可以阻止空气进入燃烧区，从而大大减少氧的含量，使燃烧因缺氧而窒息熄火。在用水灭火时，加压水流能喷射到较远的地方，具有较大的冲击作用，能冲过燃烧表面而进入内部，从而使未着火的部分与燃烧区隔离开来，防止燃烧物继续分解燃烧。

水能稀释或冲淡某些液体或气体，降低燃烧强度。水能浸湿未燃烧的物质，使之难以燃烧。水还能吸收某些气体、蒸气和烟雾，有助于灭火。

(2) 灭火时形态及应用范围

① 直流水和开花水(滴状水)。经水泵加压由直流水枪喷出的柱状水流称直流水，由开花水枪喷出的滴状水流称开花水。直流水、开花水可用于扑救一般固体物质的火灾(如煤炭、木制品、粮草、棉麻、橡胶、纸张等)，还可扑救闪点大于120℃，常温下呈半凝固状态的重油火灾。

② 雾状水。由喷雾水枪喷出，水滴直径小于 100 μm 的水流称雾状水。它可大大提高水与燃烧物或火焰的接触面积，因而降温快，灭火效率高。可用于扑灭可燃粉尘、纤维状物质、谷物堆囤等固体物质的火灾，也可用于电气设备火灾的补救。

但是与直流水相比，开花水和雾状水的射程均较近，不能远距离使用。

③ 细水雾灭火技术。它采用特定的压力装置将水箱中的水分解成滴径数微米的细水雾，再驱动细水雾直接到达燃烧的火焰表面，通过卷吸等作用，形成一个稳固的隔氧冷却层，使火灾得到有效的抑制，直至熄灭。据报道，中国科学技术大学已于 2000 年成功开发出这一国际先进的新型灭火技术。

(3) 不能用水扑灭的火灾

① 密度小于水和不溶于水的易燃液体的火灾，如汽油、煤油、柴油等油品着火不可用水扑救。

苯类、醇类、醚类、酮类、酯类及丙烯腈等大容量储罐，如用水扑救，则水会沉在液体下层，被加热后会引起爆沸，形成可燃液体的飞溅和溢流，使火势扩大。

② 遇水燃烧物的火灾，如金属钾、钠、碳化钙等，不能用水，而应用砂土灭火。

③ 硫酸、盐酸和硝酸引发的火灾，不能用水流冲击，因为强大的水流能使酸飞溅，流出后遇可燃物质，有引起爆炸的危险。酸溅在人身上，能烧伤人。

④ 电气火灾未切断电源前不能用水扑救，因为水是良导体，容易造成触电。

⑤ 高温状态下化工设备的火灾不能用水扑救，以防高温设备遇冷水后骤冷，引起形变或爆裂。

8.5.2.2 泡沫灭火剂

泡沫灭火剂是扑救可燃易燃液体的有效灭火剂，它主要是在液体表面生成凝聚的泡沫漂浮层，起窒息和冷却作用。泡沫灭火剂分化学泡沫、空气泡沫、氟蛋白泡沫、水成膜泡沫和抗溶性泡沫等。

(1) 化学泡沫灭火剂(MP)。常用的化学泡沫灭火剂主要是酸性盐(硫酸铝)和碱性盐(碳酸氢钠)与少量的发泡剂(植物水解蛋白质或甘草粉)、少量的稳定剂(三氯化铁)等混合后，相互作用而生成的泡沫，其反应式如下：

$$6NaHCO_3 + Al_2(SO_4)_3 = 2Al(OH)_3 + 3Na_2SO_4 + 6CO_2 \uparrow$$

化学泡沫灭火剂在发生作用后生成大量的二氧化碳气体，它与发泡剂作用便生成许多气泡。这种泡沫密度小，且有黏性，能浮盖在着火物的表面上隔绝空气。同时二氧化碳又是惰性气体，不助燃。

化学泡沫灭火剂不能用来扑救忌水忌酸的化学物质和电气设备的火灾。

(2) 空气泡沫灭火剂(MPE)。空气泡沫即普通蛋白质泡沫。它是一定比例的泡沫液、水和空气经过机械作用相互混合后生成的膜状泡沫群。泡沫的相对密度为0.11～0.16，气泡中的气体是空气。泡沫液是动物或植物蛋白质类物质经水解而成的。

空气泡沫灭火剂的作用是当其以一定厚度覆盖在可燃和易燃液体的表面后，可以阻挡易燃或可燃液体的蒸气进入火焰区，使空气与液面隔离，也防止火焰区的热量进入可燃和易燃液体表面。

在高温下，空气泡沫灭火剂产生的气泡由于受热膨胀会迅速遭到破坏，所以不宜在高温下使用。

构成泡沫的水溶液能溶解于酒精、丙酮和其他有机溶剂中，使泡沫遭到破坏，故空气泡沫不适用于扑救醇、酮、醚类等有机溶剂的火灾，对于忌水的化学物质也不适用。

(3) 抗溶性泡沫灭火剂(MPK)。在蛋白质水解液中添加有机酸金属络合盐便制成了蛋白型的抗溶性泡沫液。这种有机酸金属络合盐与水接触，析出不溶于水的有机酸金属皂。当产生泡沫时，析出的有机酸金属皂在泡沫层上面形成连续的固体薄膜。这层薄膜能有效地防止水溶性有机溶剂吸收泡沫中的水分，使泡沫能持久地覆盖在溶剂液面上，从而起到灭火的作用。

这种抗溶性泡沫不仅可以扑救一般液体烃类的火灾，还可以有效地扑灭水溶性有机溶剂的火灾。

(4) 氟蛋白泡沫灭火剂(MPF)。普通蛋白泡沫通过油层时，由于不能抵抗油类的污染，上升到油面后泡沫本身含的油足以使其燃烧，导致泡沫的破坏。在空气泡沫液中加入氟碳表面活性剂，即生成氟蛋白泡沫。

氟碳表面活性剂具有良好的表面活性、较高的热稳定性、较好的浸润性和流动性。当该泡沫通过油层时，油不能向泡沫内扩散而被泡沫分隔成小油滴。这些小油滴被未污染的泡沫包裹，在油层表面形成一个包有小油滴的不燃烧的泡沫层，即使泡沫中含汽油量高达25%也不会燃烧，而普通空气泡沫层中含有10%的汽油时即开始燃烧。因此，这种氟蛋白泡沫灭火剂适用在较高温度下的油类灭火，并适用于液下喷射灭火。

(5) 水成膜泡沫灭火剂(MPQ)。水成膜泡沫灭火剂又称“轻水”泡沫灭火剂，或氟化学泡沫灭火剂。它由氟碳表面活性剂、无氟表面活性剂(碳氢表面活性剂或硅酮表面活性剂)和改进泡沫性能的添加剂(泡沫稳定剂、抗冻剂、助溶剂以及增稠剂等)及水组成。

根据泡沫灭火剂溶液成泡后发泡倍数(膨胀率)的大小,泡沫灭火剂可以分为低倍数、中倍数和高倍数三种。发泡倍数在20倍以下的称为低倍数,20～40倍的为中倍数,100倍以上的为高倍数。

通常使用的泡沫灭火剂为6～8倍的,低于4倍的就不能再用了。

8.5.2.3 二氧化碳灭火剂

二氧化碳在通常状态下是无色无味的气体,相对密度为1.529,比空气重,不燃烧也不助燃。经过压缩液化的二氧化碳灌入钢瓶内,制成二氧化碳灭火剂(MT)。从钢瓶里喷射出来的固体二氧化碳(干冰)温度可达－78.51℃。干冰汽化后,二氧化碳气体覆盖在燃烧区内,除了窒息作用之外,还有一定的冷却作用,火焰就会熄灭。

由于二氧化碳不含水、不导电,所以可以用来扑灭精密仪器和一般电气火灾,以及一些不能用水扑灭的火灾。

但是二氧化碳不宜用来扑灭金属钾、钠、镁、铝等及金属过氧化物(如过氧化钾、过氧化钠)、有机过氧化物、氯酸盐、硝酸盐、高锰酸盐、亚硝酸盐、重铬酸盐等氧化剂的火灾。因为当二氧化碳从灭火器中喷出时,温度降低,使环境空气中的水蒸气凝集成小水滴,上述物质遇水即水合导致分解,释放大量的热量,抵制了冷却作用。同时放出氧气,使二氧化碳的窒息作用受到影响。因此,上述物质着火用二氧化碳灭火剂效果不佳。

8.5.2.4 干粉灭火剂

干粉灭火剂(MF)的主要成分是碳酸氢钠和少量的防潮剂硬脂酸镁及滑石粉等。用干燥的二氧化碳或氮气作动力,将干粉从容器中喷出,形成粉雾喷射到燃烧区,干粉中的碳酸氢钠受高温作用发生分解,其化学反应方程式如下:

$$2NaHCO_3 = Na_2CO_3 + H_2O + CO_2\uparrow$$

该反应是吸热反应,反应放出大量二氧化碳和水,水受热变成水蒸气并吸收大量的热能,起到一定的冷却和稀释可燃气体的作用。

干粉灭火剂的种类很多,大致可分为3类:

(1) 以碳酸氢钠(钾)为基料的干粉,用于扑灭易燃液体、气体和带电设备的火灾。

(2) 以磷酸三铵、磷酸氢二铵、磷酸二氢铵及其混合物为基料的干粉,用于扑灭可燃固体、可燃液体、可燃气体及带电设备的火灾。

(3) 以氯化钠、氯化钾、氯化钡、碳酸钠等为基料的干粉,用于扑灭轻金属火灾。

对于一些扩散性很强的易燃气体,如乙炔、氢气,干粉喷射后难以使整个范围内的气体稀释,灭火效果不佳。它也不宜用于精密机械、仪器、仪表的灭火,因为在灭火后留有残渣。

此外，在使用干粉灭火时，要注意及时冷却降温，以免复燃。

8.5.2.5　水型灭火剂

水型灭火剂(MS)也叫酸碱灭火剂，它是用碳酸氢钠与硫酸相互作用，生成二氧化碳和水，其化学反应方程式为：

$$2NaHCO_3 + H_2SO_4 \xlongequal{} Na_2SO_4 + 2H_2O + 2CO_2\uparrow$$

这种水型灭火剂用来扑救非忌水物质的火灾，它在低温下易结冰，天气寒冷的地区不适合使用。

8.5.2.6　卤代烷灭火剂

卤代烷灭火剂(MY)是20世纪60年代发展起来的液化气体灭火剂。它具有灭火效率高、不留痕迹、绝缘性能好、腐蚀性小、久存不变质等优点，适用于扑救易燃液体、气体、电气火灾，特别适用于精密仪器、仪表及重要文献资料的灭火。

卤代烷的灭火原理主要是抑制燃烧的连锁反应，它们的分子中含有1个或多个卤素原子，在接触火焰时，受热产生的卤素离子与燃烧产生的活性氢基化合，使燃烧的连锁反应停止。此外，它们兼有一定的冷却、窒息作用。卤代烷灭火剂的灭火效率比二氧化碳和四氯化碳要高。

目前，我国使用的卤代烷灭火剂种类主要有1211(即二氟一氯一溴甲烷，CF_2ClBr)、1202(即二氟二溴甲烷，CF_2Br_2)。

卤代烷灭火剂不宜扑灭自身能供氧的化学药品、化学活泼性大的金属、金属的氢化物和能自燃分解的化学药品的火灾。

为了保护大气臭氧层，《中国消防行业哈龙整体淘汰计划》中要求，我国将于2005年停止生产卤代烷灭火剂。公安部和国家环保局通字[1994]第94号文《关于非必要场所停止再配置卤代烷灭火器的通知》中亦要求，非必要场所今后不再使用卤代烷1211灭火器。

8.5.2.7　四氯化碳灭火剂

四氯化碳是无色透明液体，不自燃，不助燃，不导电，沸点低(76.8℃)。当它落入火区时迅速蒸发，由于其蒸气重(约为空气的5.5倍)，很快密集在火源周围，起到隔绝空气的作用。当空气中含有10%的四氯化碳蒸气时，火焰就将迅速熄灭，故它是一种很好的灭火剂，特别适用于电气设备的灭火。

四氯化碳有一定的腐蚀性，对人体有毒害，在高温时能生成光气，所以近年来已日渐被卤代烷取代。

8.5.2.8　其他

用砂、土覆盖物灭火也很广泛。它们覆盖在燃烧物上，主要起到与空气隔绝的作用，其次砂、土也可从燃烧物吸收热量，起到一定的冷却作用。

8.5.2.9　灭火剂的选用

当发生火灾时，要根据火灾类别和具体情况，根据表 8－12 选用适当的灭火剂，以求最好的灭火效果。

表 8－12　各类灭火剂的适用范围

灭火剂种类			火灾种类：木材等一般火灾	可燃液体火灾：非水溶性	可燃液体火灾：水溶性	带电设备火灾	金属火灾
液体	水	直流	○	×	×	×	×
液体	水	喷雾	○	△	○	○	△
液体	水溶液	直流(加强化剂)	○	×	×	×	×
液体	水溶液	喷雾(加强化剂)	○	○	○	×	×
液体	水溶液	水加表面活性剂	○	△	△	×	×
液体	水溶液	水加增黏剂	○	×	×	×	×
液体	水溶液	水胶	○	×	×	×	×
液体	水溶液	酸碱灭火剂	○	×	×	×	×
液体	泡沫	化学泡沫	○	○	△	×	×
液体	泡沫	蛋白泡沫	○	○	×	×	×
液体	泡沫	氟蛋白泡沫	○	○	×	×	×
液体	泡沫	水成膜泡沫(轻水)	○	○	×	×	×
液体	泡沫	合成泡沫	○	○	×	×	×
液体	泡沫	抗溶泡沫	○	△	○	×	×
液体	泡沫	高、中倍数泡沫	○	○	×	×	×
液体		特殊液体(7150 灭火剂)	×	×	×	×	○
气体	卤代烷	二氟二溴甲烷(1202)	△	○	○	○	×
气体	卤代烷	四氟二溴乙烷(2402)	△	○	○	○	×
气体	卤代烷	四氯化碳	△	○	○	○	×
气体	卤代烷	二氟一氯一溴甲烷(1211)	△	○	○	○	×
气体	卤代烷	三氟一溴甲烷(1301)	△	○	○	○	×
气体	不燃气体	二氧化碳	△	○	○	○	×
气体	不燃气体	氮气	△	○	○	○	×
固体	干粉	钠盐、钾盐 Morlnex 干粉	△	○	○	○	×
固体	干粉	磷酸盐干粉	○	○	○	○	×
固体	干粉	金属火灾用干粉	×	×	×	×	○
固体		烟雾灭火剂	×	○	×	×	×

注：○一适用；△一一般不用；×一不适用。

8.5.3　灭火器和消防设施

8.5.3.1　灭火器

灭火器是指在其压力作用下，将所装填的灭火剂喷出，以扑救初起火灾的小型灭火器具。

(1) 灭火器的分类

① 按充装灭火剂的种类可以分为水型灭火器、空气泡沫灭火器、干粉灭火器、卤代烷灭火器、二氧化碳灭火器等。

② 按灭火器的重量及移动方式可以分为手提式灭火器、背负式灭火器、推车式灭火器等。

③ 按加压方式可以分为储气瓶式灭火器、储压式灭火器等。

(2) 灭火器型号

我国灭火器型号由类、组、特征代号和主参数 4 部分组成，各类灭火器型号的编制参见表 8－13。

表 8－13　各类灭火器的型号编制

类	组	特征	代号	代号含义	主参数	
					名称	单位
灭火器 M	水 S	清水	MSQ	手提式清水灭火器	灭火剂量	L
		强化液	MQH	手提式强化液灭火器		
	泡沫 P	空气泡沫（机械泡沫）	MJP	手提式机械泡沫灭火器		L
	二氧化碳 T	手提式	MT	手提式二氧化碳灭火器		kg
		推车式	MTT	推车式二氧化碳灭火器		
	干粉 F	手提式	MF	手提式干粉灭火器		kg
		推车式	MFT	推车式干粉灭火器		
		背负式	MFB	背负式干粉灭火器		
	1211 Y	手提式	MY	手提式 1211 灭火器		kg
		推车式	MYT	推车式 1211 灭火器		

(3) 适用范围

① 水型灭火器：主要适用于扑救 A 类物质，如木材、纸张、棉麻织物等的初起火灾。

② 空气泡沫灭火器：主要适用于扑救 B 类物质，如汽油、煤油、柴油、植物油、油脂等的初起火灾，也可以用于 A 类物质的初起火灾。对于极性(水溶性)物质，如甲醇、乙醇、乙醚、丙酮等物质的初起火灾，只能使用抗溶性空气泡沫灭火器扑救。

③ 干粉灭火器：主要适用于扑灭可燃液体、带电设备与引起火灾，也可以扑救

A 类物质的初起火灾。

④ 卤代烷灭火器：主要适用于扑救 B 类、C 类物质，如图书、档案和精密仪器、电气设备等的初起火灾。

⑤ 7150(即三甲氧基硼氧六环)灭火器：主要适用于扑救轻金属，如镁、铝、铝镁合金等初起火灾。

(4) 常用灭火器的使用与保养

常用灭火器的使用与保养见表 8-14。

(5) 灭火器的配置

小型灭火器的配置种类及数量，应根据使用场所的火灾危险性、占地面积、有无其他消防设施等情况综合考虑。

设置灭火器总的要求是：根据场所可能发生火灾的性质，选择灭火器的种类，并应保证足够的数量；灭火器应放置在明显、取用方便又不易被损坏的地方；灭火器应注意使用期限，定期进行检查，保证随时启用。

表 8-14 常用灭火器的使用与保养

灭火器类型	泡沫灭火器	干粉灭火器	1211 灭火器	CO_2 灭火器
规格	10 L 65～130 L	8 kg 50 kg	1 kg 2 kg 3 kg	2 kg 以下 2～3 kg 5～8 kg
使用方法	倒置，稍加摇动后打开开关，药剂即喷出	提起圈环，干粉即可喷出	拔下铅封或横销，用力压下手把即可喷出	一手持喇叭筒对着火源，另一手打开开关即可喷出
保养与检查	1. 防止喷嘴堵塞； 2. 冬季防冻，夏季防晒； 3. 每年检查一次，泡沫低于 25%应换药	1. 放在干燥通风处，防潮防晒； 2. 每年检查一次气压，若重量减少至原重量 10%时应充气	1. 放在干燥处； 2. 防止碰撞； 3. 每年检查一次质量	每月检查一次，当质量小于原质量 10%时，应充气

注：推车式干粉灭火器每隔三年检查一次。干粉储罐需经 2.45 MPa(25 kg/cm^2)水压试验，钢瓶需经 2.21 MPa(225 kg/cm^2)水压试验，合格后方能继续使用。

8.5.3.2 消防给水设施

消防给水设施是一般工厂必备的。这里根据《建筑设计防火规范》(GBJ16—87)(2005 版)(以下简称《规范》)择其要介绍如下。

(1) 在进行建筑设计时，必须同时设计消防给水系统。

(2) 消防给水宜于与生产、生活给水管道系统合并，如合并不经济或技术上不可能，可采用独立的消防给水管道系统。

(3) 室外消防给水可采用高压或临时高压给水系统或低压给水系统。

(4) 民用与工业建筑室外消防用水量，应按同一时间内的火灾次数和一次灭火用水量确定。对于可燃气储罐或储罐区的室外消火栓用水量，室外油浸电力灭火器水喷雾灭火用水量，甲类、乙类、丙类液体储罐的消防用水量及液化石油气储罐区消防用水量，《规范》均做了规定。

(5) 室外消防给水管网一般应布置成环状，输水干管不应少于两条。环状管道应用阀门分为若干独立段，每段内消火栓数量不宜超过 5 个。

室外消防给水管道最小直径不应小于 100 mm。

(6) 消火栓分室外与室内两类，室外消火栓又分地上式与地下式两种。

(7) 室外消火栓应沿道路设置，消火栓与道路的距离不应超过 2 m，距房屋外墙不宜小于 5 m。室外消火栓间距不应超过 120 m，其保护半径不应超过150 m。室外消火栓的数量应按室外消防用水量计算决定，每个室外消火栓用水量应按 10～15 L/s 计算。

(8) 设有消防给水的建筑物，其各层均应设置(室内)消火栓。室内消火栓栓口处的静水压力不应超过 785 Pa(80 mm 水柱)。室内消火栓应设在明显易于取用地点，栓口离地面高度为 1.1 m，其出水方向宜向下或与设置消火栓的墙面成 90°角。

(9) 必要时应设消防水池和消防水源泵。

(10) 某些特定部位应设固定灭火装置。如闭式自动喷水灭火设备、水幕设备、雨淋喷水灭火设备、水喷雾灭火设备、蒸汽灭火设备等。

此外，大、中型企业还应根据自身实际需要，在生产装置、仓库、罐区等部位，设置使用水蒸气、氮气、泡沫、干粉或 1211 等灭火装置。

8.5.4 危险化学品火灾的扑救

8.5.4.1 概述

危险化学品容易发生火灾爆炸事故，不同的危险化学品或者在不同情况下发生火灾时，其扑救方法可能差异很大。若处置不当，不仅不能扑灭火灾，反而可能使灾情扩大。此外，由于有些危险化学品本身或者燃烧产物具有较强的毒性或腐蚀性，容易使人员中毒、灼伤。因此，比起扑救一般火灾，扑救危险化学品火灾是一项困难和危险的工作。扑救人员必须慎之又慎。从事危险化学品生产、使用、储存、经营、运输的人员和消防、急救人员，在平时都应该熟悉和掌握这类物品的危险特性及相应的灭火措施。一旦发生火灾时才能正确扑救。

扑救危险化学品火灾总的要求如下。

(1) 扑救人员应占领上风或侧风地点。

(2) 位于火场一线人员应采取针对性防护措施，如穿戴防护服，佩戴防护面具或面罩等。应尽量佩戴隔绝式面具，因为一般防护面具对一氧化碳无效。

(3) 首先应迅速查明燃烧物品、范围和周边物品的主要危险特性，以及火势蔓延的主要途径。

(4) 尽快选择最适当的灭火剂和灭火方法。如果该场所内的危险化学品品种较为固定，平时就应有针对性地配备灭火剂和消防设施。

(5) 在平时，针对发生爆炸、喷溅等特别危险情况，拟定紧急应对(包括撤退)方案，并进行演练。

下面简要介绍一些常见危险化学品火灾的扑救要点。

8.5.4.2 压缩或液化气体火灾的要点

一般情况下，压缩或液化气体储存在钢瓶中，或者通过管道输送。其中钢瓶内气体压力较高，受热或受火焰烤时容易爆裂，大量气体泄出抑或燃烧爆炸，抑或使人中毒，危险性较大。另外，如果气体泄出后遇火源已形成稳定燃烧时，其危险性比气体泄出未燃时危险性要小得多。针对以上特点，扑救要点如下。

(1) 切记不要盲目灭火。首先要堵漏或截断气源(如关阀门等)。在此之前，应保持泄出气体稳定燃烧。否则，大量可燃气泄出，与空气混合，遇火源就会发生爆炸，后果更为严重。

(2) 灭火时要先积极抢救受伤及被困人员，并扑灭火场外围的可燃物火势，切断火势蔓延途径。

(3) 如果火场中有受到火焰辐射热威胁的压力容器，必须首先尽量在水枪掩护下疏散到安全地点，不能疏散的应用足够的水枪进行冷却保护。

(4) 如果确认无法截断泄漏气源，则需冷却着火容器及周围容器和可燃物品，或将后两者撤离火场，控制着火范围，直至容器内可燃气烧尽，火自行熄灭。

(5) 现场指挥应密切注意各种危险征兆。当有容器爆裂危险时，及时做出正确判断，下达撤退命令并组织现场人员尽快撤离。

8.5.4.3 易燃液体的扑救要点

易燃液体通常也是储存在容器内，用管道输送，但一般都是常压状态，有些还是敞口的，只有反应釜(锅、炉等)及输送管道内的液体压力较高。液体无论是否着火，如果泄漏或溢出，都将沿着地面(或水面)流淌漂散，而且易燃液体火灾还有着火液体比重和水溶性等涉及能否用水或普通泡沫灭火剂扑救等问题，以及是否可能发生危险性很大的沸溢及喷溅问题。一般可燃液体火灾的扑救要点如下。

(1) 首先应该切断火势蔓延途径，控制燃烧范围，并积极抢救受伤及被困人员。一方面着火容器、设备有管道与外界相通的，要截断其与外界的联系；另一方面如果有液体泄漏应堵漏或者在外围修防火堤。

(2) 及时了解和掌握着火液体的品名、密度、水溶性，以及有无毒害、腐蚀、沸溢、喷溅等危险性。还应正确判断着火面积，以便采取相应的灭火和防护措施。

① 小面积(在 50 m^2以内)液体火灾一般可用雾状水扑救，而用泡沫、干粉、二氧化碳、卤代烷更有效。

② 大面积液体火灾则必须根据其密度、水溶性和燃烧面积大小，选择适当的灭火剂扑救。

比水轻而不溶于水的液体(如汽油、苯等)，一般可用普通蛋白泡沫或轻水泡沫扑救；

比水重而不溶于水的液体(如二硫化碳)着火时可用水扑救，用泡沫也有效；

具有水溶性的液体，最好用抗溶性泡沫扑救。

扑救以上三类液体火灾时，都需要用水冷却容器设备外壁。如果采用干粉或卤代烷灭火剂时，灭火效果要视燃烧面积大小和燃烧条件而定。

(3) 扑救具有毒性、腐蚀性或燃烧产物具有毒性的易燃液体火灾时，救火人员必须佩戴防护面具，采取防护措施。

(4) 扑救具有沸溢、喷溅危险的液体(原油、重油等)火灾时，如有条件，可采用放水、搅拌等防止发生沸溢和喷溅的措施。现场指挥发现危险征兆，应迅速做出正确判断，及时下达撤退命令，避免人员与装备损失。

8.5.4.4 爆炸品火灾爆炸的扑救要点

由于爆炸品是瞬间爆炸，往往同时引发火灾，危险性、破坏性极大，给扑救带来很大困难。因此，应该在保证扑救人员安全的前提下，把握以下要点。

(1) 采取一切可能的措施，全力制止再次爆炸。

(2) 应迅速组织力量及时疏散火场周围的易爆、易燃物品，使火区周边形成一个隔离带。

(3) 切忌用砂、土盖压爆炸物品，以免增加其爆炸时的爆炸威力。

(4) 灭火人员要利用现场的有利地形或采取卧姿行动，尽可能采取自我保护措施。

(5) 如有发生再次爆炸征兆或危险时，指挥员应迅即做出正确判断，下达命令，组织人员撤退。

8.5.4.5 遇湿易燃物品火灾的扑救要点

遇湿易燃物品(如金属钠、钾及液态三乙基铝等)能与水或湿气发生化学反应，有时即使没有明火也能“自动”燃烧爆炸。这类物品在达到一定数量时，绝对禁止用水、泡沫、酸碱等湿性灭火剂扑救，这就为其发生火灾时的扑救带来很大困难。通常情况下，遇湿易燃物品火灾的扑救要点如下。

(1) 首先要了解遇湿易燃物品的品名、数量、是否与其他物品混存、燃烧范围及火势蔓延途径等。

(2) 如果只有极少量(一般在 50 g 以内)遇湿易燃物品着火，则无论是否与其他物品混存，仍可以用大量水或泡沫扑救。水或泡沫刚一接触着火物品时，瞬间可能会使火势增大，但少量物品燃尽后，火势就会减小或熄灭。

(3) 如果遇湿易燃物品数量较多，而且未与其他物品混存，则绝对禁止用水、泡沫、酸碱等湿性灭火剂扑救，而应该用干粉、二氧化碳、卤代烷扑救，只有轻金属(如钾、钠、铝、镁等)用后两种灭火剂无效。固体遇湿易燃物品应该用水泥(最常用)、干砂、干粉、硅藻土及蛭石等覆盖。对遇湿易燃物品中的粉尘如镁粉、铝粉等，切忌喷射有压力的灭火剂，以防将粉尘吹扬起来，与空气形成爆炸性混合物而导致爆炸。

(4) 如遇有较多的遇湿易燃物品与其他物品混存，则应先查明是哪类物品着火，遇湿易燃物品的包装是否损坏。如果可以确认遇湿易燃物品尚未着火，包装也未损坏，应立即用大量水或泡沫扑救。扑灭火势后立即组织力量将遇湿易燃物品疏散到安全地点。如果确认遇湿易燃物品已经着火或包装已经损坏，则应禁止用水或湿性灭火剂扑救。若是液体应该用干粉等灭火剂扑救；若是固体应该用水泥、干沙扑救；如遇钾、钠、铝、镁等轻金属火灾，最好用石墨粉、氯化钠以及专用的轻金属灭火剂扑救。

(5) 如果其他物品火灾威胁到较多的遇湿易燃物品，应考虑其防护问题。可先用油布、塑料布或者其他防水布将其遮盖，然后在上面盖上棉被并淋水。也可以考虑筑防水堤等措施。

8.5.4.6 易燃固体、自燃物品火灾的扑救要点

相对于其他危险化学品而言，易燃固体、自燃物品火灾的扑救较为容易，一般都能用水和泡沫扑救。但是有少数物品的扑救比较特殊，需要注意。

(1) 2,4-二甲基苯甲醚、二硝基萘、萘等能够升华的易燃固体，受热会放出易燃蒸气，能在上层空间与空气形成爆炸性混合物，尤其在室内，容易发生爆燃。因此在扑救此类物品火灾时，应注意，不能以为明火扑灭即完成灭火工作，而要在扑救过程中不时向燃烧区域上空及周围喷射雾状水，并用水浇灭燃烧区域及周围的所有火源。

(2) 黄磷是自燃点很低，在空气中极易氧化并自燃的物品。扑救黄磷火灾时，首先应切断火势蔓延途径，控制燃烧范围。对着火的黄磷应该用低压水或雾状水扑救。高压水流冲击能使黄磷飞溅，导致灾害扩大。已熔融黄磷流淌时，应该用泥土、沙袋等筑堤阻截并用雾状水冷却。对磷块和冷却后已凝固的黄磷，应该用钳子夹到储水容器中。

(3) 少数易燃固体和自燃物品，如三硫化二磷、铝粉、烷基铝、保险粉等，不能用水和泡沫扑救，应根据具体情况分别处理，一般宜选用干砂和非压力喷射的干粉扑救。

8.5.4.7 氧化剂和有机过氧化物火灾的扑救要点

从灭火角度来说，氧化剂和有机过氧化物是一个杂类。不同的氧化剂和有机过氧化物物态不同，危险特性不同，适用的灭火剂也不同。因此，扑救此类火灾比较复杂，其扑救要点如下：

(1) 首先要迅速查明着火的氧化剂和有机过氧化物以及其他燃烧物品的品名、数量、主要危险特性、燃烧范围、火势蔓延途径、能否用水和泡沫扑救等情况。

(2) 能用水和泡沫扑救时，应尽力切断火势蔓延途径，孤立火区，限制燃烧范围，同时积极抢救受伤及受困人员。

(3) 不能用水、泡沫和二氧化碳扑救时，应该用干粉扑救，或用水泥、干沙覆盖。用水泥、干沙覆盖时，应先从着火区域四周特别是下风方向或火势主要蔓延方向覆盖起。形成孤立火势的隔离带，然后逐步向着火点逼近。

应该注意的是，由于大多数氧化剂和有机过氧化物遇酸会发生化学反应甚至爆炸，活泼金属过氧化物等一些氧化剂不能用水、泡沫和二氧化碳扑救。因此，专门生产、使用、储存、经营、运输此类物品的单位及场所不要配备酸碱灭火器，对泡沫和二氧化碳灭火剂也要慎用。

8.5.4.8 毒害品、腐蚀品火灾的扑救要点

毒害品、腐蚀品火灾扑救不很困难，但是由于此类物品对人体都有一定危害：毒害品主要经口、呼吸道或皮肤使人体中毒，腐蚀品是通过皮肤接触灼伤人体，所以在扑救此类火灾时要特别注意对人体的保护。

(1) 灭火人员必须穿着防护服，佩戴防护面具。一般情况下穿着全身防护服即可，对有特殊要求的物品，应穿着专用防护服。在扑救毒害品火灾时，最好使用隔绝式氧气或空气面具。

(2) 限制燃烧范围，积极抢救受伤及受困人员。

(3) 应尽量使用低压水流或雾状水，避免毒害品和腐蚀品溅出。遇酸类或碱类腐蚀品，最好配制相应的中和剂进行中和。

(4) 遇毒害品和腐蚀品容器设备或管道泄漏，在扑灭火势后应采取堵漏措施。

(5) 浓硫酸遇水能放出大量的热，会导致沸腾飞溅，需要特别注意防护。扑救有浓硫酸的火灾时，如果浓硫酸数量不多，可用大量低压水快速扑救。如果浓硫酸数量很大，应先用二氧化碳、干粉、卤代烷等灭火，然后迅速将浓硫酸与着火物品分开。

8.5.4.9 放射性物品火灾的扑救要点

放射性物品是一类能放射出严重危害人类健康甚至生命的α、β、γ射线或中子流的特殊物品。扑救此类火灾必须采取防护射线照射的特殊措施。生产、使用、储存、经营及运输放射性物品的单位和有关消防部门应配备一定数量的防护装备和放射性测试仪器。此类火灾的扑救要点如下。

(1) 首先要派人测试火场范围和辐射(剂)量,测试人员应采取防护措施。

对辐射(剂)量超过0.038 7 C/kg的区域,应设置"危及生命、禁止进入"的警告标志牌,灭火人员不能深入辐射区域实施扑救;对辐射(剂)量低于0.038 7 C/kg的区域,可快速用水或泡沫、二氧化碳、干粉、卤代烷扑救,并积极抢救受伤及受困人员。

(2) 对燃烧现场包装没有破坏的放射性物品,可在水枪掩护下设法疏散。无法疏散时,应就地冷却保护,防止扩大破损程度,增加辐射(剂)量。

(3) 对已破损的容器切忌搬运或用水流冲击,以防止放射性污染范围扩大。需要强调地是,灭火人员必须穿着防护服及配备必要的防护装备。

复习思考题

1. 在消除导致火灾爆炸的物质条件方面,可以考虑采取哪些基本预防措施?

2. 简述防火防爆安全装置(包括阻火装置及防爆泄压装置)的分类及其基本工作原理。

3. 基本的灭火方法和常用的灭火剂有哪些?

4. 如何合理地选择灭火剂?

5. 扑救危险化学品火灾有哪些基本要求?

9 危险化学品典型事故案例分析

在国内外历史上发生的生产安全事故中,危险化学品事故属于伤亡最多、损失最大、生态破坏最严重、后果最可怕的一类事故。因此,防范和避免危险化学品事故是安全生产管理的重中之重。本章通过对危险化学品生产、使用、储存、检修等过程中发生的部分典型事故案例的分析,旨在提高我们对危险化学品事故的认识和防范危险化学品事故的能力。

9.1 危险化学品生产过程中的典型事故案例分析

9.1.1 重庆氯气泄漏事故

9.1.1.1 事故经过

2004 年 4 月 15 日至 16 日,处于主城区的重庆天原化工总厂先是发生氯气泄漏,后在抢险处置过程中突然发生爆炸。

4 月 15 日下午,处于主城区的重庆天原化工总厂氯氢分厂工人在操作中发现,2 号氯冷凝器出现穿孔,有氯气泄漏,厂方随即进行处置。16 日 1 时左右,列管发生爆炸。凌晨 4 时左右,再次发生局部爆炸,大量氯气向周围弥漫。由于附近民居和单位较多,重庆市连夜组织人员疏散居民。16 日 17 时 57 分,5 个装有液氯的氯罐在抢险处置过程中突然发生爆炸,当场造成 9 人死亡、失踪,3 人受伤。死伤人员均为天原化工总厂领导技术人员和职工。事故发生后,重庆市消防特勤队员昼夜连续用高压水网(碱液)进行高空稀释,在较短的时间内控制了氯气扩散。

9.1.1.2 事故原因

经重庆天原化工总厂"4 · 16"事故调查组调查确认,这起氯气泄漏爆炸事故是一起责任事故。据事故现场负责技术方案的专家组组长缪光奎及其他成员介绍,按照原来的事故处理方案,是让氯气在自然压力下通过铁管排放。但当专家组成员离开现场回指挥部研讨方案时,重庆天原化工总厂违规操作,让工人用机器从氯罐向外抽氯气,以加快排放速度,结果导致罐内温度升高,引发爆炸。

9.1.1.3 对事故责任人的处理

重庆市纪委、监察局日前决定对事故有关责任人分别给予处分。

给予对事故发生负有重要领导责任的化医控股集团公司董事长、党委书记缪光奎党内警告处分,对事故发生负有重要领导责任的化医控股集团公司经济运行部部长李华夏行政记过处分，对事故发生负有主要领导责任的重庆天原化工总厂厂长张定禄撤销重庆天原化工总厂厂长、党委委员职务处分，对事故发生负有重要领导责任的重庆天原化工总厂党委书记兼副厂长陈德国党内警告处分。

另外，分别给予天原化工总厂副厂长吴照华、天原化工总厂动力分厂代理副主任王为民、重庆化工节能计量压力容器检测所所长助理兼压力容器检测科科长周军、重庆化工节能计量压力容器检测所副所长吴明中（主持工作）等行政记大过或撤销职务等处分。

9.1.2　浙江宁波双氧水车间爆炸事故

9.1.2.1　事故经过

2004年4月6日至16日，该公司根据计划安排，对所有生产装置实施年度停产大检修。4月13日氯碱系统大修结束，恢复生产。4月16日双氧水车间大修结束，并于当日23时50分开始开车。2004年4月21日10时56分，因外电网波动，引起全厂连锁停车，同日13时25分氧碱系统恢复开车，16时双氧水车间恢复开车。根据分析和DCS记录的曲线，双氧水装置运行状况正常。2004年4月22日8时左右，该厂双氧水岗位的操作员张车祥和许义一起到双氧水岗位的操作室，与21日20时到22日8时上班的操作员朱清善交接班后，换上工作服，准备去巡检。走到门边，正伸手去推门时，就听到"嘶嘶"的声音，接着听到一声巨大的爆炸声，这时车间内马上浓烟滚滚，张车祥怕第二次爆炸，赶紧到操作室放工具箱的墙角里躲起来。与此同时，张车祥看到许义打开了窗门，就与许义从窗口跳下去，经过雨棚落到地上，然后迅速逃离现场。当时正在双氧水车间4楼拆除管道保温脚手架的潘光明、纪成俭（浙江二建工艺设备安装公司职工）听到爆炸声后，在迅速逃离现场过程中，潘光明从二楼楼梯拐角处逃生不及被大火烧死，纪成俭从二楼楼梯平台跳到地面，脸部轻度烧伤，被送往宁波市第二医院治疗。

9.1.2.2　事故原因

发生爆炸火灾事故车间是2002年12月投产的双氧水装置，年产双氧水4万t。通过对事故现场的勘查和对相关人员进行调查取证、笔录，并进行了详细的综合分析，调查组认定这是一起"违规操作引起的爆炸火灾事故"。

（1）直接原因

双氧水车间内氧化残液分离器排液后，操作工未按规定打开罐顶的放空阀（事故现场发现的放空阀是关闭的），造成氧化残液分离器内残液中的双氧水分解产生的压力得不到及时有效的泄压，使之极度超压，导致氧化残液分离器发生爆炸。爆炸碎片同时击中氢化气液分离器、氧化塔下面的工作液进料管和白土床至循环工作储槽的管线，致使氢化气液分离器内的氢气和氢化液喷出，发生爆炸和燃烧。氧化塔内的氧化液喷出并烧灼，白土床口管内的工作液流出并燃烧，继而形成了双氧水车间的大面积火灾，造成了1人烧死，1人烧伤。

(2) 间接原因

这起事故的发生,暴露出浙江善高化学有限公司领导对安全生产重视不够,管理不力,安全生产管理机构不健全,配备的专职安全干部没有经过专门培训,未做到持证上岗等问题。公司建立10年来,设备、技术较先进,管理有一定基础,也没有发生过重大事故,因此,在安全生产上产生了麻痹思想,安全生产意识淡化。

① 公司安全生产目标管理不够明确,安全责任制没有层层分解;安全责任书没有签订落实到班组和职工;部门之间配合不协调,工作出现推诿现象;对员工的安全教育和培训不到位,对员工中出现的“三违”现象监督不力,处理不严,导致职工违规操作,酿成事故。

② 公司为提高双氧水质量和生产能力的技措改造,未按《危险化学品安全管理条例》的要求报有关部门审批,也没有经原设计单位确认。

③ 双氧水生产线改造后,未对设备设施运行情况及时进行有效监控。在生产报表中反映的整个双氧水工艺控制指标中,事故发生前连续三个分析数据显示氧化液酸度为1 mg/L,没能对酸度低、氧化残液的稳定性变差,会加速残液中双氧水的分解,导致氧化残液分离器压力升高等异常状况采取有效的安全措施。

④ 公司消防设备不完善,消防水源不足,自防自救能力差。尽管制定了危险的化学品事故应急救援预案,但预案不全面、不系统,平时演练不够,对突发事故未能采取有效措施予以消除。

⑤ 黎明化工研究院设计所工艺设计不尽合理,对氧化残液分离器的危险性认识不足,工艺设计中对该设备位置设计不当,未在氧化残液分离器的工艺流程图上设计压力表和泄压装置。

9.1.2.3 事故性质

这是一起违规操作所引起的责任事故。

9.1.2.4 对事故责任人的处理

(1) 浙江善高化学有限公司领导对安全生产重视不够,安全生产管理机构不健全,安全监督管理不到位,应急救援预案制定不完善,公司对扩大双氧水生产能力的技措改造未按国家有关规定进行报批,对这起事故的发生负有重要管理责任。建议由宁波市安全生产监督管理局根据《安全生产法》和《危险化学品安全管理条例》的有关规定,对善高化学有限公司处以50万元的经济处罚。

(2) 公司的法人代表董事长张植云,作为企业安全生产第一责任人,对安全生产重视不够,监管不力,对这次事故的发生负有主要领导责任,建议行政记大过处分,并处以5万元的经济处罚。

(3) 公司总经理寿锋,作为安全生产主要责任人,尽管上任才4个月,但对安全生产工作抓得不力,责任心不强,对这次事故的发生负有领导责任,建议行政记过处分,并处以2万元的经济处罚。

(4) 公司总工程师付建永，是企业安全生产分管领导以及安全生产直接责任人，在双氧水车间扩产技措改造中，作为项目总负责人，采取的工作措施不力，无正规设计和履行项目审批程序，指挥不当，安全管理失职，对这起事故的发生负有直接领导责任，建议浙江善高化学有限公司董事会撤销其总工程师职务。

(5) 公司双氧水车间支持工程师周文斌，具体负责双氧水装置技措改造中工艺、技术等具体工作。未能按国家有关安全生产法律、法规要求履行职责，对双氧水氧化残液分离器存在的设备上的安全隐患以及安全操作规程不完善，未能提出有效整改措施，严重失职，对这起事故发生负有直接管理责任，建议司法机关立案查处。

(6) 公司双氧水车间大班长沈国华，平时对操作人员管理不严，教育不力，对职工违规操作以及随意操作现象制止不力，安全生产意识差，工作严重失职，对这起事故的发生负有主要责任，建议给予开除公职处分。

(7) 公司双氧水车间操作工余海良，负责该车间一楼(事故发生工段)各岗位的安全操作与检查。在当班巡回检查中，曾检查过双氧水氧化残液分离器放空阀，但未将放空阀开启到正常状态，导致氧化残液分离器超压爆炸，酿成事故，对这起事故负有直接责任，建议司法机关立案查处。

(8) 公司其他相关责任人由善高化学有限公司按公司的有关规定给予相应处理，并将处理意见报省、市安全生产监管局备案。

(9) 黎明化工研究院设计所对双氧水生产工艺部分设备设计上的不足，应尽快查明责任，并对相关责任人进行严肃处理。

9.1.3 山东潍坊弘润石化助剂总厂违章动火油罐爆炸事故

9.1.3.1 事故经过

2000 年 7 月 2 日，山东省青州市潍坊弘润石油助剂化工总厂因未堵盲板违章动火焊接，造成 2 个 500 m^3 油罐爆炸起火，10 人死亡，部分操作室及管排、管架烧毁. 直接经济损失达 200 余万元。

2000 年 7 月 1 日，为解决柴油存放一段时间后由棕黄色变为深灰色的质量问题，厂领导决定采用临淄某个体技术人员的脱色技术，在柴油罐间加活性剂罐、混合罐、管道泵，将 307# 罐、308# 罐的柴油，经管道泵注入混合罐，同来自活性剂罐的活性剂混合脱色后，注入 204# 罐储存外销。分管生产的副厂长直接安排生产设备部牵头，由机动车间维修班负责焊接安装。整个作业采用先将混合罐、活性剂罐、管道泵定位后，再对接同柴油罐相连接的阀门、法兰、管道，现场进行焊接的方法。

7 月 2 日上午，已将混合罐、活性剂罐、管道泵定位，并同 308# 罐对连焊接完毕，下午继续进行同 204# 罐的对接。18 时 45 分，在焊接同 204# 罐相接的管道时，发生爆炸，204# 罐罐体炸飞，南移 3.5 m 落下，罐内柴油飞溅着火，同时 204# 罐罐体飞起时，又将该罐同 307# 罐之间的管道从 307# 罐根部阀前撕断，307# 罐中 400 余吨柴油从管口喷出着火.现场施工的 10 人突然被柴油烈火掩盖，瞬间即被烧死。307# 罐在 204# 罐爆炸起火后 45 分钟再次发生爆炸，罐底焊缝撕开 12 m 左右，罐内剩余柴油急速涌出。着火的柴油顺混凝土地面流至附近的 10 间操作室，操作室被烧毁；流至装置管排底部，管排管架被烧塌；流至厂区大门以外，将部分大树烧死。事故发生后，地市县及厂消防队及时赶到扑救，大火于 20 时 45 分被扑灭，没有造成罐区其他汽油、柴油罐的爆炸，避免了更大的损失。

事故发生后，省地县有关领导到厂进行了指导，同时成立了事故调查小组，对事故发生的经过进行了调查分析，查清了事故发生的原因。

9.1.3.2 事故原因

(1) 从事故现场看，有 2 台电焊机、接线及焊钳，有 9 根用后剩余的电焊条头及夹在焊钳上的整根焊条，说明事故发生前确实在进行焊接作业。

经向曾在现场的职工了解，事故是在焊接同 204# 罐底部 Dg80 闸板阀对接的管道时发生的。而 204# 罐盛过柴油，但已长时间没用了，只偶尔当做生产中吹扫管道时的储气罐用。但在阀门以下，有 24 厘米深，约 15 平方米放不出来的柴油，而阀门以上无油，从而成为罐内柴油轻质馏分挥发的空间，挥发后的柴油轻组分与罐内的空气混合，形成爆炸性混合气体。经察看，204# 柴油罐底部 Dg80 闸板阀阀瓣靠近罐体一侧有明显的暗红色铁锈，仅在底部有一弦高 10 厘米左右的弯月形面，呈现高温后的蓝灰色，而阀瓣面向焊接的一侧，明显活动但留有间隙。因此，调查组认为，7 月 2 日 16 时 45 分，维修班在电焊焊接时，204# 罐内的爆炸性混合气体泄漏入正在焊接的管道内，电焊明火引起了管内气体的爆炸，从而通过 Dg80 闸板阀阀瓣底部的缝隙，引起了 204# 罐内混合气体的爆炸，这是事故发生的直接原因。

(2) 违章作业是事故发生的根本原因。该厂是地级市农委系统的直属小石油化工厂，无原油常减压蒸馏工段。只有催裂化润滑油工序，生产汽油、柴油、润滑油、液化气等产品，经济效益较好，年利税过亿元。但是，该厂缺乏生产管理，特别是缺乏安全技术管理人才，虽然参照其他石油化工厂的经验制定了不少规章制度，但是制度执行不严，违章指挥、违章作业现象时有发生。如该次施工作业，按制度规定，成品油罐区为一类禁火区，要动火，必须经安全生产厂长、总工程师批准，安全处室专职安全人员、施工人员签字，办理一级动火证，制定严密的防范措施，有消防、安全、专职人员现场监督，确保不出事故方能动火作业。但该厂生产副厂长直接安排生产设备部和机动车间维修班施工，没有办理一级动火证，也没有通知总工程师、安保部、消防队审查施工方案及进行监督检查，失去了制止违章作业及采取防范措施防止事故发生的机会。另外，制度规定，动火作业必须同生产系统有效隔绝，而且专门制定了抽堵盲板的制度，但施工人员虽然制作了盲板，带到了现场，但没有使用，仅以关闭阀门代替插入盲板同油罐隔绝。但是，阀门关闭以后，虽然不漏油，但在使用过程中，因关闭不严，在阀体与阀瓣之间会有一定间隙，特别是在有一定压力或温度差别时，阀门可能会漏气。因此上午焊接308#罐时，因308#罐盛满柴油，没有发生事故，而在下午焊接204#罐的管道时，因阀门间隙漏气引起油罐内混合气体的爆炸着火。

(3) 对柴油性质认识不足。柴油虽然不是易挥发的一级易燃易爆品，但是，柴油是混合物，其中所含的介于汽油、柴油之间的低沸点馏分，在夏季高温情况下，挥发积聚于油罐相对密封的上部空间，形成了爆炸性混合气体，遇明火造成了爆炸。

(4) 307#罐、204#罐原设计为消防用清水罐，位于成品罐区西防火堤外侧，当改为柴油储罐后，两罐周围没有再加防火堤，也没有设立明显的禁火标志，这也是造成施工人员未办理一级动火证违章施工的原因之一。

(5) 专职安全管理人员安全技术素质低，也是事故发生原因之一。据厂安全保卫部负责安全生产的副部长崔某介绍，他在巡回检查中，已发现了施工人员在一类禁火区动火作业，但他没有按规章制度制止他们的违章作业，只是在施工人员从车间办的二级动火证上签上自己的名字，代替厂一级动火证，使他们的违章作业合法化，但又没有按一级动火证要求提出防止事故的措施，导致了事故的发生。崔某作为这次重大伤亡事故的主要责任人被逮捕，追究刑事责任。

9.1.3.3 防范措施

这次重大伤亡事故再次告诉我们，企业的各级领导及职工，一定要严格遵守安全规章制度，严禁违章作业。同时，要开展全员安全生产规章制度教育与安全生产技术知识教育，提高全体人员遵章守纪的自觉性；增强安全意识，提高安全技术水平与自我防护能力；关键管理岗位要选用有生产管理实践经验及安全技术管理经验、专业知识丰富、技术素质较高的同志，以适应工作的需要，关键时刻起到管理把关作用，防止事故的发生，促进企业的正常发展。

9.1.4 山东天然气爆炸事故

9.1.4.1 事故经过

2000年2月19日零时6分，山东三力工业集团有限公司某分公司发生地下废弃天然气管线爆炸事故，造成15人死亡，56人受伤，其中重伤13人，直接经济损失达342.6万元。

2000年2月18日晚10时37分，三车间电缆沟内可燃气体燃爆，将车间内电缆沟中间人孔和西侧人孔盖板冲开。车间主任张尤鹤发现后，一边派人通知领导，一边赶往配电室通知停电。电工申英强与张尤鹤先后到三车间救火。公司领导接到通知后也相继赶到现场，组织人员继续扑救电缆沟内的火。由于火源在电缆沟内，难以扑救。高培迎打电话通知文留镇政府，请求帮助救火，文留镇政府领导立即与中原油田采油一厂消防队联系，请求支援。晚10时50分，油田采油一厂消防队接到报警后，迅速赶往现场投入救火。控制住火势后，一名消防队员从中间人孔处下到电缆沟内用水枪扑救电缆沟内的火，随着火势的减弱，看见电缆沟北墙缝隙处有火苗窜出，晚 11 时 58 分火被扑灭。由于车间停电供风系统无法运转，窑炉燃烧系统不能正常工作，公司员工为防止窑炉中高温玻璃液降温过快引起生产事故，按操作规程利用供气备用系统加热护炉。2 月 19 日零时 6 分，三车间 5 号窑炉东侧发生爆炸，当场死亡 12 人，受伤 59 人，在送往医院途中又有一人死亡，在抢救过程中，因伤势过重，经抢救无效死亡 2 人。

9.1.4.2 事故原因分析

根据现场勘查及物证技术鉴定结果可以确定，529 mm 管线在废弃时管道内存有残留天然气，在该公司三车间施工处理管线时又进入了部分空气。由于电缆沟着火，火焰烘烤横穿电缆沟内的废弃 529 mm 管线外壁，使管线内温度达到了天然气和氧气的反应温度，管线内混合的天然气和氧气发生氧化反应，放出大量热量，致使管线内气体压力升高，超过了废弃 529 mm 管线端口焊接盲板承受压力，盲板炸飞，可燃气体冲出 529 mm 管线。由于 5 号炉蓄热室墙体的阻挡，喷出的可燃气体向上和反向扩散。又因为管线内原来混入的氧气有限，从管道内喷出的气体中仍含有大量反应过剩的天然气体，遇炉窑明火再次发生燃爆，导致了这次恶性事故的发生。因此，事故发生的主要原因是：

(1) 三力公司在施工时对地下 529 mm 废弃天然气管道处理不当，盲板封堵焊接质量差，随着蓄热室周围地温升高，管道内残余的天然气受热升温形成正压，穿过其端口盲板焊接气孔进入电缆沟。在电缆沟内积聚达到爆燃浓度，并沿电缆沟电缆穿孔进入 6 号炉常规电控柜，6 号炉常规电控柜内空气开关电热作用引燃天然气，是造成电缆沟着火的直接原因。

(2) 由于电缆沟着火，火焰烘烤横穿电缆沟内的废弃的 529 mm 管线外壁 1 小时 21 分，使管线内温度达到了天然气和氧气的反应温度，放出大量热量，致使管线内气体压力升高，超过了废弃的 529 mm 管线端口焊接盲板承受压力，盲板炸飞，可燃气体冲出废弃的 529 mm 管线。由于 5 号炉蓄热室墙体阻挡，喷出的可燃气体向上和反向扩散，遇窑炉明火再次发生爆燃，是造成这次特大伤亡事故的直接原因。

(3) 由于现场人员误认为电缆沟着火是电缆短路起火，对废弃管道发生爆炸预料不到，在电缆沟发生火灾造成车间停电的情况下，当班职工加热护炉，未及时撤离现场，是造成这次事故伤亡人数较多的主要原因。

9.1.5 山东瑞星化学集团 3 起重大化学爆炸事故

山东瑞星化学工业集团总公司(原东平县化肥厂)1996 年 7 月 30 日、8 月 12 日、12 月 6 日连续发生了 3 起重大化学爆炸事故，造成了 13 人死亡，8 人重伤。

9.1.5.1 “7·30”爆炸事故

1996年7月30日，有机化工厂发生爆炸事故，9人死亡，5人重伤。

(1) 事故经过

阿托品车间因原料不足停产。厂部研究经总公司同意，借停产之机进行甲醇直接加工甲醛的技术改造。此项技术改造于7月30日下午3时左右已基本完成。操作工人都集中进行清理现场、打扫卫生和保温防腐处理工作。4时10分左右，工人准备在甲醇计量槽溢流管上焊接1个阀门。此时槽(3.5 m×4 m×0.008 m)内存有甲醇10.5 t，约占槽内容积的2/3。距溢流管左侧0.6 m处有1根同方位的进料管，上端与槽顶部相连，连接法兰处没有加盲板与甲醇计量槽隔绝，下端距地面0.4 m处进料阀已被拆卸，管口敞开。当天的最高气温是36℃，槽内甲醇蒸发气体与空气汇合形成了爆炸混合气。焊接时电焊火花掉落在进料管敞口内，引爆了槽内爆炸混合气。随着一声巨响，槽体腾空飞起，落在偏西方向80 m，陷入地下1.2 m。槽内10.5 t甲醇四溅，形成一片火海，火焰高达1.5 m，2名焊工当场死亡。在抢险救火中因灭火器腐蚀严重，发生爆炸，造成1人死亡，另烧伤11人。经医院抢救，其中6人死亡，5人被烧成重伤。

(2) 事故原因分析

① 事故的直接原因

a. 在易燃易爆禁区内进行电焊动火，没有办理动火作业证，没有组织现场监护，没有进行动火前的防火防爆检查。

b. 焊接前没有与甲醇计量槽完全隔绝，只在安装阀门的溢流管上加了盲板，而没在只距0.6 m的进料管上加盲板隔绝。

c. 焊工(刚从外单位调入2个月)虽然进行了三级安全教育，但安全技术素质差，对甲醇的危险性认识不足。溢流管的上下头都是用法兰连接，如把两头法兰卸下，把溢流管搬到非禁火区焊接，事故是完全可以避免的。

② 事故的间接原因

a. 没有认真落实《化工企业安全管理制度》。有机化工厂没有专职安全管理干部，失去了安全管理的监督职能。

b. 违反技术改造工作安全“三同时”的规定。甲醇技术改造项目中没有技术施工方案，只是凭口头指挥。也没有安全技术措施。

c. 技术改造现场组织混乱，分工不明确，责任不到位。

(3) 事故处理

① 原有机化工厂厂长是该厂安全生产第一责任人，也是这次技术改造项目的直接负责人，应对全厂和这次技术改造项目的安全负全面责任。但是，此次技术改造项目没有进行安全技术论证，没有制定安全施工方案，对技术改造施工现场劳动组织不合理，乱指挥，致使现场系统置换与施工脱节，无人统筹协调，施工混乱，酿

成事故隐患。该厂长被检察院立案逮捕。

② 原车间分管工艺的副主任是这次技术改造项目现场系统进行置换的具体负责人，工作不负责，没有履行置换职责。甲醇计量槽进料阀门于7月28日就已卸下，未作任何隔绝处理，致使空气进入槽内形成爆炸性混合气，造成了爆炸的先决条件。该副主任被检察院立案逮捕。

③ 原车间分管设备的副主任是这次技改项目现场施工的具体负责人。自7月22日技改项目动工以来违反"动火用火"的安全管理规定，多次擅自安排在禁火区内无证动火，现场管理混乱。7月30日下午，在未对置换系统进行分析检查的情况下，再次安排2名焊工对甲醇计量槽溢流管焊接阀门，造成这次操作事故。该副主任被检察院立案逮捕。

9.1.5.2 "8·12"爆炸事故

1996年8月12日4时20分，山东瑞星化学工业集团总公司制药厂山梨醇车间发生空间氢气爆炸事故，造成2人死亡，2人重伤，4人轻伤，投资新建起的44 m×23 m的双层车间被摧毁。

(1) 事故经过

山梨醇是该企业新开发的产品，7月15日开始投料试生产。8月12日零时，山梨醇车间乙班接班，氢化岗位氢化釜处在加氢反应过程中。4时取样分析合格。4时10分开始出料。至4时20分，液糖、二次沉降蒸发工段突然出现一道闪光，随着一声巨响，发生空间化学爆炸。$1^{\#}$、$2^{\#}$液糖高位槽封头被掀裂。$3^{\#}$液糖高位槽被炸裂，封头飞向房顶。4台二次沉降槽封头被炸挤压入槽内，槽体变形扭曲。6台尾气分离器、3台缓冲罐被防爆墙掀翻砸坏。室内外的工艺管线、电气线路被严重破坏。

(2) 事故原因分析

氢化釜处在加氢反应过程中，氢气不断地加入，调压阀处于常动状态(工艺技术要求氢化釜内的工作压力为4兆帕)，尾气缓冲罐下端残糖回收阀处于常开状态(此阀应处于常关状态，在回收残糖时才开此阀，回收完后随即关好，气源是从氢化釜调压出来的氢气)，然后氢气送入$3^{\#}$高位槽，最后氢气经槽顶呼吸管排到室内。因房顶全部封闭，没有排气装置，致使氢气沿房顶不断扩散集聚，与空气形成爆炸混合气，达到了爆炸极限。二楼平面设置了产品质量分析室，常开的电炉引爆了爆炸混合气，发生了空间化学爆炸。

① 直接原因

a. 新产品的安全技术操作规程虽有，但操作程序不明确，没有经过工程技术人员的论证和审定。管理人员和操作人员的安全素质差，不熟悉工艺，工艺的安全参数不明白，安全操作规程生疏．致使工人误操作，使尾气缓冲罐回收阀处于常开状态，形成多班次连续氢气泄漏。

b. 山梨醇工艺设计不安全可靠，违反了《炼油化工企业设计防火规定》。该规定规定了有压可燃气体的设备应设置封闭的安全阀或安全放空，放空高度应高于建、构筑物 2 m 以上。在 3# 高位槽只安装了 1 根高 0.6 m 左右的呼吸管，致使氢气从呼吸管泄漏在车间内部。

c. 平面布置设计不符合《建筑设计防火规范》。该规范规定：散发可燃气体、可燃蒸气的甲类防爆厂房，与明火或散发火花地点的防火间距不应小于 30 m。而山梨醇产品质量分析室离散发可燃气体源仅 15 m。

② 间接原因

a. 山梨醇是该企业的新建项目，没有按国家有关新建、改建、扩建项目安全卫生"三同时"的要求进行劳动安全初步设计、审查和竣工验收。

b. 尾气缓冲罐属压力容器。该企业不具备制造压力容器的资格条件，在制造安装缓冲罐时没有配装液位计。工人在回收残糖液时，操作上没有依据。

c. 违反《建筑设计防火规范》。该规范规定：散发较空气轻的可燃气体、可燃蒸气的甲类防爆厂房宜采用全部或局部轻质量顶作为泄压设施，厂房上部空间要通风良好。事故厂房不符合这些要求。

d. 没有在山梨醇车间设置可燃气体浓度检测报警装置。

(3) 防范措施

① 要进一步明确、完善各项安全管理制度和操作规程，要在落实上下功夫，认真落实各级领导安全生产责任制，明确责任，定期进行考核，要和经济责任制挂钩。特别要完善动火作业安全管理制度，并严格执行。

② 对新建、改建、扩建项目要认真坚持"三同时"。其劳动安全卫生设施未经有关部门审查和竣工验收的，不得开工或投产使用。

③ 要认真整顿安全管理机构，充实安全管理人员。百人以上的车间要设专职安全员，强化安全管理和监督职能，切实改变安全管理和安全检查不到位现象。

④ 强化广大职工的安全教育和培训，尤其是新产品、新技术、新工人的培训。

9.1.5.3　"12·6"爆炸事故

12 月 6 日 7 时 30 分，山东瑞星化学工业集团总公司化肥厂合成车间发生爆炸，造成 2 人死亡，1 人重伤。

(1) 事故经过

12 月 6 日，化肥厂安排合成车间对 8# 压缩机进行检修。车间保全组首先检修压缩机二段汽缸，下午 2 时左右检修完后又转向一段更换活塞环，5 时左右因光线不好安上照明灯，上好活塞环。在安装活塞时，因阻力大，有 4 名工人用长 4 米左右 57 号钢管向汽缸撞击活塞。5 时 10 分左右，从汽缸里冒出一股青烟，随着一声震响，活塞从汽缸里炸出，造成 2 人死亡，1 人重伤。

(2) 事故原因分析

造成事故的直接原因是汽缸内存有易爆混合气体，达到爆炸极限，被管子撞击活塞产生的火花引爆。

(3) 防范措施

存有易燃、易爆气体的设备和管道里禁止使用能产生火花的工器具敲击。在压缩机安装活塞时，要把活门打开，保证空气流通。设备检修时要进行清洗、置换、分析合格，要与其他系统有效隔绝。

9.1.6 江阴化工厂重大火灾伤亡事故

9.1.6.1 企业概况及事故发生经过

江阴市松桥化工厂前身为江阴市云亭拉绒厂。1992 年 10 月 10 日经江阴市经委批准更名为江阴市松桥化工厂，主营甲硫醇钠，兼营织布、拉绒，并于同年 11 月 21 日在工商部门办理企业法人申请变更登记注册。1994 年 2 月，该厂甲硫醇钠停产，同年 5 月份开始改造，转产对硝基苯甲酸，并于 1994 年 11 月至 1995 年 1 月期间生产对硝基苯甲酸。1995 年 2 月 21 日，该厂与北京世桥新技术发展公司签订了租赁经营合同，明确自 1995 年 3 月 1 日起至 2000 年 2 月 28 日由北京世桥新技术发展公司租赁经营江阴市松桥化工厂。1995 年 3 月，北京世桥新技术发展公司派出总经理颜冬全面负责松桥化工厂的生产、经营、管理，并对生产工艺做了部分改造，重新招用操作工人，1995 年 4 月下旬试投产，5 月 15 日起正式投产。事故发生前，全厂职工 32 名，其中生产车间操作工人均为 1995 年 4 月后新进厂的外来劳动力。

5 月 18 日下午 2 点，当班生产副厂长王全兴组织 8 名工人接班工作。接班后氧化釜继续通氧氧化，当时釜内工作压力为 0.75 兆帕，温度为 160℃。不久工人发现氧化釜搅拌器传动轴密封填料处发生泄漏。当班长钟文在观察泄漏情况时，泄漏出的物料溅到了眼睛里，钟文就离开现场去冲洗眼睛。之后工人刘元拾、星长虎在王全兴的指派下，用扳手直接去紧搅拌轴密封填料的压盖螺栓来处理泄漏问题。当刘元拾、星长虎对螺母上紧了几圈后，物料继续泄漏，且螺栓已跟着转动，无法旋紧。经王全兴同意，刘元拾将手中的两只扳手交给在现场的工人陈有闹，自已去修理间取管钳。当刘元拾离开操作平台约 45 秒左右，走到修理间前时，操作平台上发生爆燃，接着整个生产车间起火。当班工人除钟文、刘元拾离开生产车间之外，其余 7 人全部陷入火中，副厂长王全兴、工人李保荣当场烧死，陈有闹、星长虎在医院抢救过程中死亡，另有 3 人重伤。

9.1.6.2 事故原因

(1) 直接原因

经过调查取证、技术分析和专家论证，这起事故的发生，是由于氧化釜搅拌器转动轴密封填料处发生泄漏，生产副厂长王全兴指挥工人处理不当，导致泄漏更加严重。釜内物料(其成分主要是乙酸)从泄漏处大量喷出，在釜体上部空间迅速与空气形成爆炸性混合气体，遇到金属撞击产生的火花即发生爆燃，并形成大火。因此，事故的直接原因是氧化釜发生物料泄漏，泄漏后的处理方法不当，生产副厂长王全兴违章指挥，工人无知作业。

(2) 间接原因

① 管理混乱，生产无章可循。松桥化工厂自生产对硝基苯甲酸以来，没有制定与生产工艺相适应的任何安全生产管理制度、工艺操作规程、设备使用管理制度，特别是北京世桥新技术发展公司今年 3 月 1 日租赁该厂后，对工艺设备作了改造，操作工人全部更换，没有依法建立各项劳动安全卫生制度和工艺操作规程，整个企业生产无章可循，尤其是对生产过程中出现的异常情况，没有明确如何处理，也没有任何安全防范措施。

② 工人未经培训，仓促上岗。松桥化工厂自租赁以后，生产操作工人全部重新招用外来劳动力，进厂最早的在 1995 年 4 月中旬，最迟的一批人 5 月 15 日下午刚刚从青海赶到工厂，仅当晚开会说说注意事项，第二天就上岗操作。因此工人没有起码的工业生产的常识，没有任何安全知识，不懂得安全操作规程，也不知道本企业生产的操作要求，根本不认识化工生产的危险特点，尤其对如何处理生产中出现的异常情况更是不懂。整个生产过程全由租赁方总经理颜冬和生产副厂长王全兴具体指挥每个工人如何做，工人自己不知道怎样做。

③ 生产没有依法办理任何报批手续，企业不具备安全生产基本条件。松桥化工厂自 1994 年 5 月起生产对硝基苯甲酸，却未按规定向有关职能部门申报办理手续，生产车间的搬迁改造也未经过消防等部门批准，更没有进行劳动安全卫生的“三同时”审查验收。尤其是作为工艺过程中最危险的要害设备氧化釜，是 1994 年 5 月非法订购的无证制造厂家生产的压力容器，而且连设备资料都没有就违法使用。生产车间现场混乱，生产原材料与成品混放。因此，整个企业不具备从事化工生产的安全生产基本条件。

9.1.6.3 责任分析

(1) 生产副厂长王全兴在氧化釜泄漏时，处理不当，违章指挥工人带压紧固螺栓，因此，王全必对这起事故的发生应负有直接责任。

(2) 北京世桥新技术发展公司总经理颜冬，自从租赁松桥化工厂以来，没有制定出各项安全管理制度及工艺操作规程就组织化工生产，在压力容器等设备资料不齐全的条件下就盲目开工，在刚进厂的工人未经安全、业务培训就让其仓促上岗，违反国家关于化学危险品管理条例。同时生产原材料与成品混放。因此，作为松桥化工厂现在的生产经营指挥者，颜冬对这起事故的发生应负有全面责任。

(3) 松桥村党支部书记兼松桥化工厂法定代表人王满才，在松桥化工厂租赁之前，在更换新品、生产车间的改造时没向有关部门申报，没有按国家法律法规规定办理有关手续，也没有制定企业各项管理制度，设备管理混乱。尤其是 1995 年

1月初在向工商部门办理企业法人1994年度年检时，仍然隐瞒本企业正在从事的对硝基苯甲酸的经营范围。在租赁后，未按租赁合同协议向租赁方提供其生产经营所必需的一切齐全的合法手续及移交设备管理资料等。特别是在3月4日江阴磺塘一家化工厂发生爆炸后，江阴市政府再次布置对全市乡镇小化工安全生产专项治理要求，作为松桥村领导兼化工厂法定代表人，对政府布置的要求没有贯彻执行，使松桥化工厂未能吸取教训，在改造时未按国家有关规定上报和办理合法手续，使上级有关部门没有能够及时发现该厂情况，延误了检查和整治的时机，导致了严重后果。因此，王满才对这起事故的发生应负有不可推卸的领导责任。

9.1.6.4　对责任者的处理建议

(1) 事故直接责任者王全兴因在事故中死亡，不予追究。

(2) 作为全面负责松桥化工厂生产经营的颜冬，因企业管理混乱，对事故发生负有全面责任，而且这起事故后果特别严重，建议司法部门依法追究颜冬的刑事责任。

(3) 建议江阴市和云亭镇有关部门给予这起事故中负有不可推卸的领导责任者王满才撤销党内外职务的处分。

9.1.6.5　整改意见

这起事故的发生，造成了重大伤亡，经济损失惨重，尤其是发生在无锡全市乡镇化工企业安全生产专项整治期间以及全省安全生产月期间，影响极坏。为此，调查组认为：

(1) 松桥化工厂如需恢复生产或从事其他化工产品的生产，必须依照法律法规要求办理一切必要的手续，认真做好“三同时”审查验收，建立健全各项劳动安全卫生制度。抓好全体职工的技术业务和安全培训，并对现有设备严格进行检测检验，不合格的一律不得使用，尤其是氧化釜不得再作受压容器使用。

(2) 松桥村应该牢记“5·18”事故血的教训，强化对全村所属各企业的安全管理，建立村级、厂级安全管理网络，落实各项安全生产责任制，并加强对企业经营者的教育和管理。

(3) 云亭镇政府应在松桥化工厂这起事故中认真吸取教训，对全镇所有企业进行逐一检查，凡不具备安全生产条件的企业必须先停产后整顿。同时要抓好全镇各类性质所有企业特别是采矿企业的安全管理工作，要教育各级领导增强法制观念，认真贯彻执行安全生产法律法规，健全各项管理制度。狠抓措施的落实到位，消除安全生产工作中的盲区。

(4) 无锡市政府和江阴市政府应该认真总结1995年以来化工企业所发生的各类重大事故的教训，分析当前安全生产工作的薄弱环节和难点，制定出切实可行的对策措施，遏制各类重大恶性事故的发生，加大安全生产专项整顿治理的力度。

9.1.7 重庆开县井喷特大事故

2003 年 12 月 23 日 21 时 57 分，位于重庆市开县高桥镇，由中国石油天然气集团公司(以下简称中石油集团)四川石油管理局川东钻探公司钻井二公司川钻 12 队承钻的中国石油天然气股份有限公司(以下简称中石油股份)西南油气田分公司川东北气矿罗家 16H 井发生井喷事故，造成 243 人死亡(职工 2 人，当地群众 241 人)，直接经济损失 9 262.71 万元。

事故发生后，党中央、国务院高度重视。胡锦涛总书记、温家宝总理、黄菊副总理等中央领导同志做出重要批示和指示；华建敏国务委员率国务院工作组赶赴现场，指导抢险救灾工作。成立了由国家安全生产监督管理局局长王显政任组长，重庆市人民政府市长王鸿举、监察部副部长陈昌智、全国总工会书记处书记张鸣起、国务院国有资产监督管理委员会副主任邵宁、国家安全生产监督管理局副局长孙华山、重庆市人民政府副市长吴家农任副组长，劳动和社会保障部副部长刘永富、国家环境保护总局副局长汪纪戎、中石油集团总经理马富才为成员的中石油川东钻探公司“12·23”井喷特大事故调查领导小组。领导小组下设中石油川东钻探公司“12·23”井喷特大事故国务院调查组(以下简称事故调查组，具体负责事故调查处理工作，孙华山同志任组长)和事故调查专家组(负责为事故调查组提供技术支持，协助查明事故的直接原因)。

9.1.7.1 事故发生及抢救经过

(1) 事故发生经过

2003 年 12 月 23 日 2 时 52 分，罗家 16H 井钻至井深 4 049.68 m 时，因为需更换钻具，经过 35 min 的泥浆循环后，开始起钻。当日 12 时，起钻至井深 1 948.84 m。此时，因顶驱滑轨偏移，致使挂卡困难，于是停止起钻，开始检修顶驱。16 时 20 分检修顶驱完毕，继续起钻。21 时 55 分，起钻至井深 209.31 m，录井员发现录井仪显示泥浆密度、电导、出口温度、烃类组分出现异常，泥浆总体积上涨，溢流 1.1 m^3。录井员随即向司钻报告发生了井涌。

司钻接到报告后，立即发出井喷警报，并停止起钻，下放钻具，准备抢接顶驱关旋塞。21 时 57 分，当钻具下放 10 余米时，大量泥浆强烈喷出井外，将转盘的两块大方瓦冲飞，致使钻具无支撑点而无法对接，故停止下放钻具，抢接顶驱关旋塞未成功。21 时 59 分，采取关球形和半闭防喷器的措施，但喷势未减，突然一声闷响，顶驱下部起火。作业人员使用灭火器灭火，但由于粉末喷不到着火部位而失败。随后关全闭防喷器，将钻杆压扁，从挤扁的钻杆内喷出的泥浆将顶驱火熄灭。此后，作业人员试图上提顶驱拉断钻杆，也未成功。于是，开通反循环压井通道，启动泥浆泵，向井筒环空内泵注重泥浆。由于没有关闭与井筒环空连接的放喷管线阀门，重泥浆由放喷管线喷出，内喷仍在继续。22 时 4 分，井喷完全失控，井场硫化氢气味很浓。

22 时 30 分，井队人员开始撤离现场，疏散井场周边群众。随后拨打 110、120、119，并向当地政府通报情况。23 时 20 分，钻井队派人返回井场，关闭了泥浆泵、柴油机、发电机，随后全部撤离井场，并设立了警戒线。

(2) 抢险救灾经过

23 日 23 时，重庆市安全生产监管局接到川东北气矿关于罗家 16H 井发生井喷险情，请市政府协调抢险车队交通的报告，随后转报市政府值班室。

23 时 26 分，重庆市人民政府值班室传真通知开县人民政府，要求立即组织相关部门赶赴事故现场，组织抢险救灾。随后，高桥镇人民政府按照开县人民政府办公室和开县安全生产监管局的要求，组织机关干部利用固定和移动电话拨打井场附近各村电话，通知人员撤离，组织群众沿公路转移。

23 时 50 分，开县人民政府负责人率有关部门负责人及消防官兵、警察、医务人员赶赴现场，于 24 日凌晨 2 时到达高桥镇，成立了现场指挥部，组织群众向外围安全地点转移。

接到事故报告后，钻井二公司技术负责人于 24 日 1 时 30 分赶到事故现场。川东钻探公司有关负责人率抢险人员于 23 日 24 时从重庆市出发，24 日 10 时 30 分到达高桥镇。四川石油管理局 23 日 22 时 30 分接到事故报告，随后要求罗家 11H 井、坝南 1 井停钻，赶配压井泥浆，协助疏散群众，并会同西南油气田分公司组织抢险物资、器材、车辆和防毒面具等。

24 日上午，现场指挥部决定转移井口 5 km 半径范围内的群众，并继续组织力量搜救。同时布置警戒线，防止群众自发返家，并设立临时医疗点，开展紧急救治工作。

24 日 12 时 30 分，执行搜救任务路过井场的川钻 12 队人员发现井口停喷，气体从放喷管线喷出。14 时，经派人核实，确认井口已经停喷，随即由钻井二公司组织点火，15 时 55 分，$1^{\#}$、$3^{\#}$ 放喷管线点火成功，险情得到控制。至此，未燃烧的含硫化氢天然气已持续喷出了约 18 h。

24 日 21 时，重庆市人民政府副市长吴家农赶到前方警戒点，成立了抢险救灾指挥部。22 时 30 分，中石油集团副总经理苏树林率有关人员及四川石油管理局有关负责人赶到事故现场，并立即查看了井场。

25 日，抢险救灾指挥部派出 460 名公安干警、武警官兵，组成 20 个搜救组，配备硫化氢报警器，进入井场附近开展搜救，发现大量死亡人员。

25 日 21 时，国家安全生产监督管理局副局长孙华山赶到事故现场，查看井场情况。

26 日 1 时，华建敏国务委员率国务院工作组赶到开县，听取事故情况汇报，部署抢险救灾工作。重庆市委、市人民政府和国家安全生产监督管理局、中石油集团主要负责同志也相继赶到开县。

26 日，为配合压井工作，抢险救灾指挥部决定全面清理现场，在井口 5 km 处设立警戒线，出动 82 个搜救组，对以井口为中心、5 km 为半径的近 80 km^2 地区实施逐户搜救，将 900 多名仍滞留在危险区的群众撤离至安全地带。

在国务院工作组指导下，中石油集团研究制定了详细的压井方案。27 日 9 时 36 分正式开始压井，11 时压井成功。从 23 日 21 时 57 分井喷开始，井喷失控过程持续约 85 h。

事故发生后，重庆和开县两级党委、政府采取强有力的措施，组织大量人员、物资投入到转移搜救群众、医治伤病人员、处理遇难者善后、核实赔付财产损失和灾后重建等工作。四川省委、省政府也要求达州市宣汉县协助重庆市安置了部分受灾群众。社会各界捐赠了大量的物资和现金。据统计，事故发生后安全转移并妥善安置受灾群众 65 632 人。截至 2004 年 2 月 9 日，累计门诊治疗 26 555 人(次)，住院治疗 2 142 人，治愈出院 2 056 人，仍在住院 86 人，其中重症病人 9 人。

9.1.7.2　事故原因及性质

(1) 事故直接原因

① 井喷的直接原因

a. 起钻前，泥浆循环时间严重不足；

b. 在起钻过程中，没有按规定灌注泥浆，且在长时间检修顶驱后，没有下钻充分循环排出气侵泥浆就直接起钻；

c. 未能及时发现溢流征兆。

② 井喷失控的直接原因：在钻柱中没有安装回压阀，致使起钻发生井喷时钻杆内无法控制，使井喷演变为井喷失控。

③ 事故扩大的直接原因：井喷失控后，未能及时采取放喷管线点火措施，以致大量含有高浓度硫化氢的天然气喷出扩散，导致人员伤亡扩大。

(2) 事故间接原因

① 现场管理不严，违章指挥。有关技术人员违反钻井作业的相关规程和《罗家 16 H 井钻开油气层现场办公要求》，在本趟钻具组合下放时，违章指挥卸掉回压阀，井队负责人和钻井工程监督发现后没有制止、纠正。没有安排专人观察泥浆灌入量和出口变化。录井工严重失职，没有及时发现灌注泥浆量不足的异常情况，且发现后没有通知钻井人员，也不向值班领导汇报。录井队负责人未按规定接班，对连续起钻 9 柱未灌满泥浆的异常情况不掌握。

② 安全责任制不落实，监督检查不到位。四川石油管理局及其下属单位没有针对基层作业单位多且分散的特点建立有效的安全管理机制，没有依法在井队配备专职安全管理人员，没有及时向井队派出井控技术监督，对川钻 12 队落实井控责任制等规章制度情况监督检查不力。川东钻探公司没有将其与川东北气矿签订的《安全生产合同》下发钻井二公司、川钻 12 队贯彻落实。川东北气矿及其派驻罗

家16H井的钻井工程监督人员未切实履行安全监督职责。

③ 事故应急预案不完善，抢险措施不力。罗家16H井开钻前，四川石油管理局及其下属有关单位没有按照法律法规的要求组织制定有效的包括罗家16H井井场周围居民防硫化氧中毒措施的事故应急预案，井队未按规定进行防喷演习，也未对井场周边群众进行必要的安全知识宣传教育。事故发生后，四川石油管理局没有及时报告中石油集团。有关单位负责人对硫化氢气体弥漫的危害没有引起高度重视，抢险救灾指令不明确，未按规定安排专人在安全防护措施下监视井口喷势，未及时采取放喷管线点火措施。

④ 设计不符合标准要求，审查把关不严。罗家16H井钻井地质设计没有按照《含硫油气田安全钻井法》、《钻井井控技术规程》等有关行业标准的规定在设计书上标明井场周围2 km以内的居民住宅、学校、厂矿等。有关人员在审查、批准钻井地质设计时把关不严。

⑤ 安全教育不到位，职工安全意识淡薄。有关单位对职工安全培训工作抓得不实，要求不严，井队职工操作技能差，技术素质低。一些干部职工对井控工作不重视，存在严重麻痹和侥幸心理，在思想上对于高含硫、高产天然气水平井存在的风险及可能出现的严重情况认识不足，没有采取针对性的防范措施。

此外，事故发生在夜晚，群众居住分散，交通通信条件差及当地为山区低洼地势，空气流通不畅也是导致大量人员伤亡的客观因素。

(3) 事故性质

中石油川东钻探公司“12·23”井喷特别重大天然气井喷失控导致硫化氢中毒事故是一起责任事故。

9.1.7.3 事故责任认定

(1) 罗万志，川东北气矿驻罗家16 H井钻井工程监督。没有纠正和制止拆卸回压阀、泥浆循环时间严重不足、泥浆灌注不符合规定等违章行为，工作严重失职，对事故的发生负有直接责任。罗万志已在事故中死亡。

(2) 王建东，四川石油管理局钻采工艺研究院定向井研究中心工程师，驻罗家16H井现场负责人。擅自决定卸掉回压阀，导致井喷失控，对事故的发生负有直接责任。王建东被判有期徒刑五年。

(3) 宋涛，川钻12队技术员，负责井队技术管理工作。明知有必须安装回压阀的规定，还安排当班工人拆卸回压阀，工作严重失职，对事故的发生负有直接责任。宋涛被判有期徒刑五年。

(4) 向一明，川钻12队副司钻。2003年12月23日下午当班时，违反每起3柱就应灌泥浆1次的规定，违章操作，造成液柱压力下降，工作严重失职，对事故的发生负有主要责任。向一明被判有期徒刑三年。

(5) 肖先素，川东钻探公司地质服务公司录井四小队录井工。2003年12月

23 日下午当班时，未及时从录井仪上发现连续起钻 9 柱未灌注泥浆的异常情况，后来发现了也未立即要求钻井工纠正并向值班领导报告，工作严重失职，对事故的发生负有主要责任。肖先素被判有期徒刑三年，宣告缓刑四年。

(6) 吴斌，中共党员，川钻 12 队队长。明知按规定必须安装回压阀，但在发现违规拆卸回压阀的情况后，没有采取措施纠正。井喷失控后，未按有关规定安排专人监视井口喷势情况，检测井场有害气体浓度，致使无法及时收集井口准确资料和确定点火时间。对起钻过程中未按要求灌注泥浆、长时间修理顶驱后没有下钻充分循环等违规行为监督不力。组织制定的应急预案不完善。对职工安全教育不到位、安全生产责任制不落实等问题监督检查不力，工作严重失职，对事故的发生负有主要责任。吴斌被判有期徒刑六年。

(7) 吴华，中共党员，川东钻探公司副经理、总工程师，分管安全生产工作。井喷失控后，作为现场总指挥，在有关人员请示是否采取点火措施时，没有向上级请示就以天太黑、现场情况不明、不安全为由不同意放喷点火；到达现场后未去井场进行实地勘察，也没有按规定组织人员观察井口情况，以致未能及时掌握井口放喷情况并采取点火措施；对川东钻探公司没有将其与川东北气矿签订的《安全生产合同》下发所属单位执行的情况失察，工作严重失职，对事故危害的扩大负有主要责任。吴华被判有期徒刑四年。

(8) 崔龙，川钻 12 队副队长。对违规拆卸回压阀的行为未采取措施纠正，对未按要求灌注泥浆、长时间修理顶驱后没有下钻充分循环就直接起钻等违规行为监督检查不力，未能协助队长做好安全生产培训教育和日常安全管理工作，工作严重失职，对事故的发生负有主要领导责任。

(9) 柏佳，川钻 12 队政治指导员、党支部书记。对本企业贯彻落实党和国家安全生产方针及行业有关规章制度情况监督不力，对职工安全意识淡薄、安全生产责任制不落实、管理不力，违规操作等问题监督不力，对事故的发生负有主要领导责任。

(10) 曾伟，中共党员，钻井二公司主任工程师，负责生产技术管理工作。对川钻 12 队技术管理混乱问题监督检查不力。对罗家 16H 井 QHSE（质量健康安全环保）作业计划书未经审批就实施的问题失察。事故发生后，作为该公司先期到达现场的主要负责人，未能按有关规定安排专人监视井口喷势情况、检测井场有害气体浓度从而及时发现井口变化情况，对事故危害的扩大负有主要领导责任。

(11) 胡显智，中共党员，钻井二公司副经理，公司授权 HSE（健康安全环保）管理代表，分管安全和生产工作。明知川钻 12 队 QHSE 作业计划书未经批准，仍同意其实施；组织制定的应急预案不完善，对川钻 12 队存在的管理不力、安全生产责任制不落实、违规操作、职工安全培训教育不到位等问题监督检查不力，对事故的发生负有主要领导责任。

(12) 何强，钻井二公司党委书记(2003年9月任职)。对川钻12队存在的职工安全教育、安全管理不到位等问题监督检查不力，对事故的发生负有重要领导责任。

(13) 李旭阳，钻井二公司经理、党委副书记，安全生产第一责任人。对川钻12队存在的安全生产责任制不落实、管理不力等问题失察。在是否应该采取放喷点火措施问题上，未能尽快做出明确指令。到达现场后，未按照有关规定安排专人监视井口喷势情况、检测井场有害气体浓度从而及时发现井口变化情况，未按要求组织制定有效的应急预案，对事故危害的扩大负有主要领导责任。

(14) 王忠生，中共党员，四川石油管理局钻采工艺技术研究院钻井研究所副所长(主持工作)。对派驻罗家16H井现场工作人员安全教育、安全管理和监督检查不力，对事故的发生负有重要领导责任。

(15) 陈明，川东钻探公司地质服务公司录井四小队录井工。2003年12月23日凌晨值班时，明知起钻前泥浆循环时间严重不足，不按规定报告，对事故的发生负有主要责任。

(16) 李杰，川东钻探公司地质服务公司录井四小队录井工。事故发生时当班，没有及时发现溢流的征兆，对事故的发生负有主要责任。

(17) 韦运福，川东钻探公司地质服务公司录井四小队副队长。作为2003年12月23日早8时至晚20时的值班领导，交班前没有查看实时参数曲线图。未发现连续起钻9柱未灌注泥浆的异常情况，对事故的发生负有主要责任。

(18) 唐森林，川东钻探公司地质服务公司录井四小队队长。作为2003年12月23日晚20时后的值班领导，直至事故发生时也未到现场接班，对未及时发现连续起钻9柱未灌泥浆和溢流征兆的异常情况失察，对事故的发生负有主要责任。

(19) 尹平，川东钻探公司地质服务公司录井队队长。对安全生产工作不重视，2003年下半年没有组织召开过一次安全生产专题会议。对录井四小队在工作中出现违章的情况监督检查不力，对事故的发生负有主要领导责任。

(20) 罗于海，川东钻探公司地质服务公司副经理、党委委员，分管职工教育等工作。对职工的安全教育培训不到位，对外派人员工作情况监督检查不力，对事故的发生负有主要领导责任。事故发生后，在补填值班报表时，没有如实填写现场处置情况。

(21) 唐家琼，中共党员，川东钻探公司地质服务公司生产技术办公室主任，罗家16H井钻井地质设计的设计人。设计中未按有关行业标准的规定对井场附近居民住宅、学校、厂矿等情况进行勘测并在设计书中标明位置，对事故危害的扩大负有重要责任。

(22) 胡可以，川东钻探公司地质服务公司经理、党委委员。对罗家16H井钻井地质设计未按要求严格把关，对职工的安全教育不到位，安全检查不深入，对事故危害的扩大负有主要领导责任。

(23) 曾汇川，中共党员，川东北气矿工程技术与监督部部长。对派驻罗家16H井的钻井工程监督人员履行职责的情况监督检查不力，对事故的发生负有主要领导责任。

(24) 余明清，中共党员，川东北气矿副矿长兼总地质师。对罗家16H井钻井地质设计进行初审时，未按要求严格审核。对驻井监督人员的工作情况疏于检查，对事故的发生负有重要领导责任。

(25) 蔡晓亚，中共党员，西南油气田分公司开发事业部开发部署科科长。在审核罗家16H井钻井地质设计时，未按要求严格把关，对事故危害的扩大负有重要领导责任。

(26) 冉隆辉，中共党员，西南油气田分公司原副总经理(已退休)。在审批罗家16H井钻井地质设计时，明知该设计中有些内容不符合有关行业标准的规定，仍然批准了该设计，对事故危害的扩大负有重要领导责任。

(27) 尹卫东，中共党员，川东钻探公司质量安全环保部部长。对川钻12队安全教育不到位、安全生产责任制不落实等问题监督检查不力，没有将《安全生产合同》下发钻探二公司、川钻12队贯彻落实。对罗家16 H井应急预案不完善的情况没有认真检查、纠正，对事故的发生负有主要领导责任。

(28) 段得辉，中共党员，川东钻探公司副经理，分管地质服务公司。安全生产责任制不落实，对外派人员工作情况监督检查不力，对事故的发生负有主要领导责任。

(29) 谭刚强，中共党员，川东钻探公司副经理，川钻12队安全生产工作挂钩责任人。对川钻12队职工安全教育不到位、安全生产责任制不落实等问题未予重视，监督检查不力，对事故的发生负有主要领导责任。

(30) 母家坤，川东钻探公司党委书记。对公司贯彻落实党和国家安全生产方针情况监督不力。对川钻12队职工安全教育、安全生产责任制不落实等问题监督检查不到位，对事故的发生负有重要领导责任。

(31) 欧书伟，川东钻探公司经理、党委副书记，安全生产第一责任人。对川钻12队职工安全教育不到位、安全生产责任制不落实等问题监督检查不力，对《安全生产合同》未得到落实的情况失察。未督促有关职能部门组织制定有效的应急预案。在井喷失控的处置中，未按有关规定组织安排专人监视井口喷势情况、检测井场有害气体浓度以及时发现井口变化情况，对事故的发生及事故危害的扩大负有主要领导责任。

(32) 伍贤柱，四川石油管理局工程技术与监督部部长、局井控管理领导小组成员兼办公室主任。未认真履行工程技术监督管理职责，对企业执行工程技术标准及规章制度的情况监督检查不力。对罗家16H井在安全生产中已出现的问题监督整改不力，工作不落实，对事故的发生负有主要领导责任。

(33) 王达胜，中共党员，四川石油管理局安全副总监兼质量安全环保部部长。安全生产监督管理不到位，对企业职工安全培训教育、安全生产情况监督检查不力，对事故的发生负有重要领导责任。

(34) 胥永杰，中共党员，四川石油管理局副局长，分管钻井和安全生产工作，局井控管理领导小组组长。对企业执行安全生产规章制度、规程、标准的情况监督检查不力，对企业制定的井控应急处置预案不完善的问题失察，对事故的发生负有主要领导责任。

(35) 陈应权，四川石油管理局局长、党委书记，安全生产第一责任人。没有认真贯彻落实国家有关安全生产的法律、法规，未能正确处理安全与生产的关系，对有关职能部门和下属单位未能履行职责、安全生产责任制不落实、职工安全培训教育不到位等问题监督管理不力。事故发生后，未及时上报并赶赴现场。对事故现场情况没有及时了解，抢险救灾指令不明确，对事故的发生负有主要领导责任。

鉴于这起事故人员伤亡和损失惨重，造成重大社会影响，国务院决定给予中石油集团分管质量安全工作的副总经理任传俊行政记大过处分，同意接受马富才辞去中石油集团总经理职务的请求。

9.1.7.4　防范措施建议

中石油川东钻探公司"12·23"井喷特大事故暴露了中石油集团及其下属单位在安全生产方面存在的深层次问题，教训十分深刻。为吸取事故教训，防止类似事故的再次发生，提出以下防范措施建议。

(1) 各级领导要深刻吸取这次事故的教训。认真贯彻落实《安全生产法》等有关法律法规和《国务院关于进一步加强安全生产工作的决定》、中央领导同志关于安全生产工作的一系列重要指示，坚持"安全第一，预防为主"的方针，树立"以人为本"的理念，从践行"三个代表"重要思想的高度提高对安全生产工作重要性的认识，始终把保护人民群众的安全放在第一位，正确处理安全与生产、安全与效益的关系，保证安全生产投入，真正做到"不安全不生产，生产必须安全"。

(2) 加强安全管理和监督检查，全面落实安全生产责任制。在企业改组改制过程中，要依法强化各级安全管理机构，配备安全管理人员，全面推行安全工作目标管理，完善企业安全生产责任制，明确岗位职责，尤其是领导岗位和重点作业岗位的职责。针对石油天然气生产作业点多、战线长、钻井作业涉及多个单位的特点，要采取切实可行的措施，加强基层作业单位的安全管理以及作业单位之间的协调。加强对石油天然气开采要害部位、关键环节、重大危险源的安全监控和检查，从技术上、管理上采取防范措施，消除事故隐患。积极推广安全标准化，规范施工作业程序，严格按照有关安全技术规程、标准组织生产作业。真正把 HSE 管理体系落到实处。加强职工防硫化氢技术和井控技术培训，提高全员安全意识和素质。

(3) 建立健全生产安全应急救援体系，搞好应急演练。要针对企业生产的危害因素，认真做好各级、各类突发事故应急预案的起草、审查和修订工作，配备应急救援人员和相关的设备、器材，广泛开展安全知识宣传教育，做好事故应急演练，充分考虑突发事件对周边群众可能造成的影响，并将可能造成的危害及防范常识告知周边群众，切实做好与地方政府应急救援体系的衔接和联动。

(4) 加强科技攻关，提高安全技术水平。对一些石油天然气开采安全的关键技术问题，如高含硫大产量水平井钻井井控工艺、气井溢流和井喷预警技术等，加强研究，开展科研攻关，提高防范事故的能力。对于条件特殊、工艺不成熟情况下的施工作业，必须采取可靠的安全防范措施。

(5) 不断完善规章制度，修订有关安全标准。应当对有关规章制度、技术标准进行一次全面的审查、清理，就高含硫高压天然气钻井中的钻井液密度附加值、井口防喷装置安装剪切闸板、钻具上安装回压阀、录井房与钻台之间的通讯设施、事故应急救援预案、油气井与周围居民住宅及其他建筑物的安全距离、放喷点火条件与决策机制等问题进行论证，及时修订、完善不适应新形势的规章制度和标准规范。

9.1.8　中毒窒息事故案例

9.1.8.1　事故经过

(1) 二氧化硫泄漏导致中毒事故

山东省淄博某厂硫酸车间 1 名工人在检修工作中，由于未戴防毒面具，致其 SO_2 中毒。中毒后高烧不退，又因转院抢救不及时而死亡。

(2) 三氧化硫中毒窒息事故

1963 年 10 月 30 日，青海省某化工厂硫酸车间在清理制酸工段吸收塔时，由于停车时间短，塔内气体未进行彻底通风置换，又未进行气体分析，几名工人也未佩戴防毒面具即轮流进塔清理，致使其中 1 名工人三氧化硫中毒窒息，抢救无效死亡。

(3) 液硫蒸气中毒事故

1982 年 8 月 30 日，湖南省长河市某化工厂从液硫槽车卸液硫时，因胶管老化破裂，液硫外泄。1 名厂长违反操作规程未戴防毒面具上车关阀，因硫蒸气浓度过大，中毒昏倒，又从汽车上摔下，致右腿骨折。

9.1.8.2　事故原因分析

置换和通风是保证进入容器、设备内施工的重要措施。工作人员要进入容器(包括在容器口、人孔等口向内探头和靠近)，只用氮气置换过而未用空气置换，致使窒息而死。因此必须在空气置换之后，经分析合格并采取通风措施之后才行。否则就是违章冒险行为。

9.1.8.3 同类事故防止措施

(1) 人们要进入容器、设备内工作，无论从防止火灾、爆炸或防止中毒的角度都必须进行置换，经取样分析合格才允许进入。为保证进入容器工作人员的安全，在工作期间要进行通风。置换是用一种安全的介质将容器内的可燃物或有毒有害物质替换出来，使容器内达到安全要求。

(2) 置换使用的介质要视被置换物质的性质而定，两者相混不应发生不良反应。容器内如存有可燃气体则首先用不燃物置换，如水、蒸汽、氮气、二氧化碳、烟道气等，合乎要求后，再用空气置换合格才能进入。容器内若有一般方法难以排出的残留物，则要选择恰当的洗涤液或用蒸汽或热水蒸煮、吹扫。

(3) 在容器、设备内工作，空气流动差，场所狭小，人员拥挤。为防止意外，器内有人工作应注意通风，必要时采用强制通风。但切记不得使用氧或富氧气体置换和通风。否则灾难降临，后悔莫及。

9.1.9 酸泵造成硫酸喷出灼伤事故

9.1.9.1 事故经过和危害

1975 年 8 月 30 日，10 名工人负责更换硫酸车间干吸工段循环酸泵房平台上的几十个法兰填料。操作人员将管线中的酸通过泵返流到计量酸槽后，便上平台进行作业。因在卸开螺栓后有酸滴出，1 名工人便去启动冲渣水泵，以将水打至高位槽，冲洗管线中的余酸和洗手用。由于该工人误启动酸泵，致使残留在酸管低位"U"形部位的余酸打出酸管，从平台上已卸开螺栓的法兰间隙中喷出，将在平台上作业的 9 人全部灼伤，其中 1 人被灼成重伤。

9.1.9.2 事故原因分析

(1) 硫酸车间有关人员违反化工部颁布的《化工企业安全管理制度》第六章第五条关于"易燃、易爆、有毒、有腐蚀性物质和蒸汽设备管道检修，必须切断物料出入口阀门，并由设备所属车间加设盲板"的规定。

(2) 检修人员违反化工部颁布的《化工企业安全管理制度》第六章第十二条关于"凡槽罐、设备管道检修，在要已切断的物料管道阀门上挂设禁止启动警告牌"的规定，未挂警告牌。

(3) 两个酸泵和冲渣水泵的启动开关安装在同一块控制板上，又无明显的区别标志。

(4) 有关领导违反化工部颁布的《化工企业安全管理制度》第三章第一条关于"新工人、临时工、合同工、培训和实习人员等入厂必须进行三级安全教育"的规定，参加检修的人员没有经过正规技术培训和考核便上岗作业。

(5) 检修人员违反化工部颁布的《化工企业安全管理制度》第二章第十六条第 3 项关于"工人要正确使用、妥善保管各种防护用品和器具"的规定，在进行作业时均仅穿一条短裤，着拖鞋或凉鞋，致加重了灼伤的程度。

9.1.9.3 同类事故防止措施

（1）严格执行《化工企业安全管理制度》，以保证检修安全；

（2）加强对职工的安全教育，以提高职工的安全素质；

（3）强调不是自己分管的设备不许乱动；

（4）酸泵的启动开关由闸刀式改为按钮式，其开关位置等均用红漆标出。将冲渣水泵开关移至净化控制室内，并由净化工进行管理；

（5）在检修酸管道时派人监护，以防误启动；

（6）维修人员必须穿戴好防护用品才能进行作业。

9.1.10 生产过程中的高处坠落事故

1999 年 4 月 16 日，福建省某合资化工企业里发生一起重伤事故：外来施工队伍承包安装烘干设备——热风干燥机，在完成最后一道工序焊接顶蓬风管结束时，1 人不慎从 10.5 m 高处坠落至水泥地面。

9.1.10.1 事故经过

4 月 16 日上午，该施工队承包安装的热风干燥机经过近 20 天的紧张施工安装，计划于当日 14 时 30 分正式交货验收。10 时 10 分，该施工队负责人安排 3 人一起上天蓬进行最后一道工序——焊接顶蓬风管。11 时 40 分焊接结束，准备收拾工具收工，就在此时，其中 1 名雇用工周某（男，26 岁）在铺盖一块石棉瓦时不慎失去平衡，一脚踩破石棉瓦，从顶层约 10.5 m 高度坠落至水泥地面，当即昏迷，被在场人员紧急送往县医院，经诊断为右手小臂粉碎性骨折、内脏肝局部震裂出血。

9.1.10.2 事故原因

经事故现场勘查和对有关人员的了解，本起高空坠落事故的原因可归纳为以下几点：

（1）造成这次坠落事故的主要原因是在石棉瓦上作业未固定好跳板，严重违反了原《化工部安全生产禁令》在"生产厂区十四个不准"中第十二条"石棉瓦上不固定好跳板，不准作业"的规定。

（2）高空作业前，未办理《高处作业票》手续。

（3）该施工队负责人安全意识淡薄，盲目指挥，不懂必要的安全常识，高空作业人员居然无一人戴安全帽。对所在企业的规章制度、下发的《隐患整改通知书》只是应付了事，得过且过。

（4）操作者自身防范意识差，习惯违章成自然。

9.1.10.3 应吸取的教训

"4·16"高空坠落重伤事故虽未造成坠落者死亡而侥幸存活，但留给人们的思考是极其深刻的。

（1）该合资企业正确运用法律手段维护了本企业的经济利益不受丝毫损失，因为事先在承包安装任务的招标合同书中明文规定："乙方在施工作业中一切安全事宜均由乙方(承包施工者)负全责。”

(2) 作为施工单位的承包者,本次安装费仅 8 万元左右,而重伤者已花费的医疗费用目前已超出这笔数额,营养、护理费还不包括在内,况且劳动安监部门还将按章进行处罚,这真可谓是损兵又折将。事后,承包负责人非常后悔地说:“我那天真不该让那些工人违章作业,违章作业真会叫人倾家荡产哪!”

(3) 企业应严格遵守国家劳动安全卫生的各项法律、法规和标准,认真落实各项安全生产责任制,建立健全适合本企业的劳动安全卫生规章制度和各类安全操作规程。

(4) 安监机构和人员应切实加大安监力度,从严治“安”,对已发现的违章行为,尤其是重大违章行为要坚决制止,必要时责令其停业整顿,决不心慈手软。

9.1.11 触电事故

9.1.11.1 事故经过

某年 8 月,某化工厂氯碱系统停车大修期间,大修指挥部从坑道工地借来一台旧卷扬机给电解车间蒸发工段,以清理 300 m^3 储水池中的污泥。值班电工在接临时线时,发现卷扬机无开关,仓库也无备件,便从三氯化铁工段找了一只旧倒顺开关代用,经试车运转良好,便于 8 月 26 日交付使用,但未装接地线。8 月 27 日 16 时,2 名清理人员用手抓卷扬机吊斗时突然触电。其中 1 人经抢救无效而死亡。

9.1.11.2 事故原因分析

(1) 卷扬机设备缺陷,无启动开关;

(2) 该电工违反化工部颁布的《化工企业通用工种安全操作规程》第 2 项第 21 款第 5 条关于“所有金属外壳须有良好的接地线(或接地零线)”的规定,在安装旧倒顺开关时,未安装接地线便交付使用;

(3) 该电工违反化工部颁布的《化工企业安全管理制度》第二章第十六条第 1 项关于工人应“严格遵守各项安全生产规章制度,不违章作业,并劝阻他人不违章作业”的规定,明知旧开关不合要求,也知道电器设备金属外壳须有接地的规定,但仍违章作业。

9.1.11.3 同类事故防止措施

(1) 加强对特殊工种作业工人的培训教育;

(2) 严格执行有关电气的安全规程;

(3) 设备外壳必须接地良好;

(4) 交付使用前,通过检查验收,并加以确认。

9.1.12 真空泵机械伤害事故

9.1.12.1 事故经过

某年 4 月 10 日,某化工厂 1 名女工提前到岗,检查真空泵润滑油位时,因未戴好工作帽,致一对长 70 cm 的辫子被真空泵传动部分绞入,将头皮扯掉二分之一,流血过多，经医治无效而死亡。

9.1.12.2　事故原因分析

该工人违反了化工部颁布的《安全生产禁令》生产区内十四个不准第七条关于“不按工厂规定穿戴劳动防护用品(包括工作服、工作帽、工作鞋等)，不准进入岗位”的规定，未戴工作帽便进入岗位。

9.1.12.3　同类事故防止措施

(1) 严格执行安全管理制度；

(2) 号召全厂女工剪辫子；

(3) 要求职工按规定佩戴劳动保护用品。

9.1.13　日本狮子株式会社甲醇精馏塔爆炸事故

1991年6月26日10时15分左右，日本狮子株式会社千叶工场在新型表面活性剂“α-磺基脂肪酸酯”生产中，由于甲醇和过氧化氢反应生成微量的甲基过氧化物，并在精馏塔停止运转过程中，在局部从0.1%浓缩到百分之几十而发热，导致精馏塔发生爆炸，造成2人死亡，13人受伤，精馏塔及周围设施遭到严重破坏。

9.1.13.1　事故经过

α-磺基脂肪酸酯生产设备于1991年1月完成，2月份进入正常运行。6月19日21时35分，磺化反应装置启动，20日2时46分，回收甲醇开始供给甲醇精馏塔，26日8时9分，磺化反应装置停车，9时6分，停止向精馏塔供给回收甲醇，同时减小再沸器的蒸气量，将精制甲醇的馏出量从正常的350 kg/h降至150 kg/h，以后保持“待机状态”(回流比为12)。9时55分，为了使甲醇和水更好地分离，停止精制甲醇的馏出，浓缩甲醇全部返回塔内进行“全回流操作”。10时5分左右，停止向塔内回流，并增大再沸器的蒸气量，精馏塔内的甲醇残液全部从塔顶推出进入“焚烧操作”。10时5分左右，发生爆炸(事故发生前0～2 s，工艺温度和压力没有异常)。

爆炸及损伤情况：爆炸发生在精馏塔的上部(从第5层至第26层约7 m)，塔顶至第4层落至地下，塔壁碎片最远飞至1 300 m远，大部分散落在半径为900 m的范围内，第27层以下残留在原地。据推算，爆炸当量相当于10～15 kg TNT。爆炸造成2人死亡，1人重伤，1人中度受伤，11人轻伤。精馏塔完全破坏，塔周围50 m内的窗户玻璃全部损坏，爆炸碎片和冲击波使工厂内319个场所遭到破坏。

9.1.13.2　事故原因分析

(1) 在漂白过程中，残留的无水硫酸和添加的甲醇发生副反应，生成甲基硫酸，甲基硫酸只有在酸性条件下才与过氧化氢反应生成甲基过氧化物。甲基过氧化物在弱酸性水溶液中较稳定，几乎不分解，但在中性和碱性溶液中却不稳定，并且随着温度的升高而加速分解。

(2) 正常运行时(回流比为5)，甲基过氧化物最大浓度不过百分之几，在全回流操作时被浓缩到百分之几十。

(3) 事故发生当日,中和工段的 pH 计发生故障,使中和的烧碱量减少,溶液呈酸性,甲基过氧化物不易分解,导致甲基过氧化物在塔内的滞留量由正常时的 10～20 kg 上升至 30～40 kg。

(4) "焚烧操作"过程中,液相中甲基过氧化物的浓度比回流时还大。另外,伴随着从塔顶的回流停止,也没有向塔内回流冷却甲醇液,结果导致发热速度大于散热速度,处于温度急速升高的状态。再加上焚烧操作过程中局部的加热和塔内可动部分之间的摩擦及碰撞,甲基过氧化物失控的分解放热反应最终导致爆炸的发生。

9.1.13.3 防范措施

(1) 设置利用还原剂能够完全除去向精馏塔内供给回收甲醇中所含有的过氧化物的设备。

(2) 确认回收甲醇中的过氧化物被还原剂完全还原后,再供给精馏塔。

(3) 精馏塔停止焚烧操作。

(4) 漂白工程中软化漂白条件,抑制甲基过氧化物的生成。在中和工程中设置双重 pH 计。

由于不存在类似的事故案例,要预测这样的爆炸事故的发生非常困难。但是,这起事故也是由于回收甲醇的前期处理方法、中和工程的 pH 计故障、精馏塔的焚烧操作等设备和操作上的原因而发生的。如果供给精馏塔的回收甲醇中的过氧化物完全还原就不会再发生这样的事故。

9.1.14 河南某制药厂过氧化苯甲酰爆炸

9.1.14.1 事故概况及经过

1991 年 12 月 6 日 14 时 15 分,该制药厂一分厂干燥器内烘干的过氧化苯甲酰发生化学分解强力爆炸,死亡 4 人,重伤 1 人,轻伤 2 人,直接经济损失 15 万元。

该厂的最终产品是面粉改良剂,过氧化苯甲酰是主要配入药品。这种药品属化学危险物品,遇过热、摩擦、撞击等会引起爆炸。为避免外购运输中发生危险,该厂自己生产。

1991 年 12 月 4 日 8 时,工艺车间干燥器烘干第五批过氧化苯甲酰 105 kg。按工艺要求,需干燥 8 个小时,至当日下午停机。由化验室取样化验分析,因含量不合格,需再次干燥。次日 9 时,将干燥不合格的过氧化苯甲酰装进干燥器。恰遇 5 日停电,一天没开机。6 日上午 8 时,当班干燥工马某对干燥器进行检查后,由干燥工苗某和化验员胡某二人去锅炉房通知锅炉工杨某送蒸汽,又到制冷房通知王某开真空,后胡、苗二人又回到干燥房。9 时左右,张某喊胡某去化验。下午 2 时停抽真空,在停抽真空后 15 min 左右,干燥器内的干燥物过氧化苯甲酰发生化学爆炸,共炸毁车间上下两层 5 间房屋、粉碎机 1 台、干燥器 1 台,固定干燥器内蒸汽排管在屋内向南移动约 3 m，外壳撞倒北墙，飞出 8.5 m 左右，楼房倒塌，造成重大人员死伤事故。

9.1.14.2　事故原因

（1）第一分蒸汽阀门没有关，第二分蒸汽阀门差一圈没关严，显示第地二分蒸汽阀门进汽量的压力表是 0.1 MPa。据此判断，干燥工马某、苗某没有按照《干燥器安全操作法》要求的“在停机抽真空之前，应提前 1 个小时关闭蒸汽”的规定执行。在没有关严两道蒸汽阀门的情况下，下午 2 点通知停抽真空，造成停抽真空后干燥器内温度急剧上升，致使干燥物过氧化苯甲酰因遇过热引起剧烈分解，发生爆炸。

（2）该厂在试生产前对其工艺设计、生产设备、操作规程等未按化学危险物品规定报经安全管理部门鉴定验收。

（3）该厂用的干燥器是仿照某制药厂的干燥器自制的。该干燥器适用于干燥一般物品，但干燥化学危险物品过氧化苯甲酰就不一定适用。

9.1.14.3　防止同类事故的措施

（1）严格按照国家对化学危险物品安全管理条例的要求来设计、生产、储存。

（2）投产前要请有关部门对现有厂房、设备、工艺规程等进行论证、鉴定验收合格后再投产。

（3）企业要加强技术培训，提高干部、职工业务技术素质和安全意识。特种作业工人必须经过培训，持证上岗。

9.2　危险化学品储运过程中的典型事故案例

9.2.1　北京东方化工厂罐区火灾爆炸事故

9.2.1.1　事故概况

1997 年 6 月 27 日 21 时 5 分左右，在罐区当班的职工闻到泄漏物料异味 。21 时 10 分左右，操作室仪表盘有可燃气体报警信号显示。泄漏物料形成的可燃气体迅速扩散。21 时 15 分左右，油品罐区工段操作员张伟和调度员郑刚去检查泄漏源。21 时 26 分左右，可燃物遇火源发生燃烧爆炸，其中泵房爆炸破坏最大。石脑油 A 罐区易燃液体发生燃烧。爆炸对周围环境产生冲击和震动破坏，造成新的可燃物泄漏并被引燃，火势迅速扩散，乙烯 B 罐因被烧烤出现塑性变形开裂，21 时 42 分左右，罐中液相乙烯突沸爆炸（BLEVE）。此次爆炸的破坏强度更大，被爆炸驱动的可燃物在空中形成火球和“火雨”向四周抛撒。乙烯 B 罐炸成 7 块，向四处飞散，打坏管网，引起新的火源，与乙烯 B 罐相邻的 A 罐被爆炸冲击波向西推倒，罐底部的管线断开，大量液态乙烯从管口喷出后遇火燃烧。爆炸冲击波还对其他管网、建筑物、铁道上油罐车等产生破坏作用，大大增加了可燃物的泄漏，火势严重扩散，大火至1997年6月30日4时55分熄灭。

国家地震局地球物理研究所所属北京遥测地震台网宝坻地震台记录出两次地震。第一次发生的时间范围为21时26分38.4秒至28分27.4秒，第二次发生的时间范围为21时40分57.8秒至42分47.8秒。

9.2.1.2 事故原因及事故模式的认定

(1) 主要物证的认定

① 爆炸前发生大量易燃物料泄漏。

a. 6月27日21时5分左右，当班职工闻到泄漏物料异味。油品车间火车工段班长平莹21时左右闻到异味后去泵房等处检查，发现泵房内有异味。21时左右操作室仪表盘有可燃气体报警信号显示。

b. 油品罐区工段操作员张伟和调度员郑刚在检查泄漏源过程中，均在事故现场泵房附近死亡。

② 爆炸现场死亡人员的尸检结果证明，爆炸前泄漏的易燃物料中含石脑油，不含乙烯。事故中共死亡9人，其中现场死亡4人。郑刚、张伟和王庆和死于泵房附近，李宝辉死于万米罐与千米罐之间消防通道中部。上述4人尸体的肺部、气管中应保留死亡时吸入的环境气体，这些气体中应含当时泄漏物料的组分。尸检结果应是死亡前空气中所含泄漏物料组分的直接证据。

北京市公安局刑事科学技术检验报告表明，其检样所用的GC/MS的分析方法是国际法庭科学公认的准确定性方法。对可燃物成分进行检验时，既进行了已知标准样品（由东方化工厂提供）的对照，也进行了空白样品的对比，基本上排除了各种可能存在的干扰，检验结果可作为定性依据。

1997年7月1日至13日的检验报告表明，在现场死亡的郑刚、张伟、李宝辉和王庆和4具尸体的肺和气管中均检出与厂方提供的3种抽样（石脑油、加氢汽油、轻柴油）部分组分相一致的成分（乙二醇除外），未检出乙烯成分。其余5人未在现场死亡，尸检中未见肺和气管中有乙烯和厂方提供的4种油样（石脑油、加氢汽油、轻柴油、乙二醇）部分组成相一致的成分。

③ 事故现场阀门开关状况勘查表明，6月27日20时接班后卸轻柴油操作时阀门处于错开错关状况，造成错误卸油流程。

a. 事故现场勘查及残骸分析证明，万米罐区的卸油管线共有9个直径为500 mm的气动带手动阀门，阀门开关状态为：石脑油的B#、C#、D#罐分阀和轻柴油A#罐的分阀处于关闭状态；石脑油A#罐分阀、轻柴油B#罐分阀处于开启状态；石脑油总阀处于开启状态，轻柴油总阀处于关闭状态，泵房卸油总阀处于半开启状态。

b. 石脑油和轻柴油共用一条卸油总管，由于轻柴油总阀关闭，不能向轻柴油B#罐卸油。又由于石脑油总阀和石脑油A#罐分阀均处于开启状态，所卸轻柴油只能进入石脑油 A# 罐中。

④ 处于满载的石脑油 A# 罐，被卸入大量轻柴油后，发生“冒顶”，溢出的石脑油是引发燃烧和爆炸的物料。

a. 轻柴油装卸前，石脑油 A# 罐的液面高度为 13.725 m，已达到额定液位高度(13.775 米)的 99.64%。

b. 轻柴油向石脑油 A# 罐错卸，所以很快“冒顶”，在 21 时左右当班职工闻到的异味就是泄漏的石脑油气味。

c. 石脑油蒸气密度略高于空气，气体沿地面扩散，遇到火源便发生爆炸或爆燃，同时未汽化的石脑油起火燃烧。

(2) 事故原因认定

“6·27”特大事故的直接原因是：卸轻柴油时，由于石脑油和轻柴油阀门处于错开错关状态，泵出的轻柴油不能卸入轻柴油 B# 罐，而进入了满载的石脑油 A# 罐，导致石脑油大量“冒顶”溢出，溢出的石脑油及其油气扩散过程中遇到火源，产生首次爆炸和燃烧。

9.2.2　深圳市清水河特大爆炸火灾事故

9.2.2.1　事故经过

1993 年 8 月 5 日 13 时 26 分，深圳市安贸危险物品储运公司(以下简称安贸公司)清水河化学危险品仓库发生特大爆炸事故。爆炸引起大火，1 小时后着火区又发生第二次强烈爆炸，造成更大范围的破坏和火灾。这起事故造成 15 人死亡，200 多人受伤，其中重伤 25 人，直接经济损失超过 2.5 亿元。

根据调查，事故发生单位是某对外贸易开发集团公司下属的储运公司与深圳危险品服务中心联营的安贸危险品储运联合公司。爆炸地点位于深圳东北角，占地约 2 000 m^2 的清水河仓库区清六平仓，其中 6 个仓(2～7 号仓)被彻底摧毁，现场留下 2 个深 7 m 的大坑，其余的 1 号仓和 8 号仓遭到严重破坏。紧挨清六平仓存有 240 t 双氧水的仓库和存有 8 个大罐、41 个卧罐的液化气站及刚运到的 28 个车皮的液化气、1 个加油站未发生爆炸。否则将会造成更大的损失。

8 月 5 日下午 13 时 10 分，4 号仓库的管理员发现仓内堆放的过硫酸铵冒烟、起火，因消防设施无水，用灭火器灭火没有扑灭。电话报警，“119”接不通。于是，保安员赶紧截住一辆汽车前去笋岗报警。深圳公安局消防处值班员接到报警后即调笋岗消防中队的消防车前往灭火。当消防车开出后不久(13 时 26 分)，4 号仓内堆放的可燃物发生了第一次爆炸，彻底摧毁了 2、3、4 号连体仓，强大的冲击波破坏了附近货仓，使多种化学危险品暴露于火焰之前。市消防处负责人听到爆炸声，首先想到临近的液化气罐库存，于是就立即调动最近的几个消防中队火速赶到现场。15 分钟内，5 个消防中队的 11 台消防车就到达着火点。由于危险品处于持续被加热状态，约 1 小时后，即在 14 时 27 分，5、6、7 连体仓又发生爆炸。爆炸冲击波造成更大范围的破坏，爆炸后的带火飞散物（如黄磷、燃烧的三合板和其他可燃物）使火灾迅速蔓延扩大，引燃了距爆炸中心 250 m 处的木材堆场的 3 000 m^3 木质地板块、300 m 处 6 个 4 层楼干货仓、400～500 m 处 3 个山头上的树木。

9.2.2.2　事故原因分析

(1) 起火物质

根据调查证实，此次事故是由清六平仓 4 号仓东北角首先冒烟、起火，然后蔓延成灾。安贸危险品储运公司提供的事故前 4 号仓内存放的货物名称、数量和位置，以及当事人提供的证词，均证言 4 号仓内的“过硫酸钠”首先冒烟、起火。调查组对此提出怀疑和异议。经追查有关票据，确证 4 号仓东北角存放的是过硫酸铵，而不是“过硫酸钠”。根据过硫酸铵的特性，它先起火是可能的。

(2) 起火、爆炸原因

深圳公安部门证实未发现人为破坏。

当事人和建筑图纸提供的信息为：事故当天 4 号仓内无叉车作业；库区禁烟禁火严格；仓内通风尚好；电器防爆也未发现问题。因此，调查组认为 4 号仓内货物自燃、电火花引燃、明火引燃和叉车摩擦撞击引燃的可能性很小，而忌混物品混存接触反应放热引起危险物品燃烧的可能性很大。因为，4 号仓内还存有大量硫化碱等物品。经过实验证明，过硫酸铵遇硫化碱立即产生激烈反应，放热。因此，4 号仓内强氧化剂和还原剂混存、接触，发生激烈氧化还原反应，形成热积累，导致起火燃烧。4 号仓的燃烧，引燃了库存区多种可燃物质，库区空气温度升高，使多种化学危险品处于被持续加热状态。6 号仓内存放的约 30 t 有机易燃液体被加热到沸点以上，快速挥发，冲破包装，和空气、烟气形成爆炸混合物，并于 14 时 27 分发生燃爆。爆炸释放出巨大能量，造成瞬时局部高温高热，出现闪光和火球，引发该仓内存放的硝酸铵第二次剧烈爆炸。爆炸核心高温气流急速上升，周围气体向这里补充，形成蘑菇状云团。

因此，专家组认定，清水河的干杂仓库被违章改作化学危险品仓库及仓内化学危险品存入严重违章是事故的主要原因。干杂仓库 4 号仓内混存的氧化剂与还原剂接触是事故的直接原因。

“8 · 5”特大爆炸火灾事故是一起严重的责任事故。

9.2.2.3　对责任者的处理

对于事故责任者的处理，国务院决定，由监察部牵头，广东省有关部门参加，高检院提前派人介入立案审查，对有关责任者提出处理意见。

9.2.2.4　防范措施

(1) 要搞好城市规划和市政建设。各级政府在城市规划中要有全局观念，统筹规划，合理布局，始终坚持经济建设与市政建设同步发展的原则，确保人民生命和国家财产的安全。新建、改建、扩建工程在确保安全的前提下，方可施工、投产和使用,已建工程有安全问题的,要及时采取措施,对严重影响城市安全的重大隐患要彻底解决。

(2) 加强化学和爆炸危险物品的安全管理。各级政府要把危险物品的储运问题纳入城市规划统筹考虑,特别是要把化学危险品、剧毒物品、爆炸物品、易燃易爆物品的库区、专用线、码头等工程作为重点列入总体规划。各级公安机关要严格执法,坚持原则,严格危险物品审批发证的手续。化学危险品和民用爆炸物品经营主管部门要加强安全管理。从事危险物品生产、储运、销售、使用的单位,一定要建立和落实严格的管理制度,加强对有关人员安全意识的教育和有关专业知识与技能的培训,提高人员素质。

(3) 要认真落实各级领导的安全生产责任制。各地区、各部门和企业的行政一把手是安全生产的第一责任者,要切实加强对安全工作的领导,真正负起安全生产的责任,要严格按国务院《关于加强安全生产工作的通知》做好安全工作。

为吸取“8·5”爆炸事故的教训,各有关部门和各级政府要切实加强对生产和经营化学危险品及民用爆炸品的企业监督检查,对不符合安全生产要求的企业,要采取果断措施进行整改,防止重大事故的发生。

9.2.3　山东某油库“8·12”特大火灾事故

1998年8月12日9时55分,石油天然气总公司管道局胜利输油公司某油库老罐区2.3万m^3原油储量的5号混凝土油罐爆炸起火,大火前后共燃烧104小时,烧掉原油4万多立方米,占地167 m^2(250亩)的老罐区和生产区的设施全部烧毁,这起事故造成直接经济损失3 540万元。在灭火抢险中,10辆消防车被烧毁,19人牺牲,100多人受伤。其中公安消防人员牺牲14人,负伤85人。大约600 t油水在某相邻海面形成几条十几海里长、几百米宽的污染带,造成某相邻海面有史以来最严重的海洋污染。

9.2.3.1　事故经过

8月12日9时55分,2.3万立方米原油储量的5号混凝土油罐突然爆炸起火。到下午2时35分,青岛地区西北风风力增至4级以上,几百米的火焰向东南方向倾斜。燃烧了4个多小时,5号罐里的原油随着轻油馏分的蒸发燃烧,形成速度大约每小时1.5 m、温度为150～300℃的热波向油层下部传递,当热波传至油罐底部的水层时,罐底部的积水、原油中的乳化水以及灭火时泡沫中水的汽化,使原油猛烈沸溢,喷向空中,洒落四周地面。下午3时左右,喷溅的油火点燃位于东南方向相距5号油罐37 m处的另一座相同结构的4号油罐顶部的泄漏油气层,引起爆炸。炸飞的4号油罐顶混凝土碎块将相临30 m处的1号、2号和3号金属油罐顶部震裂,造成油气外漏。约1 min后,5号油罐喷溅的油火又先后点燃了3号、2号、1号油罐的外漏油气,引起爆燃,整个老罐区陷入一片火海。失控的外溢原油像火山喷发出的岩浆在地面上四处流淌。大火分三股,一部分油火翻过5号罐北侧 1 m 高的矮墙，进入储油规模为 30 万 m^3 的全套引进工艺装备新罐区 1 号、2 号、6 号浮顶式金属罐的四周。烈焰和浓烟烧黑了 3 罐的罐壁，其中 2 号罐壁隔热钢板很快被烧红。另一部分油火沿着地下管流淌，汇同输油管网外溢原油形成地下火网。还有一部分油火向北从生产区的消防泵房一直烧到仓库、化验室和锅炉房，向东从变电站一直引烧到装船泵房、计量站、加热炉。火海席卷着整个生产区，东路、北路的两路油火汇合成一路，烧过油库 1 号大门，沿着新港公路向位于低处的某相邻油港烧去。

9.2.3.2 事故原因及分析

某油库特大火灾事故的直接原因是由于非金属油罐本身存在的缺陷，遭受对地雷击产生感应火花而引爆油气。

根据当时气象情况和有关人员的证词（当时，青岛地区为雷雨天气），经过深入调查和科学论证，事故原因的焦点集中在雷击的形式上。混凝土油罐遭受雷击引爆的形式主要有六种：一是球雷雷击；二是直击避雷针感应电压产生火花；三是雷电直接燃爆油气；四是空中雷放电引起感应电压产生火花；五是绕击雷直击；六是罐区周围对地雷击感应产生火花。

经过对以上雷击形式的勘察取证、综合分析，5 号油罐爆炸起火的原因排除了前四种雷击形式。第 5 种雷击形式可能性极小，理由是：绕击雷绕击率在平地是 0.4%，山地是 1%，概率很小；绕击雷的特征是小雷绕击，避雷针越高绕击的可能性越大。当时青岛地区的雷电度属中等强度，5 号罐的避雷针高度为 30 m，属较低的，故绕击的可能性不大；经现场发掘和清查，罐体上未找到雷击痕迹。因此绕击雷直击也可以排除。

事故原因极大可能是由于该库区遭受对地雷击产生感应火花而引爆油气。

除上述直接原因外，更深层次的事故原因为：

(1) 该油库区储油规模过大，生产布局不合理。该油库老罐区 5 座油罐建在半山坡上，输油生产区建在近邻的山脚下。这种设计只考虑利用自然高度差输油节省电力，而忽略了消防安全要求，影响对油罐的观察巡视。

(2) 混凝土油罐先天不足，固有缺陷不易整改。混凝土油罐内部钢筋错综复杂。透光孔、油气呼吸孔、消防管线等金属部件布满罐顶。在使用一定年限以后，混凝土保护层脱落，钢筋外露，在钢筋的捆绑处、间断处易受雷电感应，极易产生放电火花，如遇周围油气在爆炸极限内，则会引起爆炸。混凝土油罐体极不严密，随着使用年限的延长，罐顶预制拱板产生裂缝，形成纵横交错的油气外泄孔隙。混凝土油罐通过气孔直通大气，在罐顶周围经常散发油气，形成油气层，是一种潜在的危险因素。

(3) 混凝土油罐只重储油功能，大多数因陋就简，忽视消防安全和避雷针设计，安全系数低，极易遭受雷击。1985 年 7 月 15 日，某油库 4 号混凝土油罐遭雷击起火后，分别在 4 号、5 号混凝土油罐四周各架了 4 座 30 m 高的避雷针，罐顶部装设了防感应雷屏蔽网，网格连接处未焊接，均用铁卡压接。这次勘察发现，大多数压固点锈蚀严重。经测量一个大火绕过的压固点，电阻值高达 1.56 Ω，远远大于 0.03 Ω 的规定值。

(4) 消防设计错误，设施落后，力量不足，管理工作跟不上。装设在罐顶上的消防措施因维护不当而不能使用。油库自身的泡沫消防车救急不救火，一辆泡沫消防车对不太大的火势也是杯水车薪，无济于事。库区油罐间的消防通道是路面狭窄、坎坷不平的山坡道，且为无环行道路，消防车没有调头回旋余地，无法集中优势使用消防车抢险灭火。油库消防人员严重缺编。

(5) 油库安全生产管理存在不少漏洞。原石油部 1988 年 3 月 5 日发布的《石油与天然气钻井、开发、储运防火防爆安全管理规定》未及时下发给某油库。油库 1 号、2 号、3 号金属油罐设计时，是 5 000 m^3，而在施工阶段，仅凭一位领导的个人意愿，就在原设计罐址上改建成 1 万 m^3 的罐。这样，实际罐间距只有11.3 m，远远小于安全防火规定间距 33 m。此外，对职工要求不严格，工人劳动纪律松弛，违纪现象时有发生。

9.2.3.3　防范措施

(1) 各种油品企业及其上级部门必须认真贯彻“安全第一、预防为主”的方针。各级领导在指导思想上、工作安排上和资金使用上要把防雷、防爆、防火工作放在头等重要位置，建立健全规章制度。

(2) 对油品储运建设工程项目进行决策时，应当对包括社会环境、安全消防在内的各种因素进行全面论评和评价，要坚决实行“三同时”。

(3) 充实和完善《石油设计规范》和《石油与天然气钻井、开发、储运防火防爆安全管理规定》，严格保证工程质量，把隐患消灭在投产之前。

(4) 逐步淘汰非金属油罐。对尚在使用的非金属油罐，研究和采取较可靠的防范措施，提高对感应雷电的屏蔽能力，减少油气泄漏。同时，组织力量对其进行技术鉴定，明确规定大修周期和报废年限，划分危险等级，分期分批停用报废。

(5) 研究改进现有油库区防雷、防火、防地震、防污染系统；采用新技术、高科技，建立自动检测报警联防网络，提高油库自救自防能力。

(6) 强化职工安全意识，克服麻痹思想。对随时可能发生的重大爆炸火灾事故，增强应变能力，制定必要的消防、抢救、疏散、撤离的事故预案，提高事故应急能力。

9.2.4　2001 年吉林铁路分局棋盘站液氯槽车泄漏事故

2001 年 2 月 18 日上午，东北某化工厂一台液氯罐车发生泄漏，致使现场多人出现急性氯气刺激反应。

9.2.4.1 事故经过

2001年2月18日7时20分，东北某化工厂自备的CY貂号液氯罐车由一货运列车运至吉铁分局管区内棋盘站，当时该罐车载有52.2 t液氯(允许载重55 t)。8时40分，棋盘站开始对该次列车进行解体作业，9时35分，作业完毕。此时该罐车被停放在棋盘站五场9道，未见泄漏。11时许，在现场作业的调车、列检等铁路员工相继闻到异昧，即找GY貂号罐车押运人员予以处理，但没找到，只好请同列车到棋盘站的另一化工集团公司的液氯罐车押运人员协助处理。

12时左右，GY貂号罐车押运人员周某、常某赶到现场。13时左右，周、常处理完毕，液氯泄漏完全终止。

此次液氯泄漏造成棋盘站调车、列检等人员共28名出现急性氯气刺激性反应。由于救助及时，至3月3日住院人员已全部出院。

9.2.4.2 事故原因

该化工厂接到液氯泄漏报告后，立即派主管生产及安全的副厂长等4人快速赶到现场，与沈阳铁路局吉铁分局等单位有关人员共同对此次液氯泄漏事故进行认真的调查了解和分析。

经查，GY貂号液氯罐车于2000年8月在该厂进行过罐体中修，车上安全阀、压力表等固定安全附件齐全良好。此次出厂前的气密性试验、充装、封车等手续和记录正确无误。漏点是在罐车2号位液相阀门盲板处，而盲板螺栓比出厂前规定的少了2个，并有紧固不到位迹象。从事故现场看，当时车上2个气相阀、2个液相阀法兰螺栓各缺2个。由于缺少紧固螺栓，加之该车在运行、解体、编组等过程中可能受到过较大震动，致使盲板螺栓松动，造成液氯泄漏。而当液氯泄漏时，本应随车而行的押运员周某、常某又因同时离车吃饭而漏乘，不在现场，致使液氯泄漏时未能在最短时间内得到有效控制，造成28人出现急性氯气刺激反应。

9.2.4.3 事故处理

鉴于此次事故性质恶劣，后果严重，且造成较大经济损失和十分恶劣的影响，假如当时没有另一兄弟化工集团公司液氯押运员协助处理，后果将不堪设想，故决定对有关责任人员作如下处理。

GY貂号液氯罐车押运员周某、常某，轻易相信车站人员告知的发车信息，以为有足够的时间吃饭，擅自同时离车出站吃饭，造成漏乘，最后不得不乘客运列车追赶GY貂号液氯罐车。中途运行过程中，又不仔细检查罐车各部位设施完好情况，没有及时发现罐车气、液相阀法兰缺少螺栓，对此次事故负有主要责任，决定对其2人给予开除厂籍处理。

该化工厂安全处安全监察员黄某，对GY貂号液氯罐车出厂前气、液相阀法兰螺栓是否齐全说不清楚，仅以车不漏为标准，轻易签字，准予罐车出厂，对事故负有重要责任，决定对其给予开除厂籍处理，留厂察看1年、罚款1 000元、调离原工作岗位的处理。

该厂氯碱车间主任周某、主管生产及安全的副主任兰某、专职安全员盛某、液氯工段段长吕某，对此次事故负有一定责任，决定对上述 4 人给予罚款 1 000 元的处理，同时取消车间主任周某、副主任兰某 1 个月的职务津贴。

该厂厂长、厂安全生产委员会主任齐某，主管生产及安全的副厂长、厂安全生产委员会副主任吴某，对此次事故负有领导责任，决定对上述 2 人给予罚款1 000 元的处理。

该厂安全处处长、副处长，对此次事故负有领导责任，决定对上述 2 人给予罚款 500 元、取消 1 个月职务津贴的处理。

9.2.4.4 防范措施

(1) 进一步完善液氯罐车进、出厂气密性试验，封车和中修等安全管理制度。今后凡液氯罐车请车后 7 天尚未出厂的，再出厂前必须重新办理出厂手续。安全监察员在重新办理出厂手续前，必须对全车再次进行全面检查。

(2) 液氯罐车押运人员必须全程押运，有事或吃饭时，必须 2 人交替进行，确保罐车现场时刻有人坚守。每到一站，只要停车时间允许，必须上车全面检查，同时做好详细记录。

(3) 加大对液氯罐车的安全监察力度，自现在开始，由过去的 1 名安全监察员增至 2 名。现场监察时，2 名安全监察员同时到场，同时上车检查，同时签字，确保罐车安全。

(4) 今后凡中修罐车，检修后均应标明检修日期和单位名称，其中年份为 4 位数。

9.2.5 福建龙岩上杭氰化钠泄漏重大污染事故

2000 年 10 月 24 日，福建省龙岩市上杭县 205 国道至紫金矿业集团的紫金山矿矿区公路上发生了一起氰化钠汽车槽车倾覆山涧的严重化学品泄漏事故，7 t 剧毒化学品氰化钠溶液流入小溪，引起 90 多名村民中毒。

9.2.5.1 事故经过

(1) 发生

事故发生于 10 月 24 日早晨 6 时 10 分左右，当时 205 国道往紫金山金矿的公路因为修建，只是单行道，加上凌晨有露水路滑以及司机疲劳驾驶，一辆从安徽安庆开过来的皖 H30399 汽车槽车在拐进矿区的 5 千米处突然坠落山涧，槽车载有 10.7 t 含量为 33%的剧毒物品氰化钠。车里有 2 名司机、1 名押运员，幸好汽车顺势滚下，3 人紧紧抱住车厢，只受了轻伤。其中一名司机出来时发现，装有氰化钠的槽罐出口盖已被撞开，33%的氰化钠溶液正汩汩地流出来。司机赶快脱下衣服去堵，可是怎么也堵不住，而且他自己的手因为有伤口，也中毒了，于是他赶紧顺着山谷跑向村庄，告诉人们山里小溪已被有毒物污染，不能饮用，并迅速向紫金矿业公司有关人员和消防环保等部门求救，这时已是早晨7时10分。

(2) 排险

24日8时20分，上杭县消防官兵以最快的速度奔向现场，路上他们还向龙岩市消防支队求援。接着龙岩消防支队21名官兵也陆续赶到事故现场。经测量，槽车掉进了深20 m、底宽8 m的深谷中。消防官兵钻到树丛里找到槽车时发现，罐体的入口也已泄漏，入口的盖也已变形。堵住入口的方法已行不通，只好用导管吸出残液。于是消防官兵、环保人员，以及紫金矿业集团技术人员搬来了专用桶，盛装用导管吸出来的残液及从地上舀起来的残液。至17时，共收回氰化钠残液2 t多，残液全都运到炼金厂处理。龙岩市安办、公安、交警、消防、环保等部门在现场开山辟路，维持秩序，污染现场路边的牌子上写着：沟内有剧毒，请勿入内。

7 t多氰化钠渗入的山涧小溪先流入古县河，再汇入汀江。古县河是上杭县群众的主要饮用水源，而汀江是龙岩市的母亲河，一旦造成污染，后果不堪设想。而这些氰化钠所渗透的小溪，恰好在古县河、汀江的上游，于是堵住小溪溪水，成为抢险的一件大事。

紫金矿业股份有限公司迅速调运了20 t漂白粉到事故现场以及附近水源，作前期消毒处理。山沟里、稻田交界处筑起了两道5 m多高的坝体，形成总容量达1.25万立方米的蓄水池，控制污染源的扩大。

环保监测人员24小时在现场监测，取水化验。10月24日15时8分，拦坝地表水水质监测结果表明浓度最大值超标310倍；25日，最高浓度超标69倍；28日，浓度超标1.52倍，氰化物浓度已逐渐降解。而在拦污坝外水沟、梅龙沟与旧县河汇合口前，没有发现浓度超标。

(3) 中毒

氰化钠属剧毒危险化学品，其毒性作用是氰基能快速与体内氧化型细胞色素氧化酶的三价铁结合，从而抑制细胞色素氧化酶的正常活性，使组织细胞不能及时得到足够的氧，造成“细胞内窒息”。口服1～2 mg/kg后会致死。

上杭县旧县乡的党政干部全部动员起来，宣传氰化钠的有关知识，并深入污染区，挨家挨户做宣传工作，帮助消毒、防毒。尽管采取了种种措施，但不幸的是上杭县旧县乡梅溪村的村民仍有90名中毒，多人症状严重，另有多名疑似中毒。

(4) 抢救

到10月31日，虽然距24日事发时间已一个星期了，但还有许多人仍住在上杭县医院和上杭中医院。许多病人已经好转，但还有几个重病病人仍在抢救。他们中毒的表现是全身抽搐，嘴唇肿大，脸色变青。24日当天有30多人送往医院抢救，25日、26日不断有人中毒送往医院。有的人是吃了东西中毒，有的人是在田间劳作踩了水中毒，有的人是碰了水流过的石头、草等受伤后中毒。据梅溪村干部提供的数字是98名中毒，无人员死亡。

由于从来没有接收过氰化物中毒的病人，县医院在抢救时遇到了挑战。龙岩卫生部门迅速从外地紧急调运硫代硫酸钠、硫酸亚铁片等消毒、解毒药品。福建省卫生厅也迅速从北京空运了 1 000 份的 4-二甲基氨基苯酚特效新药，确保了中毒者的用药需求。中毒事故发生后，梅溪村的人乱了手脚，大家都不敢喝水，更不敢到田里劳作。24 日、25 日两天，上杭县消防官兵从城关运水到梅溪村供水。上杭县政府、旧县乡政府也另外想办法，寻找新水源，建立新水池。因为恐慌，河沿岸的居民都不敢用河里的水，有些人连自来水都不敢喝。据环保防疫部门多次生物实验，旧县河并无污染。

9.2.5.2 事故教训

据调查，皖 H31399 槽车为非法改装而成，而驾驶员又没有运输危险化学品的准运证。

总之，从 1999 年 9 月 30 日到这次事故，在一年零一个月的时间内发生了 3 次氰化物泄漏事故，而 2000 年不足 1 个月的时间内发生了 2 起泄漏事故。

1999 年 9 月 30 日早 6 时许，河北省张家口市崇礼县东坪金矿从事危险品运输的一名押运员押运该矿长期雇用的本县西湾子镇上一村民的东风 140 货车，装载该矿专用罐从天津某化工公司往本矿拉运液体氰化钠 8.91 t。由于司机疲劳驾驶，当行至 110 国道延庆县西二道河子乡碓臼石村公路时翻入桥下，罐中液体氰化钠泄漏河中 4.68 t，造成河水污染，牲畜、鱼死亡的严重后果。2000 年 9 月 29 日凌晨 4 时许，陕西丹凤县境内一辆载有 5.2 t 氰化钠溶液的卡车翻车，致使 5.1 t 氰化钠溶液溢出。在不到一个月时间的 10 月 24 日，又发生了这起事故。这 3 起事故，由于抢救及时，未造成人员中毒死亡，但都非常惊心动魄。因 3 起事故都发生在饮用水源的上游，对人民的生命造成极大的威胁，也造成了不良的社会影响。

9.2.5.3 建议

为了减少此类事故的发生，提出以下建议：

(1) 各危险化学品生产、使用、储运单位一定要严格执行有关规定，搞好危险化学品的安全管理。

(2) 对氰化钠这样的剧毒品，运输途中应由公安部门开道和护送，以防类似事故发生，还可防止不良分子故意破坏。

(3) 建议有关部门及时发布、修订有关危险化学品的法规。

(4) 加大处罚力度，对运输危险化学品的司机和押运人员违反规定造成事故的严加惩处。

9.2.6 丙烯酸甲酯贮罐爆炸事故

9.2.6.1 事故经过

某年 3 月 9 日 12:05，日本兵库县临海工业地区一化工厂丙烯酸甲酯贮罐发生爆炸。当天上午 11:00 左右，通过内径 55 mm 的管道将丙烯酸甲酯从产品罐输入此贮罐中，流速约为 1.8 m/s。约 1 h 后，送入量约 17 m^3，贮罐内液体量达 342 m^3，罐内液面高度为 3.85 m 时，发生了爆炸。继而发生火灾，至次日拂晓前大火才被扑灭。受伤人数 57 人，方圆 1.7 km 内居民住宅的玻璃遭到破坏。

发生爆炸的贮罐直径 10.6 m，高 12.2 m，容积 1 000 m^3，不锈钢制圆顶罐。由于爆炸，圆形罐顶飞至 300 多米外的海中，贮罐底板因内压急速增加而鼓起，罐体突出，地脚螺栓脱开。

9.2.6.2 事故原因分析

(1) 当天气温为 9.8℃，上午 8:30 测定的液体温度为 15℃。丙烯酸甲酯蒸气的爆炸范围，下限为 2.8%，上限为 25%，与此相当的液体温度分别为 −3℃（下闪点）和 43℃（上闪点）。另外，计算出相当于化学当量浓度的液体温度为 12℃。因而，贮罐内的液温处于能引起最激烈的混合气爆炸的温度附近。

(2) 向贮罐内输送液体时，由罐内排出的酯蒸气具有恶臭，为了防止这种恶臭，在贮罐上部装有直径为 75 mm、长为 15 m 的不锈钢管线，可将气体导出，通入直径为 600 mm、高 4 m 的脱臭塔，塔内装填活性炭，可将酯蒸气吸附脱除，而后排入大气。从贮罐通入脱臭塔的丙烯酸甲酯蒸气在活性炭吸附时，发热致使积蓄了吸附热和氧化热（根据日本某大学的实验结果，在脱臭塔内的活性炭，吸附丙烯酸甲酯蒸气时，产生吸附热和氧化热，温度可高达 500～600℃或者更高），这样活性炭被加热至高温，因而成为着火源，使处于爆炸范围内的混合气体着火，火焰顺管线贮罐气相部分蔓延，从而导致爆炸性混合气体的爆炸。

9.2.7 雷击贮罐爆炸

9.2.7.1 事故概况及经过

某年 6 月 26 日，位于美国得克萨斯州的乙基公司所属帕萨迪纳工厂发生火灾和一系列爆炸，破坏了容器、安全墙、工艺和公用管线等，但无人受伤。

9.2.7.2 事故原因分析

雷电袭击了两层楼高的压缩氢气贮罐，引起爆炸，同时引起了烷基铅蒸馏器爆炸。该公司称，氢气贮罐安装了安全阀并接地，但不知为什么会发生爆炸。

9.2.7.3 防止同类事故的措施

公司发言人称，将采用玻璃纤维增强材料或其他材料制的贮罐来代替不锈钢罐，以减少吸引雷电的倾向。

9.2.8 天津液化石油气北仓罐站特大火灾爆炸事故

9.2.8.1 事故经过

1988 年 4 月 15 日上午 9 时 50 分，天津市煤气公司液化石油气北仓罐站发生特大火灾爆炸事故。液化石油气北仓罐站位于天津市北郊区北仓乡，占地 24 600 m^2。站内共有 100 m^3 卧罐 16 个，罐距 1.5 m，设计总储量 750 t。当日储量 161 t（一号罐 12 t，二号罐 23 t，三号罐 2 t，四号罐 20 t，五、六号罐残液，七号罐

47 t，八号罐 10 t，九号罐 47 t，十号罐残液，十一至十六号罐正处于检修中）。工业、民用液化气瓶 3 399 个，其中已装满气液的 3 145 个，空瓶 254 个。北仓罐站是天津市最大的液化石油气罐站，承担全市民用液化气瓶灌装量的 55%和全市工业用气的灌装任务，日灌气瓶达 6 千余个。

9.2.8.2　事故原因

火灾爆炸的主要原因是：罐区工人边海严重违反操作规程，私自让玻璃器皿厂职工耿凤强连接气瓶灌气。换瓶操作中，由于耿只关闭灌装嘴进液截门，未关闭气瓶角阀截门就卸下灌装嘴与角阀连接手轮，造成大量液相液化石油气从气瓶角阀口高速喷出。当液化气瓶在容量为 170 kg，压力为 127 MPa，从直径 7 mm 的进液角阀高速喷出时，在气瓶与地绝缘的情况下，产生静电放电，引起液化石油气气体爆炸起火。起火后，肇事者和操作工未采取措施，致使火势扩大。

9.2.9　美国壳牌公司环氧乙烷槽车爆炸事故

9.2.9.1　事故经过

1988 年 8 月 28 日凌晨 1 时左右，停放在得克萨斯州迪尔帕克的 EMPaK 公司停车线上的一节 UILX－96283 号环氧乙烷槽车发生爆炸事故。目击者说爆炸时出现一个火球，爆炸后远在 762 m 的地方发现有车体的碎片，槽车的大部分也远离轨道。爆炸虽然没有造成人员伤亡，但破坏程度相当严重，邻近的 10 节槽车遭到破坏，附近的许多建筑物也受到损伤。距离爆炸现场 244 m 的一座大楼被槽车的一个封头击中。

9.2.9.2　事故原因分析

爆炸后几小时之内就组成了一个事故调查小组，事故的经过及原因为：出事槽车原先属于壳牌公司，因内装的环氧乙烷颜色不合格而被客户退回，壳牌公司决定卸掉环氧乙烷，将槽车送往 EMPaK 公司进行清洗。卸车时按照常规的方法进行，从槽车顶部插入到底的管子用泵向外倒料，根据流量计指示及泵抽不上料等现象来判断环氧乙烷已卸完。但这些都是假象，事故后从铁道秤的记录推断，槽车还存有 13 t 环氧乙烷。事故的头一天上午，EMPaK 公司接到槽车后，操作工立即向槽车中加消防用的海水，当打开盖排空时，闻到异常气味（环氧乙烷气味），他们又没及时处理，而是通过公司向壳牌公司请示处理方法，得到的答复是将槽车推到停车线上待处理。这时槽车已被灌满，结果在 14 小时之后发生了这起破坏性爆炸事故。调查小组在调查地点采集到一些液体样品，并进行分析，其中含有一定量的甘醇类和氯代甘醇类物质，它们显然是环氧乙烷与水反应的产物：

$$\underset{\diagdown\ O\ \diagup}{CH_2—CH_2} + H_2O \longrightarrow \text{甘醇类（主要为乙二醇＋二乙二醇）}$$

$$\underset{\diagdown\ O\ \diagup}{CH_2—CH_2} + Cl^- + H_2O \longrightarrow Cl-CH_2CH_2-OH + OH^-$$

这表明这次爆炸不是简单的超压引起的，而是存在一个持续不断的内部爆炸。从大量穿透性裂缝（总共有 76 m 以上）就可以证明。轴向的两条大裂缝恰好在推断的环氧乙烷-水界面与壳体的接触处。这说明，在界面处发生过化学反应。经计算，反应可使壁温升到 400℃以上。环氧乙烷开始分解，由于放出反应热，使温度升高，又加速了环氧乙烷液相爆炸。

这次事故得到的经验教训是：

(1) 槽车准备维修时，一定要将环氧乙烷卸干净，使环氧乙烷的卸出量与预计的量相符。即使按常规操作，也可能有失误，卸完之后应对槽车进行称量以验证是否卸完。

(2) 水和环氧乙烷尽管两者完全不互溶，但混合时会出事故。因此，在用水清洗槽车之前，应使槽车不残留液体。在卸完料之后，要用氮气吹扫气相空间，这有助于残存环氧乙烷挥发。

(3) 用清水清洗槽车时，加水、排放及液体清除，每步必须进行彻底。

(4) 清洗之前，操作车间应能判断出槽车是否还有残液。

9.3 危险化学品检修过程中的典型事故案例

9.3.1 硫酸贮槽检修时爆炸

9.3.1.1 事故经过和危害

1991 年 3 月 6 日 14 时 50 分，安徽省某磷肥厂 450 t 硫酸贮槽检修时发生爆炸，1.9 t 的顶盖飞出 7.1 m，当场将 3 名包装工砸死，轻伤 2 人。

9.3.1.2 事故原因分析

事故原因是该厂新制硫酸贮槽试压后没有除净积水（剩约 5 cm），因该贮槽与正在运行的贮槽相联，浓硫酸进入后变成稀酸，与器壁反应生成氢气。当工人准备气割出酸管，调整火苗时发生爆炸。

9.3.2 违章检修阀门致硫酸喷出灼伤事故

9.3.2.1 事故经过和危害

1979 年 4 月 21 日 15 时 30 分，硫酸车间干吸岗位冷凝塔上酸管阀门漏酸。岗位操作人员停泵，打开阀门，以使酸管内的硫酸倒流回循环酸桶。2 小时后，2 名维修工和 1 名化工作业工开始检修酸阀。当连接螺栓全部拆掉，化工作业工单独撬动酸阀时，约 100 kg 余酸喷出，将该工人的面部和两眼灼伤。2 名维修工因距离较远，被灼成轻伤。

9.3.2.2 事故原因分析

(1) 阀门的阀杆与阀芯连接不牢，使用不到 3 个月，阀芯就发生脱落；

(2) 检修人员违反化工部制定的《化工企业通用工种安全操作规程》第 1 项第

2 款关于“工作前要熟知化工生产企业作业区有关各种规定和标准，并仔细检查现场实际情况，发现问题及时处理，问题未解决不准作业”的规定，在拆卸阀门前，未进行检查，认为阀已打开，管内存酸已回流至循环槽；

(3) 化工作业工违反该厂有关设备维修规程中关于“在拆卸阀门的连接螺栓时，应留下两个对称的螺栓，待松动后确认管内无物料，再全部拆卸”的规定；

(4) 两名维修工违反化工部颁布的《化工企业安全管理制度》第二章第十六条第 1 项关于工人应“……不违章作业，并劝阻他人违章作业”的规定，在看到化工作业工违章检修时，未加以制止；

(5) 检修人员违反化工部颁布的《化工企业通用工种安全操作规程》第 2 项第 9 款关于“从事酸、碱危险液体设备、管道、阀门修理时，特别注意面部、眼的防护，并戴橡胶手套等以防烧伤”的规定，未佩戴必要的防护用品，致在酸液喷出时造成灼伤。

9.3.2.3 同类事故防止措施

(1) 对化工作业工进行维修基本知识教育；

(2) 严格执行各级有关维修作业的安全规程；

(3) 操作人员需经车间设备维修主任同意后，才能协助维修工进行检修；

(4) 凡购进的阀门，除验收规格、型号外，对质量特别是阀杆与阀芯的连接也要进行验收；

(5) 上岗作业时，必须佩戴必要的防护用品。

9.3.3 油罐爆炸事故

9.3.3.1 事故经过

2000 年 5 月某日晚 9 时许，深圳市公明镇良记汽修厂一名电焊工，明知油罐清洗不彻底，却冒险操作，进行焊接，结果因油罐局部温度升高而导致余油燃烧，引起油罐炸裂。据目击者江司机称，他亲眼目睹了该电焊工的一只脚被炸飞至 20 m 外的水沟里，人被抛至 6 m 外的汽修场地，掉落在一间工棚顶上摔死。因人不够前来帮忙的另一名厨房炊事员，也被严重炸伤，被送往医院抢救。

事故发生后，有关部门立即查封了该厂，并勒令停业整顿。

9.3.3.2 事故原因分析

在油罐没有清洗、置换没有合格的情况下进行焊接作业导致油罐局部温度升高，油蒸气与空气混合达爆炸极限遇明火引起爆炸是事故的直接原因。电焊工安全意识淡薄，在明知油罐清洗不彻底的情况下，冒险操作，违章作业，是该起事故发生的主要原因。

9.3.3.3 预防措施

加强安全监督管理，建立健全危险区域动火规章制度；加强设备维修管理，制定设备维修管理规定，加强考核；加强职工的安全教育，提高职工的安全意识。

9.3.4　高空坠落死亡

9.3.4.1　事故经过

某年7月11日晚，郴州地区氮肥厂的11名工人在维修1 000 m^3 煤气柜时，作业组长不听劝阻，指挥8名工人站在脚手架上，将气柜边缘处塌下的钢板抬高，以安装8 m长的骨架槽钢。因用力过于集中，致脚手架上的一根横杆超负荷而发生断裂，工人从6.4 m高的架子上坠下，造成1人死亡，2人重伤，3人轻伤。

9.3.4.2　事故原因分析

(1) 脚手架的搭设违反规定，选用木材，不符合要求；

(2) 脚手架的杆间隔过大；

(3) 作业组长违章指挥，8名工人集中到脚手架一处，使局部载荷大大超过规定。

9.3.4.3　预防同类事故措施

(1) 严格执行有关安全规程；

(2) 把好脚手架质量关。

9.3.5　进设备作业窒息事故

9.3.5.1　事故经过

某厂制氢车间2#油气化炉因系统阻力上升，厂部研究决定停炉检修，2002年9月12日停炉，打开炉头自然降温，9月20日交出，由厂机动科安排修理。9月25日下午3时许，厂仪表车间项目负责人因2#油气化炉口旁蒸气流量计(F104)要用火，找张某或戴某确认用火安全措施。在没有找到张某、戴某二人的情况下，向制氢车间生产副主任反映。副主任用电话询问车间各岗位张、戴2人去向，也没有找到。15时45分左右，副主任到2#油气化炉口旁进行用火措施确认和监火，发现2#炉底有灯光，经进一步确认，2#炉底有人，立即向厂调度室汇报，联系120并组织人员抢救。张、戴二人先后从炉底被救出送医院抢救，经抢救无效死亡。

9.3.5.2　原因分析

这起事故的直接原因是由于氮气总管出口阀内漏，泄漏的氮气通过临时管线进入2#油气化炉并在炉内积聚，致使炉内氧含量大幅度降低，张、戴二人先后进入炉内缺氧窒息死亡。这起死亡事故的主要原因是没有办理2#炉“进设备作业许可证”。与2#油气化炉系统联通的临时氮气管线没有及时断开，蒸气吸引 未开，泄漏的氮气通过临时管线进入2#油气化炉内，是这起事故的重要原因。对职工的安全教育不到位，对直接作业环节的安全监督管理和制度执行不严，也是造成这起事故的原因之一。

9.3.6 违章检修致液氨灼伤事故

9.3.6.1 事故经过和危害

某年 8 月 29 日，衡阳市氮肥厂全厂停车检修。全系统经置换后，合成车间 8 名工人检修 15.5 m 高的液氨贮槽。当他们拆开液位计液相阀盖时，残存在液相阀到排污阀管内的液氨突然喷出，将其中 2 人灼伤。其中 1 人因将氨吸入呼吸道而至气管炎。

9.3.6.2 事故原因分析

(1) 有关人员违反化工部颁布的《化工企业安全管理制度》第六章第一条关于"……凡是具有二人以上的检修项目，必须指定 1 人负责安全"的规定，对有人参加检修的作业现场未指定安全负责人；

(2) 负责置换的人员置换不彻底，致液氨贮槽液位计液相阀到排污阀之间残存有液氨；

(3) 检修人员在检修前认为设备已进行了置换，忽视在管线内的残存液氨，致使在打开阀门时液氨喷出；

(4) 合成车间领导违反化工部颁布的《化工企业安全管理制度》第六章第六条关于"生产车间主任要对移交检修的设备置换处理负责，移交前要查电气、查物料处理、查置换分析检验，确认合格方可办理移交"的规定，未组织人员对置换过的液氨贮槽配管进行检查。

9.3.6.3 同类事故防止措施

严格执行化工部颁发的有关检修作业的安全规程。加强对职工的安全教育，以提高职工的安全素质，确保安全生产。

9.3.7 高处坠落事故

某年 10 月 18 日 9 点 20 分，江苏省无锡市某公司表面活性剂厂氯化橡胶工段副工段长邓某在翅片加热器的试运行过程中，不慎从 3.8 m 高的加热器顶部坠落至地面，经抢救无效死亡。

9.3.7.1 事故经过

氯化橡胶工段经过 1 个星期的计划停车检修，于 10 月 18 日试运转。在试运转中，邓某发现翅片加热器顶部西面第 2 根管子法兰有漏气现象，即决定和另 1 名进厂不久的工人张某一起进行消除漏点工作。8 点 30 分左右，邓某和张某开始拆法兰。拆了 4 颗螺丝后，邓某把宜兴市某保温材料厂做保温工作留在现场的一张棚梯放于加热器北侧，从梯的西侧爬到加热器顶部(张某在下面扶梯)，张某从下面把 2 把梅花扳手递给邓某，邓某即开始蹲位于加热器顶中间偏南处拆西侧第 2 档蒸汽管的法兰螺丝(此时邓某面朝西面)，约拆了十几分钟，法兰螺丝拆好，蒸汽管脱开，邓、张 2 人配合将 5.08 cm(2 英寸)管倚靠于西边墙壁上。9 点 20 分左右，邓将自带的 2 把片子扳手从翅片加热器顶部扔下来。此时邓某弯腰立在加热器顶部第 3、第 4 根管子之间，面向东移动，随后张某低头收拾工具，听见邓说："我要下来了。"随即听见有重物坠地声音，回头一看，发现邓某已仰躺在加热器东北角地上。当时在现场附近作业的宜兴某保温材料厂保温工吴某和南通某集成电器板金厂电焊工邵某听见有重物坠地声音后，立即赶到现场，看见邓躺在地上，头朝西北，脚朝东南，嘴上、地上都是血，安全帽脱落在头旁。送医院经诊断为特重型颅脑外伤，于当日17时10分抢救无效死亡。

9.3.7.2 事故原因

(1) 直接原因

邓某在加热器顶部拆除蒸汽管后，准备下落至地面时，由于加热器顶部距层顶只有1 100 mm，其在顶部的姿势已由下蹲改为弯腰状态，造成身体前倾。由于棚梯的位置在加热器的东侧，且加热器顶东面有1 000 mm×230 mm的平面空间，所以从加热器顶部东面落到棚梯上再下到地面最为方便。结合现场勘察情况来看，翅片加热器顶部、东侧斜面的保温层及东侧墙壁都没有擦碰痕迹。再结合邓某最后在加热器顶部面向东时的移动，认定为邓某弯腰从加热器顶部面向东移动至东侧空间处，想下落到棚梯，其左脚跨越高于加热器顶310 mm的蒸汽管时(由于蒸汽管之间的间距为250 mm，加热器顶南侧又有1 770 mm×460 mm的平面空间，所以其右脚必然在南侧平面空间处)被蒸汽管所绊，失去重心，从翅片加热器东北角跌下，头部着地，形成特重型颅脑外伤，心跳衰竭而死。

(2) 主要原因

翅片加热器顶部距地面3.8 m，系高处作业。在氯化橡胶1个星期的检修作业中，该检修项目均办理了"高处作业许可证"。在加热器的试运行中，发现西侧未经检修的第2根蒸汽管法兰处漏汽，在捉漏作业中没有办理"高处作业许可证"，也未有任何安全措施，违章作业，是造成此次事故的主要原因。

(3) 重要原因

组织工作不严密，作业安排不合理，没有监护人员。表面活性剂厂在检修后的试运转和捉漏作业中，缺乏足够的重视，思想上比较麻痹，安排人员较少，准备工作不充分。邓某与张某在作业中，2人也没有明确分工，高处作业，没有人员监护。

登高器具有缺陷。上加热器顶作业时未使用足够高度的梯子，而是借用现场保温人员所用的棚梯，其高度只有2.7 m，离加热器顶部尚有1.1 m，其上、下作业比较困难，容易发生坠落事故。

(4) 间接原因

劳动保护用品穿戴不规范，没有起到应有的防护作用。邓某在加热器顶部作业时，虽戴了安全帽，但该安全帽由于没有固定系带，当发生坠落时，造成安全帽脱落，失去防护作用，头部着地时，造成特重型颅脑外伤。

9.3.7.3 教训及整改措施

(1) 进一步落实安全生产责任制，加强对员工的法律法规、安全管理制度、"三规一法”的教育培训，以提高广大员工安全技术素质。

(2) 严格检修中的安全管理，凡计划检修，检修前要办理检修任务书，确定安全负责人，认真办理检修中的各类票证。加强现场作业检查，不合格器具不准进入生产现场，对违章作业及时制止并进行处理。

(3) 严格劳动保护用品穿戴，各项作业需配备相应品种和数量的防护用品，各类防护用品要规范使用，不能流于形式。

9.3.8 某厂光气室爆炸事故

中国兵器工业集团公司某厂 TDI(甲苯二异氰酸酯)生产线光气室发生爆炸事故，造成 3 人死亡，5 人重伤，8 人轻伤，直接经济损失达 4 821.8 万元。

9.3.8.1 事故概况

1999 年 9 月 2 日 10 时 45 分，TDI 生产线在停产后光气室内发生了爆炸事故。光气室整体被炸毁，光气室墙体(为钢筋混凝土浇注)和室内被炸毁的框架、设备、管线向四周位移并倒塌，北墙整体向北移动 50 m 后碰在电解装置混凝土管架立柱上，折断后向南呈双层折叠倒塌。东墙和安全通道楼梯间五层整体向东倒塌，四层以下倒在紧靠 TDI 主控室西墙外，五层倒塌在主控室屋顶上，砸漏主控室屋顶。西墙被摧毁倒塌后将距 1 m 之隔且已完成 75%工程量的新建 TDI 双线改造项目框架及设备全部推倒，倒塌物将西边 30 m 处的冷冻站屋顶、北墙墙体及室内部分设备管线砸坏。南墙被摧毁后强大的冲击力使 TDI 400、500 单元钢结构框架整体倾斜。光气室两扇铁门(各重 500 kg)向北飞越过电解工房和 11 万伏变电所主控室的房顶，落在距光气室 180 m 处 11 万伏变电所北面的谐波吸收工房，将墙体及台阶砸坏后反弹回来，分别落在距谐波吸收工房 5 m 和 11 m 处道路上。爆炸飞散物向东、西、北方向呈扇形飞落，最远 200 m 处有直径 5～7 cm 的水泥块散落，重约 30 kg 的水泥块落在北侧 150 m 处。距光气室周围 200 m 范围内工房、办公楼等建筑物门窗上的玻璃大部分被震坏。

9.3.8.2 事故前的状态和事故经过

按工厂既定安排，TDI 生产线于 8 月 31 日 18 时停产，开始进行一年一度的大检修。当天 TDI 装置就开始倒料、吹扫和光气破坏(消除其毒性)工作，到 9 月 1 日 23 时左右，光气贮槽 B220、B400 中的液态光气已全部破坏完毕。为了保证光化系统的残存光气彻底被破坏，光气合成系统、光化系统继续进行吹扫，光气室内除 K520 甲苯系统在正常运行外，其他系统的设备已停止运行，工艺设备及管线均已倒空，且光气系统正在继续进行氮气吹扫。光气室外在按计划进行双线的安装施工工作。9 月 2 日 8 时上班后，当班总工长王某首先查看了交接班记录，了解当时的工艺状态。500 单元甲苯系统及碱液系统在正常运行，400 单元 TDI 再精馏及 DEIP 小循环在正常运行。9 时 30 分左右王某派现场巡检工王某到光气室二楼关 F400 进口手动阀，以利用 K410 塔的氮气压力反吹 W401－B401－K550 系统，同时安排现场巡检工年某去光气室三楼打开氯气手动阀，以利用200单元的氮气反吹氯气管线至电解装置的氯气破坏系统。9时40分左右，2人完成操作都回到主控室，未发现异常现象。10时40分左右，王某安排副工长党某去光气室三楼关闭氯气手动阀，准备停止氯气管线至电解装置的反吹。10时45分便发生了光气室的爆炸事故。经现场调查，判定党某尚未进入光气室事故就发生了，且爆炸时光气室内没有任何人。党某被爆燃的烈火严重烧伤，倒在距光气室25 m的道路上，经医院抢救无效死亡。

某厂TDI生产线光化合成工序双线改造是经上级主管部门审批立项的重点技术改造项目，自1999年5月开始组织基建施工，至8月底已完成工程量的75%。9月2日上午事故发生前，在双线改造施工现场，中国石化五建公司有6名职工在框架上吊钢管，河南防腐企业集团第十公司6名职工在24 m层给设备包裹保温层，某厂热电厂3名职工在框架安装管线，其中焊工1名，管工2名，在24 m层下方20 m高度处动电焊，电焊机放在楼下，当天只有这台电焊机作业，且焊工在10时20分就停止了动焊，随后就下了框架，没有动用过气焊。在10时20分左右，在框架上干活的中国石化五建公司职工闻到氯气味，在技安员王某的招呼下离开施工现场。同时框架上和楼下的其他人也都闻到一种特殊难闻的气味，使人感到脸部发痒。这时，某厂现场监护人员曹某、明某大喊框架上的人快往下撤。最后离开施工现场的是保温工林某、焊工朱某、管工甘某、尹某和技安员王某，而林某和王某不幸在爆炸事故发生后被倒塌物砸死。

9.3.8.3 事故原因分析

(1) 爆炸物质的分析确定

从爆炸事故现场特征可以判定，这次事故不是"点爆炸"，而是一次空间整体爆炸，即可燃气体与空气混合物充满光气室空间并达到爆炸极限浓度，在点火源的作用下发生的空间整体爆轰。可燃气体是什么呢？又是从哪里来的呢？经调查了解到，8月31日18时，工厂安排停产进行大检修工作，当晚TDI装置就开始了光气破坏、倒料及氮气吹扫光气系统等工作，至9月1日晚23时左右，系统中的液态光气已全部破坏完，光气室内除K520工艺甲苯系统在正常运行外，其他工艺设备及管线均倒空并处于氮气吹扫状态，光气室内唯一存在的易燃物料就是K520塔的工艺甲苯。经过查看当班工艺参数原始记录及有关资料，可以判定爆炸前K520塔内在塔釜甲苯液面以上的空间均为甲苯蒸气(含少量气态光气)，而光气室内设备及管线因腐蚀而泄漏的情况时有发生，根据爆炸现场人员回忆，9月2日10时40分左右闻到的难闻气味实际上就是甲苯和光气的混合气体。所以K520塔因腐蚀而泄漏甲苯蒸气的情况可以认定。

(2) 点火源分析

由于爆炸现场破坏严重且爆炸后又引起大火，并燃烧一个多小时，因而现场查找点火源的物证非常困难，只能用“排除法”对可能的点火源进行分析判断。

① 人为带入火种

根据调查，爆炸时光气室内没有任何人，因此可以排除人为带入火种的可能性。

② 焊接明火或高温焊渣

9月2日，双线改造新工程上虽然有电焊作业，但在10时20分已停止焊接，焊工因闻到氯气味而离开了施工现场。从此时到爆炸发生没有人动焊，因而不可能有焊接火花或高温焊渣成为点火源。

③ 雷电

9月2日为晴天，没有风雨，可以排除雷电引发爆炸的可能性。

④ 杂散电流

据调查：

a. 9月2日10时20分左右，现场动焊工作已经全部停止；

b. 500单元新线工程框架的接地线、工艺管线、钢结构等均未与光气室连接；

c. 光气室周围无大功率无线电发射台。

因此可以排除杂散电流的影响。

⑤ 化学起爆

因光气室内存在少量光气，光气遇到空气中的水分便生成盐酸，盐酸腐蚀钢铁会产生氢气，氢氧混合气体爆炸极限低，有自发爆炸倾向。但根据计算，盐酸腐蚀钢铁产生氢气的数量极微，可以排除其引发爆炸的可能性。

⑥ 电器短路

根据调查，光气室内电器线路存在腐蚀老化的情况。今年6月份，光气室内P400 A泵因电缆腐蚀短路而无法运行，工厂只好将这条线路甩开不用，另设新线路。7月份发现几个泵的接线端子相间绝缘电阻值大大下降，为5～6 MΩ，而在室外的测量约为15～16 MΩ。为此，工厂今年的大修计划中已安排了部分电器线路的更换。因此，电器设备及线路短路而引起点火爆炸的可能性很大。

⑦ 可燃气体高速喷射点火

甲苯蒸气从K520塔以较高压力向外喷射时，在喷射口处会因高速流动产生静电，静电的积累放电会成为引发事故的点火源。

(3) 爆炸的间接原因分析

① 光气室设计缺陷

a. 光气室设施为密封式结构，负压工作环境。光气室内空气与外界空气的对流换气量小，经计算，光气室容积约4 000 m^3，室内气体全部置换一次需要32 min，如果光气室内发生一定量的可燃气体泄漏，在短时间内很难迅速排除。

b. 密闭的光气室增加了其中的腐蚀性。光气室内的光气、氯气遇空气中的水蒸气后会形成盐酸，它对设备、管道、电器线路、仪表等具有强腐蚀作用，并会形成腐蚀—泄漏—再腐蚀—再泄漏的恶性循环，使得设备管道、仪表、电器等使用寿命下降，故障频繁。

② 安全管理上存在漏洞

a. 某厂是国家“一五”期间投资建设的156个重点项目之一，是国内军品炸药产品品种最多、生产能力最大的企业。20世纪80年代以来，由于国家军品生产能力调整，军品生产任务严重不足，使工厂逐步陷入非常困难的境地，至今某厂已累计亏损2.36亿元，拖欠职工工资、医疗费、离退休养老保险费等共计6 450万元，欠缴水、电费2 600万元，欠发职工7个月工资。工厂领导为了多生产一些TDI产品销售后为职工发工资，就在设备带病运转情况下组织生产。例如，从7月1日到8月31日设备开开停停，修修补补，2个月才生产247 t产品(正常情况下每天生产50 t产品)。

b. 由于资金短缺，设备、仪表和电器线路腐蚀、老化后，检修更新不及时。

c. 对可燃性气体危险性和可能造成事故的认识不足，安全监测仪表没有处于完好运行状态。光气室内从国外引进的甲苯气体分析监测仪Q5005自1990年投产运行至1999年3月份腐蚀损坏后，工厂虽已订新货，但在等待更换期间没有采取有效的补救措施。

(4) 结论

“9·2”光气室爆炸事故的直接原因是光气室内K520甲苯解吸塔发生甲苯蒸气泄漏，使光气室内充满了达到爆炸极限的甲苯蒸气与空气的混合气体(甲苯在空气中的爆炸极限为1.27%～7%)，由于光气室内电器线路短路或者甲苯蒸气喷射产生静电火花，将该爆炸性混合气体点燃，使光气室内发生了整体爆炸事故。

9.3.8.4 事故性质

这是一起因设计存在严重缺陷，安全管理存在漏洞而造成的责任事故。经调查，此次事故虽未发现直接违章指挥、违章操作、违反劳动纪律的情况，但由于光气室设计上的严重缺陷，造成了严重的腐蚀性和可燃气体聚集，为爆炸事故的发生创造了物质基础，再加上从1999年7月3日至8月31日光气室内设备屡次发生泄漏故障，经多次抢修仍不能正常生产，同时工厂领导为了多生产一些产品销售后为职工补发7月份工资(约510万元)、偿还电费(260万元)和为大修购置零备件筹措资金(约700万元)，就在设备不正常情况下仍然坚持生产，结果反而出了事故。由此可见，工厂在处理安全、生产与效益三者之间的关系时，没有把安全生产摆在首要位置。

9.3.8.5 事故处理

经调查，此次事故未发现有直接违章指挥、违章操作或违反劳动纪律的情况，但总厂和TDI分厂领导应对这起事故负有管理责任和领导责任。在处理生产、安全和效益的关系时没有把安全放在首要位置，为了多出产品、增加效益，不顾设备带病运转，勉强维持生产，终于因可燃气体大量泄漏而导致事故发生。

程某作为总厂厂长和安全生产第一责任人，本应对这次事故负领导责任。但考虑到程某自 1997 年 12 月来厂任职以来，一直为工厂的生存和发展奔波操劳，且事故发生前 10 天在办公室突发心肌梗塞，住院抢救，治疗期间曾发生心脏“停跳”情况，后转北京阜外医院治疗。鉴于此，调查组建议对其免于行政处分。

张某，作为常务副厂长，在厂长外出和发病期间主持全面工作，对于这次经济损失巨大的爆炸事故负有领导责任，建议给予行政记过处分。

贺某，作为分管生产、安全、设备的副厂长，在分厂领导反映 TDI 生产设备故障率高，请示是否提前停产时，没有果断采取停产措施和调整生产计划，对这起事故负有主要领导责任，建议给予行政记过处分。

TDI 分厂厂长王某、分管生产和技术的副厂长李某、分管设备和安全的副厂长周某，执行的是总厂安排的生产计划(有指标考核要求)，在生产组织和设备管理中存在漏洞，对职工安全技术抓得不够，应对这起事故负有管理和领导责任，建议分别给予王某、李某、周某行政警告处分。

9.3.8.6　事故教训与建议

经调查，某厂的各项安全生产管理制度比较完善，安全管理组织机构、管理网络基本健全，对生产安全工作有布置、有要求。TDI 分厂管理人员对安全生产方面的具体要求和岗位职责是明确的。事故发生前，当班操作工是按工艺规程和岗位操作法进行操作的。在新建 TDI 双线改造施工中，某厂与各施工单位都能按施工合同要求落实安全责任，互相紧密配合，安全保证措施具体明确，没有发现违章现象。现场安全监护人员工作到位，在事故发生前出现异常气味的情况下，及时组织撤离现场施工人员，减少了伤亡。但是，“9 · 2”事故毕竟造成 3 人死亡和 5 人重伤，以及几千万元的经济损失，教训极为深刻。为了避免类似事故的再次发生，切实加强安全生产管理，认真吸取事故教训，尽快进行复产建设，调查组建议：

(1) 工厂各级领导都要牢固树立“安全第一，预防为主”的思想，认真落实各级人员的安全生产责任制，正确处理安全、生产、效益三者之间的关系，吸取工厂近年来连续发生事故的惨痛教训，加强安全生产综合管理。

(2) 某厂 TDI 生产线自 1990 年投产以来，已产出 TDI 产品 6.6 万 t，改变了 TDI 产品单纯依赖进口的局面。这次爆炸事故只是毁坏了“光化反应”部分，而“造气”、“净化”、“电解”等装置未受影响，只要投资恢复“光化反应”装置，全线就能开动。因而我们建议这条生产线应尽快进行复产建设，使其早日投产。否则，某厂将更加困难，职工队伍难以稳定。建议工厂要尽快拿出复产建设方案，上级主管部门要及时上报国家，争取尽快立项和获得资金支持。

(3) TDI 生产以来的几次事故都发生在密闭的光气室内。从技术原因分析，这个密闭的光气室是设计缺陷，会给生产过程造成诸多不安全因素，因而建议在复产建设时不再设置密闭的光气室。

(4) 工厂各级领导及职能部门要进一步提高对 TDI 生产线安全生产管理重要性和复杂性的认识，切实加强领导，组织专门人员从工艺技术、设备、仪器、仪表、安全监测系统等方面进行研究论证，提高其本质安全化程度，为今后 TDI 生产线的连续、稳定、安全生产打好基础。

(5) TDI 生产线工艺复杂，技术含量高，必须加强对 TDI 生产线的管理人员、技术人员和操作人员的培训，提高职工队伍的整体素质，使人员的配备与 TDI 生产技术复杂程度相适应。建立相应的激励与约束机制，保持一线技术骨干的相对稳定。

(6) 工厂要研究 TDI 生产中物料介质对设备、管线、仪器、仪表强腐蚀的预防措施，尽量降低有毒有害、易燃易爆气体泄漏几率，加强现场管理，创造良好的安全生产条件，以发挥投资项目的经济效益。

(7) 工厂要对"9·2"事故教训举一反三，抓好其他产品的安全生产工作，并努力开拓国内外市场，弥补事故造成的损失。

9.3.9 英国 Nypro 公司环己烷爆炸事故

1974 年 6 月 1 日 16 时许，英国 Nypro 公司发生爆炸事故，造成厂内 28 人死亡，36 人受伤，厂外 53 人受伤，经济损失达 2.544 亿美元。

9.3.9.1 工厂及生产过程简况

英国费利克斯镇(Flixborough) Nypro 公司，位于英格兰中东部，占地约 242 811 m^2，员工约 550 人。该公司是一家以生产己内酰胺和硫酸铵肥料为主的工厂，且为英国仅有的一家"尼龙 6"原料制造厂。该厂始建于 1964 年，1967 年完成第一套以酚为原料的己内酰胺生产装置，生产能力为 2 万 t/a。该装置投产后不久即开始筹建第二套年产量为 5 万 t 的己内酰胺生产装置，并以环己烷为原料，采用磷酸羟胺法，于 1972 年另建新车间开始该套装置的生产。

该公司主要生产车间有合成氨、发烟硫酸制造、空分、胺制造、氢制造车间。环己烷车间包含了一串联式的 6 座氧化反应槽，以环己烷为原料制成己内酰胺。其制造过程中，首先将环己烷在 6 个串联的氧化反应槽中，以辛酸盐(caprylic acid)为触媒，经空气氧化成环己酮和环己醇，再转变成己内酰胺。反应后液体的成分是：94%(mol)的环己烷，6%(mol)的含有环己酮和环己醇及一些别的副产物。正常情况下，此为液相反应，温度为 155℃，压力为 0.86 MPa。6 座氧化反应槽以串联形式排列，氧化反应槽外壳为 1.27 cm 厚的碳钢，以 0.32 cm 厚的不锈钢为内衬。为使前一氧化反应槽内氧化不完全的环己烷在下一氧化反应槽内继续氧化，两座氧化反应槽之间装设有 72 cm 的溢流管，并用伸缩接头相连接，以防胀缩所产生的问题。前后两座氧化槽之间有 18 cm 的高度差，以使氧化反应槽内的液体可以凭自身重力流向下一氧化反应槽。氧化反应槽内的空气和触媒都自槽顶以管子直接通入槽底。槽内充满着高度约与溢流管同高的环己烷。液面上端的气相则充满着环己烷、氮气和反应所残余的氧气。气体可由氧化反应槽顶部的排气管排出后依次经过热交换器、冷却洗涤塔、吸收塔，最后至废气燃烧塔。环己烷蒸气流经冷却洗涤塔和吸收塔时，被冷凝回收再利用。装在氧化反应槽顶部的排气管可平衡各氧化反应槽之间的压力。在排气管上还装设了一些安全设施，如安全泄压阀(若氧化反应槽压力超过所设定的 1.08 MPa 时，安全泄压阀将开启，释放出氧化反应槽内的气体至废气燃烧塔，以维持压力稳定)、压力控制阀(在控制室内做操作调整，可以调节吸收塔内操作压力和废气燃烧塔的流量)、氧气含量自动测定仪(用以防止排气中含氧量达到可燃程度，若含氧量超过 4%(mol)，则连锁装置将自动关闭，防止空气进入氧化反应槽，并自动打开维持在 1.18 MPa 的氮气，以控制反应过程中氧气含量)等。

9.3.9.2　事故经过

1974 年 3 月 27 日傍晚，反应系统中的 5 号氧化反应槽的碳钢外壳发现 150 cm长的裂纹，造成环己烷外泄，其原因为硝酸类物质产生的应力腐蚀。值班人员向主管报告，经同意后，开始降低反应系统的压力和温度，准备停车检验泄漏点。经检验为氧化反应槽的内衬、外壳皆产生相当程度的破裂，不适合再参与反应过程，因此，决定拆下 5 号氧化反应槽，以便检修。

翌日早上，经厂务会讨论后，厂长与相关技术人员认为停车检修需要 3～6 个月，而当时英国国内对于己内酰胺的需求甚急，不适合停工降低工厂产量。为了让该车间继续运行，决定将第 5 号氧化反应槽搬离，并在 4 号和 6 号氧化反应槽间连接一管线，暂时以 5 座氧化反应槽维持生产。

在拆下 5 号氧化反应槽后，即进行修复工作。在装 4 号和 6 号氧化反应槽间连接管线时，施工人员仅在现场地面上以粉笔画一简单的修复工程图样，并没有预先规划和绘制正规的设计工程图及必要的工程应力详细核算。在现场，以鹰架支撑管子。两氧化反应槽间因有高度差(约相差 35.5 cm)，故以三曲旁通管作为两氧化反应槽间的连接管，而原来氧化反应槽出口处的伸缩接头管径为 72 cm，但当时厂内只有管径为 51 cm 的管线可用。施工人员经大概的计算后，认为 51 cm 管线尚可提供反应时所需的流量，并以直管计算压力后得知其可承受操作时的压力，故决定以此管取代之。三曲旁通管仅以分成四点的鹰架支撑着，结构上并不坚固。于 3 月 30 日 2 时完成全部修复作业。

修复后经试漏检测即恢复生产。但是到 5 月 29 日又发现泄漏。其位置为下部液面计处。于是将整个反应系统的压力降低至 0.15 MPa，并降低温度使之冷却，停工 2 天执行部分修复工作。于 6 月 1 日 4 时再度开工。不久，环己烷的循环部分又发生泄漏，因此停止加热，再度进行修补，至早上5时才开工。在6月1日7时换班时，值班主管未对下一班值班人员交代清楚压力情况，因此值班人员也未注意压力变化情况。

到6月1日下午，开始有可燃性气体外泄，但并无人员警觉或注意到。将近16时，空气中弥漫着大量的可燃性气体，并向外扩散。2分钟后，可能在氢气二车间遇点火源着火，随即发生了爆炸。环已烷蒸气云的爆炸造成2个替代的伸缩接头受不当的外力引起破裂挫曲，而连接4号和6号氧化反应槽的三曲管因爆炸而扭曲成"<"形掉落在地面。由此可以推断出2个替代的伸缩接头受不了当时的外力引起破裂弯曲，造成容器内环已烷大量外泄。

临时配管内的部分流体通过裂口喷到外面，管内的环已烷的压力迅速减小而失去了平衡状态（环已烷的沸点为80.8℃），变成瞬间的过热状态（液温比该时压力下的沸点高的状态）。过热状态的液体极不稳定，在液体内产生无数沸腾中心，其气泡迅速生长时，配管内的液体剧烈膨胀，两次产生冲击内压，波纹管的裂口扩大，使配管的一端脱离反应槽，管内的液体边沸腾边喷出管口，因配管受到喷射的反作用，最后从反应槽上完全脱离下来。侧壁开口之后，不久发生了蒸气爆炸，反应槽内的环已烷（50 t）随同其蒸气一起从开口部呈液滴状猛烈地喷出。根据计算，至少有全液量的42%的环已烷蒸发了（膨胀到原体积的113倍），同时，大量的液滴成喷雾状向外喷出。根据计算，从临时配管排放到大气中的蒸气，至少有43 t以上。

专家根据爆炸的情况，推算出此次环已烷的蒸气云爆炸的威力相当于约20 t TNT炸药爆炸当量。环已烷泄漏在空气中后燃烧，估计蒸气云扩散笼罩范围为一直径600 m、高300 m的1 600℃高温气体半圆球。爆炸前有目击者曾听到异常的声音，随即发生爆炸，大火笼罩全厂。火柱和烟雾高达160 m，50 km外也能听到其爆炸声。

当时，正在厂内工作的人员有28人死亡（其中18人死于非防爆的控制室内），36人受伤。厂区周围6 km范围内亦有53人受伤，另有100余人受轻伤。厂内设备几乎完全损毁，另有1 821栋房屋和167家商店及工厂遭受不同程度的破坏，估计损失达2.544亿美元。

9.3.9.3 事故原因分析

工厂管理的不良、人员操作的失误及设备安置的错误，都直接或间接地导致了这次灾难的发生。该起事故原因归纳如下：

(1) 维修过程无详细的规划

查出5号氧化反应槽破裂需维修后，连接4号和6号氧化反应槽管线的设计并不是经由有经验的工程师负责，整个设计图是用粉笔粗略地画在现场的地上。氧化反应槽出口部分的法兰原应配装72 cm管线，却以51 cm管线代替，且对于此旁通管既未做强度计算，也未实施耐压检验。由事故发生后旁通管线弯曲成“<”状掉落，究其原因是旁通管的安装不够完好。依英国国家标准规定，为了使伸缩管能在管轴方向伸缩，应安装伸缩接头；为防止因内部液体压力所产生的轴向移动，应在伸缩管附近对伸缩接头加以固定。但是，该厂并没有按照标准正确地作业。

(2) 工厂的人事管理及生产工艺修改管理不良

根据调查，事故发生前，公司内有一位总工程师离职，职务空缺后并没有人员填补这一职位。在移除5号氧化反应槽后进行4号、6号氧化反应槽暂时性连接工程时，这一职位空缺情况已经影响工艺修改。在执行改造工程前，应先进行必要的风险评估，以确保基本过程整体设计没有被改变或破坏。缺乏有经验资深专业技术人员的指导，这是事故发生的祸因之一。如果该厂设有工艺修改管理制度的话，修改前专家评估小组必会先查看有关法规、标准、操作规程等相关资料，然后才会订立安全的具体方案，不至于因总工程师的离职而有考虑不周之憾，以免重大事故的发生。工艺修改管理制度的欠缺是此起事故的关键因素。

(3) 值班人员交代不清

爆炸前，6月1日上午曾有一次换班，但上一班值班主管并没对下一值班人员交代凌晨泄漏修补情况，以至于值班人员不了解情况而造成疏于查巡修补后的设备。

(4) 测漏时压力设定不足

在修复后使用0.39 MPa的氮气进行试漏时发现有泄漏，进行部分焊接修补，再以0.88 MPa的氮气压力试漏确定无泄漏，于4月1日再度运转。但是，依据英国标准规定，泄漏试验应以设计压力的1.3倍以上的压力进行水压试验。如果该厂当时使用1.18 MPa以上的压力试验，必然会立即发现缺陷处，这场事故或许能够避免。

再者，如果现场不能做水压试验时，亦可用气压试验代替，但是对于可能发生的危险应有妥善的防范措施。

(5) 不锈钢管产生锌脆化现象

化工厂锌的来源一般为镀锌钢材(如栏杆、阶梯、通道等)，或是广泛用于保温材料的镀锌铁丝。当不锈钢管受到应力(0.57 MPa)和高温时，不用直接接触，只要附近有含锌物质就会导致锌的脆化现象，使不锈钢突然失效。因此，当不锈钢材料受到相当高温时，不锈钢表面应仔细检查或酸洗。该起事故发生后，在事故现场收集到不锈钢管发生有锌脆化表面龟裂现象。经研究，判断为与分离器连接的21 cm不锈钢管线因锌产生脆化而发生龟裂。

(6) 硝酸盐腐蚀反应槽

对碳钢最具侵蚀性的物质为硝酸盐与碱性化合物。当碳钢与上述可溶性盐类接触时，其硝酸根离子应当保持在100×10^{-6}以下。否则，当金属表面温度超过

50℃，可溶性盐类会被结晶析出而导致应力腐蚀。经专家鉴定，5 号氧化反应槽外壳的裂纹是由硝酸盐产生的应力腐蚀所致。当发现 5 号氧化反应槽有裂纹时，未对其他氧化反应槽进行检查，同时，也未探究其裂纹原因并采取措施。

(7) 厂内建筑物、设备的装置不良

死亡 28 人中有 18 人死于控制室内，因为该厂控制室、实验室、办公室等皆位于爆炸中心点附近，且控制室是小木屋构造，而并非耐爆结构，造成爆炸区附近被完全摧毁，人员死伤严重。

(8) 该厂储存过多的危险性可燃物质

该厂事故发生时储存着 1 500 m^3 环己烷、300 m^3 石脑油、50 m^3 甲苯、120 m^3 苯、2 046 m^3 汽油。而该厂经过许可的危险物质储存量仅为 32 m^3 石脑油、6.8 m^3 汽油。该厂储存着大量未获批准储存的危险物质也是爆炸后造成连续 10 天大火的主要原因。

(9) 氮气的供应不足

该厂某些生产过程安全的保障有赖于供给足够的氮气，但事故后调查资料显示，环己烷氧化系统再次开车操作常因氮气供应不足而停顿，其原因是该厂本身氮气的产量不足，又无足够的氮气储存设备，需要厂外的供应补充。因此，工厂本身应具有足够的氮气生产设备，或有足够安全可靠的氮气储存设备，才可能维持厂区的安全。

(10) 缺乏紧急应变能力

事故发生时，厂内员工未马上执行紧急应变处理程序，他们只能做一些简单的修复工作，各相关人员缺乏紧急应变能力的训练。

9.3.9.4 防范措施

由英国费利克斯镇爆炸事件可明确地看出，此灾难的发生原因不外乎人为的操作失误、厂区的配置不良、工艺设备故障、人事管理及工艺修改管理的缺失。如何由此事件学习对作业现场实施检查，掌握作业现场潜在危害并加以改善，进而维护工厂的安全，以降低灾难发生的概率，确保人员及生态环境的安全是至关重要的。由此事件提出下面几点建议。

(1) 落实危险物及有害物的周知制度

存在于工厂中的危险物及有害物有多种，如爆炸性、可燃性、腐蚀性、毒性、放射性等物质。为了确保这些危害物质能够被工人正确地使用而不至于产生危害，必须建立工厂危险物及有害物周知制度。一方面有效地管理工厂的各种危害物质，另一方面使工人能够清楚地认识工厂中的各种危害物质的特性及正确的使用方法，以避免工人因不正确的使用这些危害物质而发生意外。危险物及有害物的周知制度内容包括：① 危害物质周知计划书；② 危害物质清单；③ 危害物质的标志；④ 化学品安全技术说明书(MSDS)；⑤ 工人的安全卫生与训练。

（2）使用防爆型的电器设备

在整个化工生产过程中会使用到大量的电器设备，这些电器设备如果没有经过特殊的设计，很容易产生火花，成为点火源，再加上化工厂内爆炸性及可燃性的物质相当的多，因此引起火灾爆炸的危险性也相当的高。所以，应尽可能在此类作业环境中采用特定等级防爆型的电器设备，以降低爆炸发生概率。一般防爆型的电器设备可分为五大类：① 耐压型的防爆设备；② 内压型的防爆设备；③ 安全防爆设备；④ 绝缘油防爆设备；⑤ 本质安全化防爆设备。

（3）建立健全安全管理制度

在追求可持续发展的时代，只重视生产而忽视安全环保管理的经营理念是落伍的。由此事故可以看出 Nypro 公司经营理念的不正确性。赶时生产固然重要，但是绝不能忽略工业安全而降低工程标准，省去必要的安全步骤往往欲速则不达。如果企业在经营时，能够不累积小问题，不忽略小隐患的存在，往往能降低其生产过程中重大意外事故的风险。

（4）安装防漏和测漏装置

在化学物质的工艺设备上应装有防漏与测漏装置，以防泄漏的发生，或在泄漏发生后发出警报，告知工作人员事先预防爆炸的发生。

（5）设置自动火灾监测警报装置

自动火灾监测警报装置可及早发现火灾的发生，以利于火灾初期的灭火，但需定期维修警报装置。

（6）实施量化风险评估

生产过程安全风险评估的目的在于分析工艺过程中潜在危险发生原因及应有的保护措施，并评估潜在危险发生后的后果严重性及危害发生概率，并评估其风险值是否可接受或需有改善措施以降低风险，保障工厂及社区的安全。

生产过程量化风险评估时需要考虑的事项及单元有：化工生产过程风险评估定义、系统描述（生产工艺说明），危害辨识、事故案例、选择分析程度、建立化工生产过程量化风险分析模式、潜在危害后果估计、潜在危险频率估计、风险评估及应用。

（7）建立周密的紧急应变体系

对于工厂而言，建立一套完整的紧急应变体系是不可或缺的，其应变程序主要包括：紧急状况的通报、疏散计划、救灾、应变工作、灾后复原、灾后检讨。通过有系统的规划，使得紧急应变程序在各类化学灾害中发挥其功能。其主要目的在于工厂发生化学灾害时，利用邻近的资源，在最短的时间内有效地遏制灾害范围的扩大，以降低灾害对人类及环境的冲击，最终的目的就是保持一个安全无害的环境。

9.4　危险化学品废弃物处理过程中的典型事故案例

9.4.1　硫磺粉燃烧爆炸

9.4.1.1　事故发生经过

重庆市某农药厂当班副班长违反操作规程，把一车温度较高的硫磺粉倒进粉碎机内，硫磺粉燃烧爆炸，气浪将站在粉碎机旁跳板上铲料的 1 名管理人员掀倒，其手和脚烧伤面积达 40%。

9.4.1.2　事故原因分析

硫磺具有较大的火灾爆炸危险性。粉末硫磺的燃烧温度只有 190℃，其浓度达到 35 g/m^3 时有爆炸性。因此为了防止发生火灾和爆炸后不致引起构筑物的毁坏，阻止火势蔓延，减少事故损失，须采取必要的防火防爆及分离措施，保证投料试车的安全生产。

9.4.1.3　今后防范措施

(1) 硫磺制酸系统其主要原料是固体硫磺或液体硫磺，硫磺是二级易燃品，自燃点为 232℃。为确保该系统的安全生产，需要加强厂房的安全设计和仓库储存管理。

(2) 压缩机房、焚烧炉、净化、转化、输送等厂房全部采用钢筋混凝土框架承重结构。敞开或半敞开硫酸贮槽检修时设置必要的泄压面积。保证厂房内消防和仓库内消防用水。

(3) 硫磺的仓库存放应单独存放，决不允许与木炭、酸类等氧化剂同时存放，以防发生危险。固体硫磺在贮运时尽量减少粉末，定时、专人负责在硫磺表面喷洒水，严防贮运设置机械发生火花。液体硫磺由于析出硫化氢气体，贮运时必须保持贮槽上方排气孔畅通，以免引起硫化氢气体积聚发生爆炸。硫磺受潮在反应过程中引起发热、积热不散，达到燃点，易自燃，必须保持空气流通。

(4) 定期由安检员检查槽车、贮槽等容器的材料是否符合安全要求。对运输槽车安全附件不全、损坏及不符合安全规定的，决不能使用。绝对不准许在仓库内存放除硫磺外的其他物品，以免发生危险。

参考文献

1　蔡凤英等编著．化工安全工程．北京:科学出版社,2001

2　国家安全生产监督管理局编．危险化学品经营单位安全管理培训教材．北京:气象出版社,2002

3　周忠元,陈桂琴．化工安全技术与管理．北京:化学工业出版社,2002

4　蒋军成,虞汉华．危险化学品安全技术与管理．北京:化学工业出版社,2005

5　卞耀武,李适时,黄淑和等．中华人民共和国安全生产法读本．北京:煤炭工业出版社,2002

6　国家安全生产监督管理局安全科学技术研究中心编写,陈莹主编．危险化学品生产单位安全培训教程．北京:化学工业出版社,2004

7　于桂才,胡富荣主编．石化工业卫生与职业病．北京:石油化工出版社,1993

8　李景惠．化工安全技术基础．北京:化学工业出版社,1995

9　蒋军成．事故调查与分析技术．北京:化学工业出版社,2004

10　刘荣海,陈网桦,胡毅亭编．安全原理与危险化学品测评技术．北京:化学工业出版社,2004

11　潘传九．化工设备机械基础．北京:化学工业出版社,2002

12　胜利石油管理局 HSE 培训中心编．石油作业安全环境与健康管理．北京:石油大学出版社,2002

13　国家安全生产监督管理局安全科学技术研究中心编．危险化学品安全管理法规汇编．北京:化学工业出版社,2003

14　刘春主编．危险化学品安全培训教程．北京:学苑出版社,2003

15　霍红．危险化学品储运与安全管理．北京:化学工业出版社,2004

16　张广华．危险化学品生产安全技术与管理．北京:中国石化出版社,2004

17　国家安全生产监督管理局安全科学技术研究中心编．危险化学品生产单位安全培训教材．北京:化学工业出版社,2004

18　国家经贸委安全生产局编著．作业场所化学品安全管理．北京:中国石化出版社,2000

19　中国安全生产科学研究院编．危险化学品事故案例．北京:化学工业出版社,2005

后记

由于危险化学品作业对作业人员和周围的设施有重大危害因素，因此国家规定危险化学品作业人员必须持证上岗，以便保证作业人员和周围设施的安全，本书就是为满足危险化学品作业人员安全作业的需要而编写的，本书的主要特点是：①内容新。本书参考了最新出版的国家标准、行业标准和有关技术书籍。② 针对性强。本书针对危险化学品作业实际突出安全要求，具体说明危险化学品实际操作中的安全要点。③ 内容全面、精练。本书内容包括危险化学品作业的方方面面，便于危险化学品操作人员在作业现场使用。

本书以国家有关危险化学品安全作业的规程、规范为基础，考虑危险化学品作业时的人身和设备安全为主线，讲述危险化学品作业过程中所必需的安全知识和安全操作要点。主要内容包括：危险化学品安全管理，危险化学品特种作业人员的范围，危险化学品的危险特性，危险化学品生产操作作业安全，危险化学品废弃处理作业安全，危险化学品设备检修作业安全，危险化学品储运作业安全，危险化学品防火防爆基础，危险化学品典型事故案例分析。其中第 1 章、第 3 章由鲍静编写，第 2 章、第 4 章、第 8 章由钱剑安编写，第 5 章、第 6 章、第 7 章由赵声萍编写，第 8 章、第 9 章由王华编写，蒋军成、钱剑安统稿，蒋军成、郭振龙审阅全书。

本书在编写过程中参考了危险化学品安全方面的相关书籍和资料，对于这些书籍的作者和资料的提供者表示感谢。

本书通俗易懂，具有较强的指导性和实用性，可作为危险化学品特种作业人员和管理人员的技术指导书，也可作为安全技术培训的教材。

由于编写水平有限，书中难免存在不足甚至错误，恳请读者及行家批评指正。